U0145060

凝煉知識品味閱讀

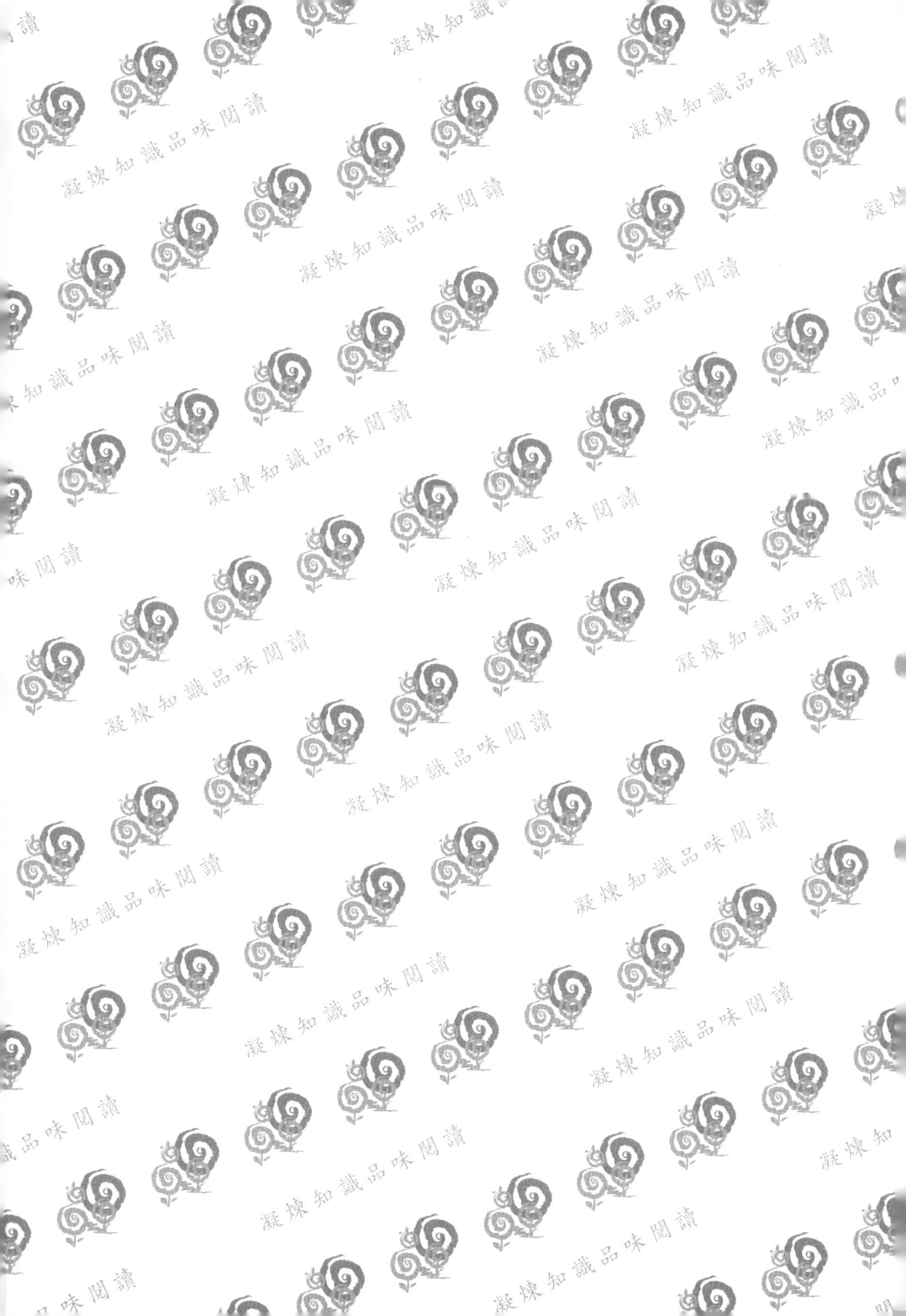
凝煉知識品味閱讀

APCS使用 Python

| 數位新知 著 |

五南圖書出版公司 印行

序

APCS為Advanced Placement Computer Science的英文縮寫，是指「大學程式設計先修檢測」。APCS可以提供評量大學程式設計先修課程及評量學生的程式設計能力。APCS考試類型包括：觀念題及實作題。觀念題是以單選題的方式進行測驗，考試重點在於程式設計概念、解決問題的運算思維或理解演算法的基礎觀念。程式設計觀念題如果需提供程式片段，會以C語言命題。主要考試重點包括：輸出入指令、資料處理、流程控制、函數、遞迴、陣列與矩陣、結構、自定資料型態及檔案，也包括基礎演算法及簡易資料結構，例如：佇列、堆疊、串列、樹狀、排序、搜尋。在程式設計實作題可自行選擇以 C、C++、Java、Python 撰寫程式。

本書實作題會以Python語言來實作，並根據APCS公告的觀念題及實作題，分別安排到各章的主題之中，目的就是希望各位在學習完某一特定主題後，可以馬上測試相關的APCS觀念題，以幫助各位讀者學以致用，清楚掌握考試的重點。

為了實際提升各位的程式設計能力，在各章中的全真綜合實作，就會根據該章所談論的主題，分別詳細解析與該章主題相關的各年度公告的實作題，不僅有程式實作前的問題分析及技巧說明外，也提供完整的程式碼、重要註解及程式碼說明，來降低學習者的障礙，並能更加清晰理解程式的設計邏輯。

本書結合運算思維與演算法的基本觀念，並以Python語言來實作，全書程式範例都已在Python的IDLE整合開發環境下正確編譯與執行。期許本書能幫助各位具備以Python語言的程式設計基本能力，並提升應試APCS的程式設計實作能力，相信經過本書課程的安排及訓練後，各位已很紮實培養了分析題目、提出解決方案及擁有以Python語言的程式設計實作能力。

目錄

APCS 資訊能力檢定與程式設計簡介

對於一個有志於從事資訊專業領域的人員來說，程式設計是一門和電腦硬體與軟體息息相關的學科，稱得上是近十幾年來蓬勃興起的一門新興科學。更深入來看，程式設計能力已經被看成是國力的象徵，連教育部都將程式設計列入國高中學生必修課程，讓寫程式不再是資訊相關科系的專業，而是全民的基本能力。

APCS官網有最新的考試相關資訊

APCS檢定爲Advanced Placement Computer Science的英文縮寫，是指「大學程式設計先修檢測」。其檢測模式乃參考美國大學先修課程（Advanced Placement, AP），與各大學資工系教授合作命題，**目前由教育部委託台師大執行每年3次的檢測**，讓具備程式設計能力的大衆，提供一個具公信力的檢驗學習成果，目的在於客觀檢驗高中生程式設計能力，以供作大學選才的參考依據，是目前全台最具公信力的程式能力檢定之一。

1-1 APCS檢定簡介與報考資格

APCS檢定的目的是提供學生自我評量程式設計能力及評量大學程式設計先修課程學習成效，讓具備程式設計能力之高中職學生，能夠檢驗學習成果，**也可善用程式設計的專長升學，是目前全台最具公信力的程式能力檢定之一**。檢測結果分列五級分，能讓面試者迅速了解個人程式設計能力，爲自己申請大學的履歷多加一條可靠的評比標準。根據111年招生簡章所示，共計131個資工相關校系採納APCS檢測成績申請入學，如果想查詢目前採計APCS成績大學校系的最新更新資料，可以參閱底下網頁：

https://apcs.csie.ntnu.edu.tw/index.php/apcs-introduction/gradeschool/

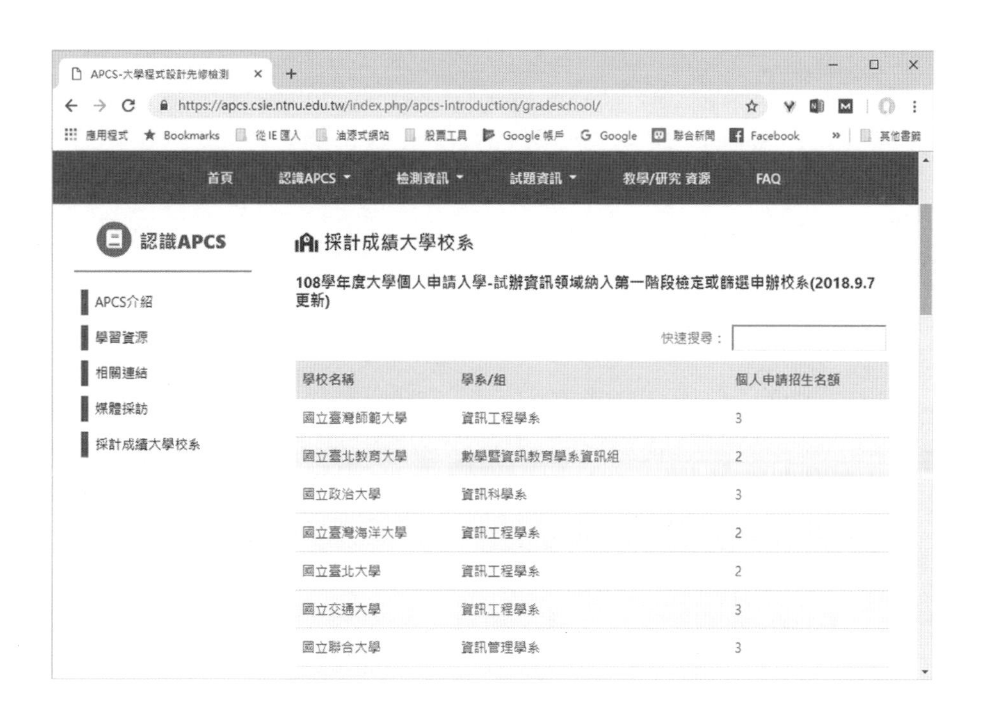

全國高中、高職生都可以免費參加「APCS檢定」，APCS檢定是一門具有公信力的考試，目前報名資格沒有限制，任何人都可以用線上報名的方式參加檢定，特別是鼓勵高中生來參加APCS檢測，可以把APCS視爲「程式設計界的全民英檢」。對於申請資訊相關科系的大學會相當有幫助，APCS成績除了在大學申請入學APCS組必需附上，也是多校特殊選才等多元入學管道重要參考資料，很適合把成績證明放在學習歷程中，不**只讓你申請到好大學，還可按各大學規定，抵免大學學分喔！**也是多校特殊選才等多元入學管道重要參考資料。

如果想更清楚了解APCS報名資訊、檢測費用、報名資格、檢測資訊、試場資訊、檢測系統環境及採計成績的大學校系等資訊，可以參閱大學程式設計先修檢測官網（https://apcs.csie.ntnu.edu.tw/）。

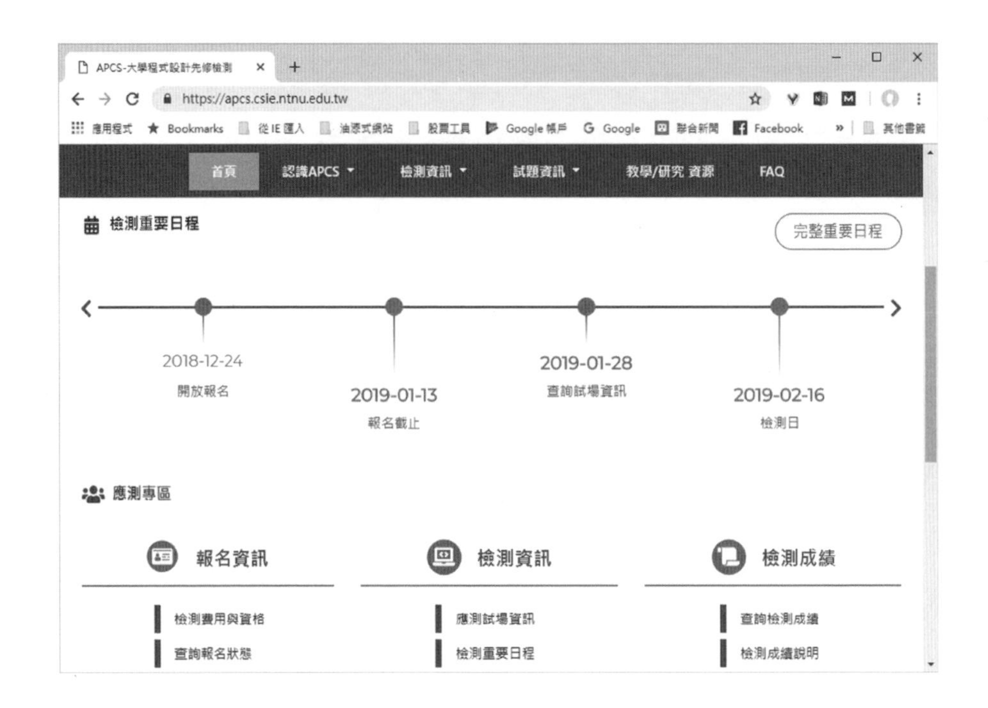

1-1-1 APCS測驗方式

APCS採線上測驗的方式，題目爲中文命題，考試類型包括：程式設計觀念題及程式設計實作題。根據APCS官網中說明，「觀念題」爲選擇題，考兩節合併計分，並且藉由試題區塊配置成兩份測驗題本，共有40題，一次考20題，一個題本來會花一節課考試，所以需要兩節課，分作5個等級，分數合併計分，滿分100分，每節60分鐘。觀念題是以單選題的方式進行測驗，以運算思維、問題解決與程式設計概念測試爲主。測驗題型包括：程式運行追蹤、程式填空、程式除錯、程式效能分析及基礎觀念理解等。程式設計觀念題如果需提供程式片段，會以C語言命題。

實作題則爲一份測驗題本，共計4個題組，爲單節次檢測，時間較長爲2個半小時，以撰寫完整程式或副程式爲主，滿分400分兩科目均採取自動評分與統計，實作題才是眞正挑戰，主要測驗目的是讓程學習者能夠學會到面對題目時如何設計程式來解決問題，測驗你能不能把題本上的所要求的結果「跑」出來，且執行結果必須「在限定時間之內得到正確結果」才有分數，必須撰寫完整程式或副程式計分，考驗程式設計運用能力，考生可自行選擇以C、C++、Java、Python四種語言之一來撰寫程式。

APCS組就像是大學個人申請的篩選機制，以APCS檢定分數爲第一階段，有關成績的計算方式及各種分數及檢定級別的對照表資訊，在成績計算方面，APCS共分爲五個級別，滿分各是5級分，加總滿分爲10級分，各科的級分範圍與說明如下，建議各位開啓底下「成績說明」的網頁詳加閱讀：https://apcs.csie.ntnu.edu.tw/index.php/info/grades/考生成績可擇優採用，成績永久有效，愈早考愈有優勢

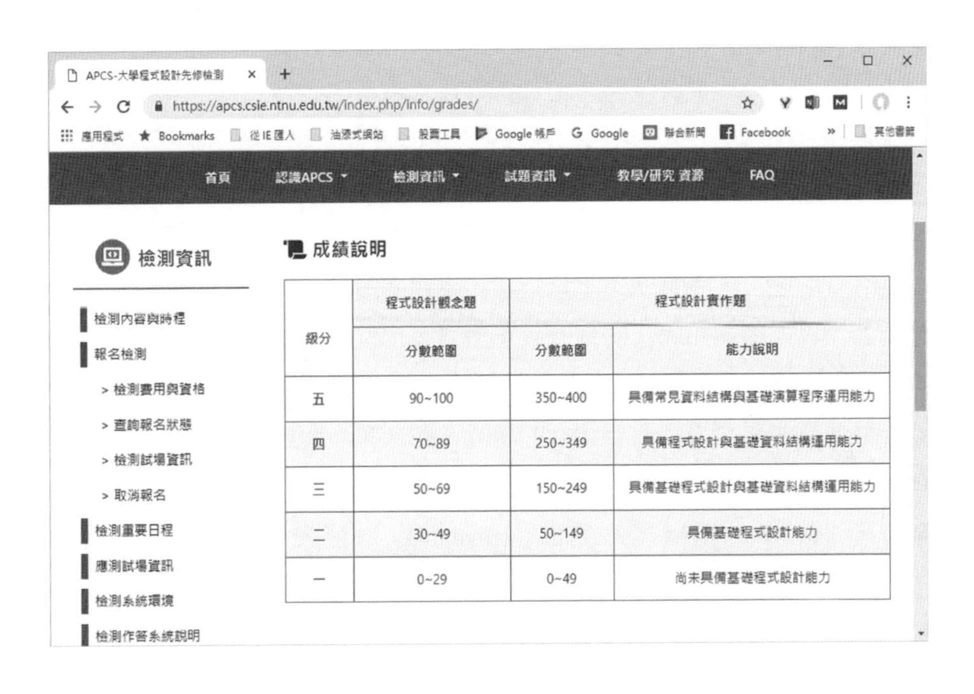

級分	程式設計觀念題	程式設計實作題	
	分數範圍	分數範圍	能力說明
五	90~100	350~400	具備常見資料結構與基礎演算程序運用能力
四	70~89	250~349	具備程式設計與基礎資料結構運用能力
三	50~69	150~249	具備基礎程式設計與基礎資料結構運用能力
二	30~49	50~149	具備基礎程式設計能力
一	0~29	0~49	尚未具備基礎程式設計能力

1-1-2 APCS檢定準備技巧

程式是一個講究邏輯溝通的學問，APCS檢定的題目首重「分析」、「理解」、「實作」三個核心目的，各位在APCS檢定考取好成績，當然除了多做歷屆試題，用來增加對於考題方向與題型的認識外，**最好平時還有鑽研資料結構與演算法的習慣**，才能在不論是觀念還是實作題，都能過關斬將。APCS的考試內容本就不簡單，當然也要清楚相關的準備技巧。對於程式設計有興趣的應考學生，應該盡早投入並多花時間練習。目前許多高中老師多會鼓勵學生可以累積經驗，不限定參加次數，多考幾次爭取最高分。

在各種程式語言中，你是否不知如何選擇入手的語言？首先各位必須先弄清楚檢測的出題方向，雖然考生可自行選擇以C、C++、Java、Python四種語言之一來撰寫程式。在各種程式語言中，你是否不知如何選擇入手的語言？因爲APCS檢測的觀念題是以C語言出題，所以對於熟悉C語言的人非常吃香，準備應考的考生訓練並理解C語言，能幫助自己在應考時更加得心應手，強烈建議最好學會C/C++語言。很多人以爲「背題型」就是「會解題」，事實當然不是這樣，學程式最重要的就是邏輯與上機實作練習，例如輾轉相除法的程式該怎麼寫，這個考程式功力，也考邏輯能力。考生必須熟悉題型才能打下穩固基礎，實作也絕對是非常不可或缺，可以加強演算法理解力與重要觀念的釐清。觀念題命題內容領域包括如下：

- 程式設計基本觀念（basic programming concepts）。
- 資料型態（data types）、常數（constants）、變數（variables）、視域（scope）：全域變數（global）／區域變數（local）。
- 控制結構（control structures）。
- 迴路結構（loop structures）。
- 函數（functions）。

■ 遞迴（recursion）。

■ 陣列與結構（arrays and structures）。

■ 基礎資料結構（basic data structures）與演算法（basic algorithms）：包括串列（Linked List）、佇列（queues）、堆疊（stacks）、排序（sorting）和搜尋（searching）等。

至於實作題的部分，如果一開始就選到一個熟悉好上手與容易作答的程式語言，就可以爲準備考試的時間和負擔達到事半功倍的效果。根據歷屆實作題內容，命題方向巧思靈活，平均不到35分鐘要解一題，通常題目一般會有兩題簡單，兩題困難，困難的原因在於題目敘述非常冗長，也有題目長度超過一整頁，光是看懂題目就要花不少時間。

APCS的實作題安排很有鑑別度，各位平時可以練習和同學討論，或參考線上影音課程，因爲這樣不僅可以學到多元的解題技巧，建立一套自己的解題邏輯，因爲每個人的思考方式不盡想同，任何一個題目都可能有多種解法，盡量要將題目的重點與程式運作的流程找出來，即便遇到更具挑戰性的題目，舉一反三之下，也能迎刃而解，所以建立多元邏輯思維，是學習實作題最大的拿分眉角，這也是未來面試官最重視的關鍵指標。

程式其實非常單純，只要我們理解了電腦處理資料的思維，再將程式轉變爲演算法，就能輕鬆解決問題。從基礎、實作到考前解題，各位循序漸進的累積基礎，朝著高分通過的目標前進。各位撰寫程式時除了程式的正確性之外，也應該要注意良好的程式風格與習慣，接下來經過我們解題團隊整理的結論，實作題涉及的可能範圍不出以下領域：

■ 輸入與輸出（input and output）。

■ 算術運算（arithmetic operation）、邏輯運算（logical operation）、位元運算（bitwise operation）。

■ 條件判斷與迴路（conditional expressions and loop）。

■ 陣列與結構（arrays and structures）、字元（character），字串（string）。

■ 函數呼叫與遞迴（function call and recursion）。

■ 基礎資料結構（basic data structures），包括：佇列（queues）、堆疊（stacks）、樹結構（tree）、二元搜尋樹、圖形（graph）、兩點間最短距離、最短路徑等。

■ 基礎演算法（basic algorithms），包括：氣泡排序（sorting）、快速排序法（Quick Sort）、二分搜尋法、貪心法（greedy method）、動態規劃法（dynamic programming）等。

在本書中會參考歷屆試題涵蓋內容，手把手爲各位提綱挈領地詳細說明。至於如何將應測者申請大學程式設計先修檢測成績證明寄送至第三方電子信箱，也可參考底下的網頁：https://apcs.csie.ntnu.edu.tw/index.php/info/grades/applygrade/

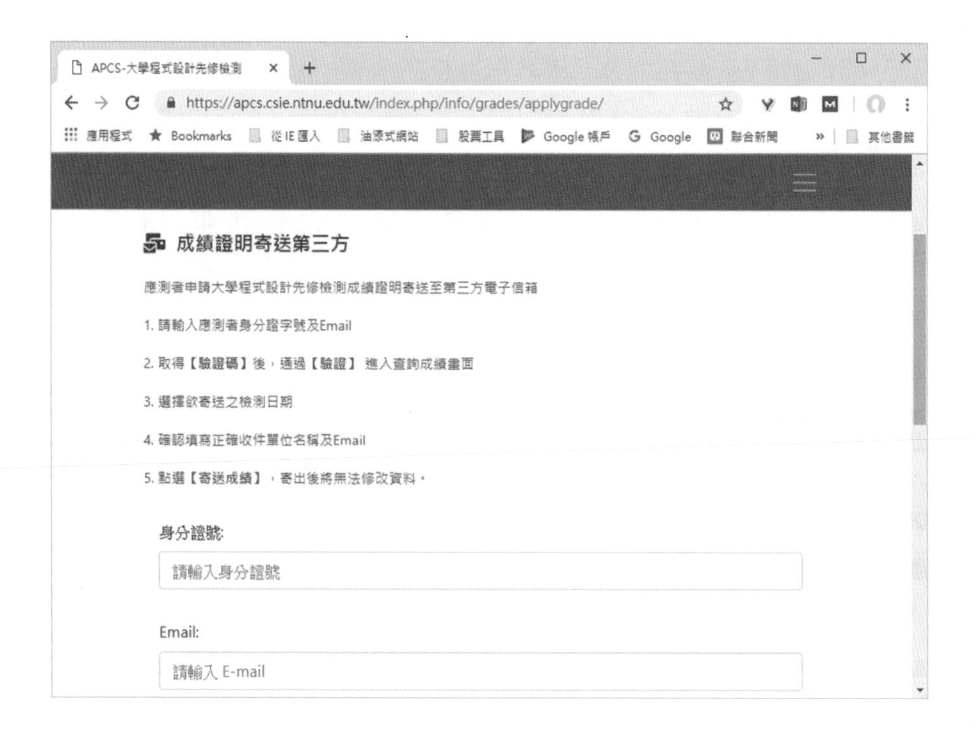

1-2 程式語言與演算法

從程式語言的發展史來看，程式語言的種類還眞是不少，如果包括實驗、教學或科學研究的用途，程式語言可能有上百種之多，不過每種語言都有其發展的背景及目的。例如Fortran語言是世界上第一個開發成功的高階語言，更是歷久彌新，現在仍有許多研究機構用來解決工程與科學上的問題，

1-2-1 程式語言簡介

主要可區分爲機器語言、組合語言和高階語言三種。每一代的語言都有其特色，並且朝著容易使用、除錯與維護功能更強的目標來發展。不論哪一種語言都有其專有語法、特性、優點及相關應用的領域。就以機器語言（Machine Language）爲例，它是最低階的程式語言，是以0與1二進位元的方式，直接將指令和機器碼輸入電腦，因此處理資料上十分有效率。

組合語言（Assembly Language）則是將二進位元的數字指令，以有意義的英文字母符號指令集取代，方便人類的記憶與使用。不過必須透過組譯器（Assembler），將組合語言的指令轉換成電腦可以識別的機器語言。組合語言和機器語言相對於高階語言，統稱爲「低階語言」（Low-level Language）。

由於組合語言與機器語言不易閱讀，因此，又產生了一些較口語化英語的程式語言，稱爲高階語言（High-level Language）。例如：Basic、Fortran、Cobol、Pascal、Java、C、C++等。高階語言比較符合人類語言的形式，也更容易理解，並提供許多程式上的控制結構、輸出入指令。當使用高階語言將程式撰寫完畢後，在執行前必須先以編譯器（Compiler）或解譯器（Interpreter）轉換成組合語言或機器語言。所以，相對於組合語言，高階語言顯得較沒有效率。不過，高階語言的移植性較組合語言來

得高，可以在不同品牌的電腦上執行。程式語言依據翻譯方式可區分爲兩種，任何程式撰寫的目的，都是爲了執行的結果，因此都必須轉換成機器語言。從轉換的方式來看，程式語言可區分成編譯語言與直譯語言兩種。就拿這兩種方式來做比較，世上的事其實都挺公平的，有一好就沒兩好。

以編譯語言來說，是屬於先苦後甘型，例如C、C++、Pascal、Fortran語言都是屬於編譯語言。

各位辛苦寫完的原始程式，可不能馬上就執行，必須使用編譯器（Compiler）經過數個階段處理，才能轉換爲機器可讀取的可執行檔（.exe），而且原始程式每修改一次，就必須重新編譯一次。這樣的方式看來有點麻煩，不過因爲目的程式是對應成機器碼，所以在電腦上能夠直接執行，不需要每次執行都進行翻譯，執行速度自然快上許多，但程式占用的空間較大。

直譯語言就屬於先甘後苦型了！原始程式可以透過「直譯器」（Interpreter）將程式一行一行的讀入，並逐行翻譯並交由電腦執行，不會產生目的檔或可執行檔。解譯的過程中如果發生錯誤，則解譯動作會立刻停止。表面上是不須要等待好幾個步驟才能執行，但每執行一行程式就解譯一次，這樣執行速度反而變得很慢。不過因爲僅需存取原始程式，不需要再轉換爲其它型態檔案，因此所占用記憶體較少。例如Python、Basic、Lisp、Prolog等語言都是屬於直譯語言。

1-2-2 程式設計流程

有些人往往認爲程式設計的主要目的是要「跑」出執行結果，而忽略了包括執行績效與日後維護的成本。基本上，程式開發的最終目的，是學習如何組織眾多程式設計師共同參與，來設計一套大型且符合使用者需求的複雜系統。一個程式的產生過程，可區分爲以下五大設計步驟，分述如下：

程式設計步驟	特色與說明
需求認識	了解程式所要解決的問題是什麼，並且搜集所要提供的輸入資訊與可能得到的輸出結果。
設計規劃	根據需求，選擇適合的資料結構，並以任何的表示方式寫一個演算法以解決問題。
分析討論	思考其他可能適合的演算法及資料結構，最後再選出最適當的標的。
編寫程式	把分析的結論，利用程式語言寫成初步的程式碼。
測試檢驗	最後必須確認程式的輸出是否符合需求，這個步驟得仔細的執行程式並進行許多的相關測試與除錯。

至於程式設計時必須利用何種程式語言表達，通常可根據主客觀環境的需要，並無特別規定，以下是在撰寫時應該注意的四項注意事項：

1.適當的縮排

縮排是用來區分程式的層級，使得程式碼易於閱讀，像是在主程式中包含子區段，或者子區段中又包含其它的子區段時，都可以透過縮排來區分程式碼的層級。

2.明確的註解

對於程式設計師而言，在適當的位置加入足夠的註解，往往是評斷程式設計優劣的重要依據。尤其當程式架構日益龐大時，適時在程式中加入註解，不僅可提高程式可讀性，更可讓其它程式設計師清楚這段程式碼的功用。

3.有意義的命名

除了利用明確的註解來輔助閱讀外，在程式中大量使用有意義的識別字（包括變數、常數、函數、結構等）命名原則，如果使用不適當的名稱，在程式編譯時會無法執行編譯動作，或者是造成程式在執行階段發生錯誤。

4.除錯

除錯（debug）是任何程式設計師寫程式時，難免會遇到的家常便飯，通常會出現的錯誤可以分爲三種，分別是語法錯誤、執行期間錯誤、邏輯錯誤。

- **語法錯誤**：是較常見的錯誤，這種錯誤有可能是撰寫程式時，未依照程式語言的語法與格式撰寫，造成編譯器解讀時所產生的錯誤。例如Dev C++ 編譯器時能夠自動偵錯，並在下方呈現出錯誤訊息，便可清楚知道錯誤的語法，只要加以改正，再重新編譯即可。
- **執行期間錯誤**：是指程式在執行期間遇到錯誤，這類錯誤可能是邏輯上的錯誤，也可能是資源不足所造成的錯誤。
- **邏輯錯誤**：是最不容易被發現的錯誤，邏輯錯誤常會產生令人出乎意料之外的輸出結果。與語法錯誤不同的是，可能在編譯時表面上可以正常通過編譯，但執行時卻無法得到預期的結果。

〔隨堂測驗〕

1. 程式編譯器可以發現下列哪種錯誤？

(A) 語法錯誤

(B) 語意錯誤

(C) 邏輯錯誤

(D) 以上皆是（105 年3月觀念題）

解答：(A) 語法錯誤

1-3 程式設計邏輯

每個程式設計師就像一位藝術家一般，都會有不同的設計邏輯，不過由於電腦是很嚴謹的科技化工具，不能像人腦一般的天馬行空，對於一個好的程式設計師而言，還是必須有某些規範，對照程式中的邏輯概念，才能讓程式碼具備可讀性與日後的可維護性。就像早期的結構化設計，到現在將傳統程式設計邏輯轉化成物件導向的設計邏輯，都是在協助程式設計師找到撰寫程式能有可依循的大方向。

1-3-1 結構化程式設計

在傳統程式設計的方法中，主要是以「由下而上法」與「由上而下法」爲主。所謂「由下而上法」是指程式設計師將整個程式需求最容易的部分先編寫，再逐步擴大來完成整個程式。

「由上而下法」則是將整個程式需求從上而下、由大到小逐步分解成較小的單元，或稱爲「模組」（module），這樣使得程式設計師可針對各模組分別開發，不但減輕設計者負擔、可讀性較高，對於日後維護也容易許多。結構化程式設計的核心精神，就是「由上而下設計」與「模組化設計」。例如在Pascal語言中，這些模組稱爲「程序」（Procedure），Python或C語言中稱爲「函數」（Function）。通常「結構化程式設計」具備以下三種控制流程，對於一個結構化程式，不管其結構如何複雜，皆可利用以下基本控制流程來加以表達：

流程結構名稱	概念示意圖
〔循序結構〕 逐步的撰寫敘述。	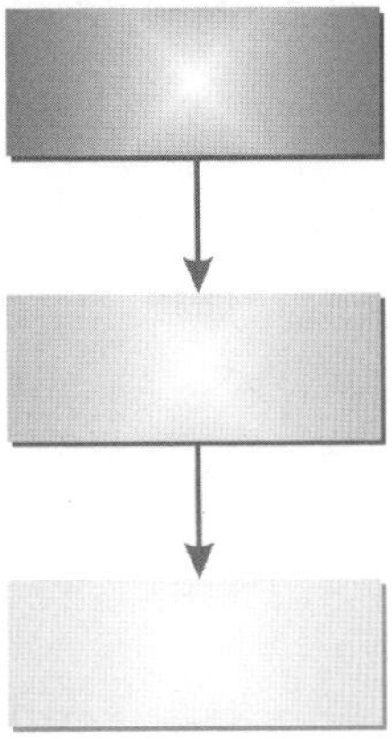

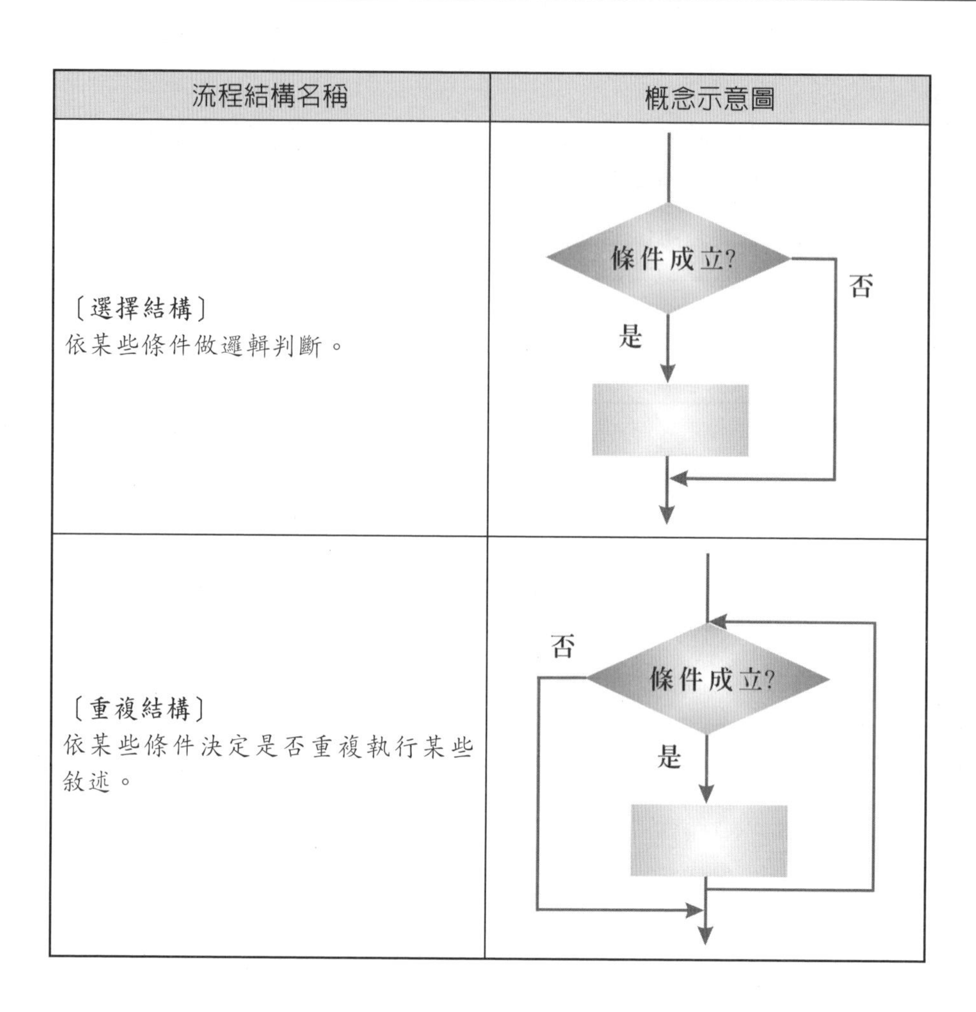

流程結構名稱	概念示意圖
〔選擇結構〕 依某些條件做邏輯判斷。	
〔重複結構〕 依某些條件決定是否重複執行某些敘述。	

1-3-2 物件導向程式設計

「物件導向程式設計」（Object-Oriented Programming, OOP）的主要精神就是將存在於日常生活中舉目所見的物件（object）概念，應用在軟體設計的發展模式（software development model）。也就是說，OOP讓各位從事程式設計時，能以一種更生活化、可讀性更高的設計觀念來進行，並且所開發出來的程式也較容易擴充、修改及維護。

現實生活中充滿了各種形形色色的物體，每個物體都可視爲一種物件。我們可以透過物件的外部「行爲」（behavior）運作及內部「狀態」（state）模式，來進行詳細地描述。行爲代表此物件對外所顯示出來的運作方法，狀態則代表物件內部各種特徵的目前狀況。

物件導向設計的理念就是認定每一個物件是一個獨立的個體，而每個獨立個體有其特定之功能。對我們而言，無需去理解這些特定功能如何達成這個目標過程，僅須將需求告訴這個獨立個體，如果此個體能獨立完成，便可直接將此任務，交付給發號命令者。物件導向程式設計的重點是強調程式的「可讀性」（Readability）、「重覆使用性」（Reusability）與「延伸性」（Extension），說明如下：

■ 封裝

封裝（Encapsulation）是利用「類別」（class）來實作「抽象化資料型態」（ADT）。類別是一種用來具體描述物件狀態與行爲的資料型態，也可以看成是一個模型或藍圖，按照這個模型或藍圖所生產出來的實體（Instance），就被稱爲物件。

Tips

「抽象化」就是將代表事物特徵的資料隱藏起來，並定義「方法」（Method）做爲操作這些資料的介面，讓使用者只能接觸到這些方法，而無法直接使用資料，符合了「資訊隱藏」（Information Hiding）的意義，這種自訂的資料型態就稱爲「抽象化資料型態」。

■ 繼承

繼承性稱得上是物件導向語言中最強大的功能，類似現實生活中的遺傳，允許我們去定義一個新的類別來繼承既存的類別（class），進而使用或修改繼承而來的方法（method），並可在子類別中加入新的資料成員與函數成員。在繼承關係中，可以把它單純地視為一種複製（copy）的動作。換句話說當程式開發人員以繼承機制宣告新增類別時，它會先將所參照的原始類別內所有成員，完整地寫入新增類別之中。

■ 多形

多形（Polymorphism）也是物件導向設計的重要特性，就是一樣東西同時具有多種不同的型態。在物件導向程式語言中，多形的定義簡單來說是利用類別的繼承架構，先建立一個基礎類別物件。使用者可透過物件的轉型宣告，將此物件向下轉型為衍生類別物件，進而控制所有衍生類別的「同名異式」成員方法。

■ 物件（Object）

可以是抽象的概念或是一個具體的東西包括了「資料」（Data）以及其所相應的「運算」（Operations或稱 Methods），它具有狀態（State）、行為（Behavior）與識別（Identity）。

每一個物件（Object）均有其相應的屬性（Attributes）及屬性值（Attribute values）。例如有一個物件稱為學生，「開學」是一個訊息，可傳送給這個物件.。而學生有學號、姓名、出生年月日、住址、電話等屬性，目前的屬性值便是其狀態。學生物件的運算行為則有註冊、選修、轉系、畢業等，學號則是學生物件的唯一識別編號（Object Identity, OID）。

■ 類別（Class）

是具有相同結構及行為的物件集合，是許多物件共同特徵的描述或物件的抽象化。例如小明與小華都屬於人這個類別，他們都有出生年月日、血型、身高、體重等類別屬性。類別中的一個物件有時就稱為該類別的一個實例（Instance）。

■ 屬性（Attribute）

「屬性」則是用來描述物件的基本特徵與其所屬的性質，例如：一個人的屬性可能會包括姓名、住址、年齡、出生年月日等。

■ 方法（Method）

「方法」則是物件導向資料庫系統裡物件的動作與行為，我們在此以人為例，不同的職業，其工作內容也就會有所不同，例如：學生的主要工作為讀書，而老師的主要工作則為教書。

1-4 認識演算法

資料結構和演算法是程式設計中最基本的內涵。程式能否快速而有效率的完成預定的任務，取決於是否選對了資料結構，而程式是否能清楚而正確的把問題解決，則取決於演算法。所以我們可以把Nicklaus Wirth大師的說法再進一步闡述：「資料結構加上演算法等於可執行的程式」。所以，將演算法做簡單的定義：

- 演算法用來描述問題並有解決的方法，以程序式的描述為主，讓人一看就知道是怎麼一回事。
- 使用某種程式語言來撰寫演算法所代表的程序，並交由電腦來執行。
- 在演算法中，必須以適當的資料結構來描述問題中抽象或具體的事物，有時還得定義資料結構本身有哪些操作。

1-4-1 演算法的特性與工具

演算法（Algorithm）代表一系列爲達成某種目標而進行的工作，通常演算法裡的工作都是針對資料做某種程序的處理過程。例如在韋氏辭典中演算法定義爲：「在有限步驟內解決數學問題的程序」。如果運用於電腦科學領域中，我們把演算法定義成：「爲了解決某一個工作或問題，所需要有限數目的機械性或重覆性指令與計算步驟」。其實日常生活中有許多工作都可以利用演算法來描述，例如員工的工作報告、寵物的飼養過程、學生的功課表等。認識了演算法的定義後，我們還要說明演算法必須符合下表的五個條件：

演算法特性	說明
輸入（Input）	0個或多個輸入資料，這些輸入必須有清楚的描述或定義
輸出（Output）	至少會有一個輸出結果，不可以沒有輸出結果
明確性（Definiteness）	每一個指令或步驟必須是簡潔明確而不含糊的
有限性（Finiteness）	在有限步驟後一定會結束，不會產生無窮迴路
有效性（Effectiveness）	步驟清楚且可行，能讓使用者用紙筆計算而求出答案

演算法的五個條件

接下來的問題是：「什麼方法或語言才能夠最適當的表達演算法？」事實上，只要能夠清楚、明白、符合演算法的五項基本原則，即使一般文字、虛擬語言（Pseudo-language）、表格或圖形、流程圖，甚至於任何一種程式語言都可以作爲表達演算法的工具。

以文字來描述

演算法是可以使用文字來加以描述，但是會比較不精確，因此一般較不常用。例如：

步驟一：輸入兩個數值
步驟二：判斷第一個數值是否大於第二個數值
步驟三：判斷正確的話，以第一個數值為最大值

流程圖

一般常見的流程圖符號以下表做說明。

符號	名稱	功能
圓角矩形	開始／結束	流程圖的開始或結束
矩形	處理程序	處理問題的步驟
平行四邊形	輸入／輸出	處理資料的輸入或輸出的步驟
菱形	決策	依據決策符號的條件來決定下一個步驟
圓形	接點	流程圖過大時，作為兩個流程圖的連接點
箭頭	流程方向	決定流程的走向

常見的流程圖

虛擬碼

虛擬碼是目前設計演算法最常使用的工具。在陳述解題步驟時，它混合了自然語言和高階程式語言，其表達方式介於人類口語與程式語法之間，容易轉換成程式指令。下表列舉循序、選擇和迴圈的虛擬碼寫法。

結構	關鍵字	虛擬碼	Python語法
循序	運算式	k←x1 + x2	k = x1 + x2
	=	=	==
	mod	mod	%
	and	and	and
	or	or	or
選擇	if	if 條件 then end if	if 條件: true_suite

	if, else	if 條件 then
		else
		end if
			if 條件:
			true_suite
			else:
			false_suite

迴圈	while	while 條件 do end while	while 條件: true_suite
	for	for (item in range) do end for	for item in range(): true_suite
	exit	exit for	break
	continue	continue	continue
其他	print	PRINT	print()
	return	return	return
函式	Function	FUNC 名稱: 回傳值型別 RETURN 値	def 名稱(): 函式主體_suite return 値
宣告		x <- 0	x = 0
陣列		A[]	A = []

常用的虛擬碼

1-5 演算法的效能

從廣義角度來看，資料結構能應用在程式設計的要求上，透過程式的執行效能與速度為衡量標準。充分了解每一種元件資料結構的特性，才能將適合的資料結構應用得當，否則非但不能符合程式的設計需求，甚至會讓整體執行效率變的更差。資料結構和演算法是相輔相成的，在解決特定問題的時候，當我們決定採用哪一種資料結構，也就是決定了演算法。

關於演算法的優劣，主要是要看這個演算法占用的電腦資料所需的時間和記憶空間而定，可以從「空間複雜度」和「時間複雜度」這兩方面來考量、分析。

- **空間複雜度**（Space complexity）：是指演算法使用的記憶體空間的大小。
- **時間複雜度**（Time complexity）：決定於演算法執行完成所用的時間。

不過由於電腦硬體進展的日新月異，所以純粹從程式（或演算法）的效能角度來看，應該以演算法的時間複雜度為主要評估與分析的依據。所謂時間複雜度（Time complexity）是指程式執行完畢所需的時間，概括兩個時間；第一個是編譯時間（Compile Time），使用編譯器編譯程式所需的時間會被忽略。第二個是執行時間（Execution Time），它才是探討的對象。

藉由迴圈執行次數計的簡例，我們知道在程式設計時，決定某程式區段的步驟計數是程式設計師在控制整體程式系統時間的重要因素；不過，決定某些步驟的精確執行次數卻也是相當困難的工作。例如程式設計師可以就某個演算法的執行步驟計數來衡量執行時間的標準；先來看看下列兩行指令：

```
x += 1
y = x + 0.3 / 0.7 * 225
```

雖然我們都將其視爲一個指令，由於涉及到變數儲存型別與運算式的複雜度，它影響了精確的執行時間。與其花費很大的功夫去計算眞正的執行次數，不如利用「概量」的觀念來做爲衡量執行時間，這就是「時間複雜度」（Time complexity）。通常採用以下三種分析模式來表示演算法的時間複雜度：

- **最壞狀況**：分析所有可能的輸入組合下，最多所需要的時間。程式最高的時間複雜度，稱為Big-Oh；也就是程式執行的次數一定相等或小於最壞狀況。
- **平均狀況**：分析所有可能的輸入組合下，平均所需要的時間。程式平均的時間複雜度，稱為Theta(θ)；程式執行的次數介於最佳與最壞狀況之間。
- **最佳狀況**：分析對何種輸入資料，所需花費的時間最少。程式最低的時間複雜度，稱為Omega(Ω)；也就是程式執行的次數一定相等或大於最佳狀況。

1-5-1 Big-O

Big-O代表演算法時間函式的上限（Upper bound），在最壞的狀況下，演算法的執行時間不會超過Big-O；在一個完全理想狀態下的計算機中，定義T(n)來表示程式執行所要花費的時間：

T(n) = O(f(n))(讀成Big-oh of f(n)或Order is f(n))
若且唯若存在兩個常數c與n_0
對所有的n值而言，當n≧n_0時，則T(n)≦c*f(n)均成立

- T(n)為理想狀況下，程式在電腦中實際執行指令次數。
- f(n)取執行次數中最高次方或最大的指數項目，也可以稱為執行時間的成長率（Rate of growth）。
- n資料輸入量。

進行演算法分析時，時間複雜度的衡量標準以程式的最壞執行時間（Worse Case Executing Time）為規模；也就是分析演算法在所有輸入可能的組合下，所需要的最多時間，一般會以O(f(n))表示。(f(n))可以看成是某一演算法在電腦中所需執行時間始終不會超過某一常數倍的f(n)。若輸入資料量(n)比(n_0)多時，則時間函數T(n)必會小於等於f(n)；當輸入資料量大到一定程度時，則c*f(n)必定會大於實際執行指令次數。

我們來看一些實際的例子，假設下列多項式各為某程式片斷或敘述的執行次數，請利用Big-O來表示時間複雜度。

例一：4n + 2

4n + 2 = O(n)，得到c = 5，n_0 = 2，所以4n + 2 ≦ 5n

4*n + 2≦c*n (因為T(n) = O(f(n))
得(c-4)*n≧2
找出上限時，可以把最大的加項再加「1」值，所以為「5n」
當c = 4+1時，則n≧2，所以n_0 = 2 (因為n ≧ n_0)
所以c≧5，且n_0≧2時，則4*n + 2 ≦ 5*n

例二：$10n^2$ + 5n + 1

$10n^2$ + 5n + 1 = O(n^2)，得到c = 11，n^2 = 6
所以$10n^2$ + 5n + 1 ≦ $11n^2$

CHAPTER 1

```
10n2 + 5n + 1 ≦ c * n2 (因爲T(n) = O(f(n))
得(c-10)n2 ≧ 5n+1
c = 10+1時，上式爲n2 ≧ 5n+1，當 n≧ 6時，則 n2 ≧ 5n+1
得到 n0 = 6(因爲n ≧ n0)
所以c ≧ 11，且n0 ≧ 6時，則10n^2 + 5n + 1 ≦ 11n^2
```

例三：$7 * 2^n + n^2 + n^2 + n$

```
7 * 2^n + n^2 + n = O(2^n)，得到c = 8，n0 = 4
得到7 * 2^n + n^2 + n ≤ 8 * 2^n
```

事實上，我們知道時間複雜度事實上只表示實際次數的一個量度的層級，並不是眞實的執行次數。常見的Big-O有下列幾種：

常數時間

O(1)爲常數時間（Constant time），表示演算法的執行時間是一個常數倍，其執行步驟是固定的，不會因爲輸入的值而做改變，我們會記成「T(n) = 2 ⇨ O(1)」」。

```
a, b = 5, 10
result = a * b
```

如果存在這樣的演算法，可以在任何大小的資料集合中自由的使用，而忽略資料集合大小的變化。就像電腦的記憶體一般，不考慮整個記憶體的數量，其讀取及寫入所耗費的時間是相同的。如果存在這樣的演算法則，任何大小的資料集合中可以自由的使用，而不需要擔心時間或運算的次數會一直成長或變得很高。

線性時間

O(n)爲線性時間（Linear time），當演算法加入迴圈就會變更複雜，得進一步去確認某個特定的指令的執行次數。執行的時間會隨資料集合的大小而線性成長，例如下列演算法有while迴圈，執行的次數依據輸入的n值來決定，所以「T(n) = n ⇨ O(n)」」。

```
k = 1
while k < n:
   k += 1
```

對數時間

$O(\log_2 n)$稱爲「對數時間」（Logarithmic time）或「次線性時間」（Sub-linear time），成長速度比線性時間還慢，而比常數時間還快。例如下列演算法有while迴圈，每當j乘以2就愈靠近輸入的n值，所以「$2^x = n$」可以得到「$x = \log_2 n$」，其時間複雜度就是「$O(\log_2 n)$」。

```
j = 1;
while j < n:
  j *= 2
```

平方時間

$O(n^2)$爲平方時間（quadratic time），演算法的執行時間會成二次方的成長，這種會變得不切實際，特別是當資料集合的大小變得很大時。下列演算法中有兩層while迴圈；第一層while迴圈的時間複雜度就是「O(n)」，第二層while迴圈再進行迴圈n次，所以所得的時間複雜度就是「$O(n^2)$」。

```
j, k = 1, 1
while j <= n:
  while k <= n:
    k += 1
  j += 1
```

可以再想想看，將第一層while迴圈的n變更爲m的話，則時間複雜度就變成「O(m×n)」。

```
j, k = 1, 1
while j <= m:
  while k <= n:
    k += 1
  j += 1
```

所以，可以獲悉「迴圈的時間複雜度等於主迴圈的複雜度乘以該迴圈的執行次數」。

指數時間

O(2^n)爲「指數時間」（Exponential time），演算法的執行時間會成二的n次方成長。通常對於解決某問題演算法的時間複雜度爲O(2n)（指數時間），我們稱此問題爲Nonpolynomial Problem。

線性乘對數時間

O($n\log_2 n$）稱爲線性乘對數時間，介於線性及二次方成長的中間之行爲模式。演算法當中會以雙層for或while迴圈，執行次數爲n，但累計以指數呈現。

1-5-2 Ω(Omega)

Ω也是一種時間複雜度的漸近表示法，它代表演算法時間函式的下限（Lower Bound）；如果說Big-O是執行時間量度的最壞情況，那Ω就是執行時間量度的最好狀況。以下是Ω的定義：

T(n) = Ω(f(n))(讀作Big-Omega of f(n))
若且唯若存在大於0的常數c和n_0
對所有的n值而言，n≧n_0時，T(n)≧c*f(n)均成立

- T(n)為理想狀況下，程式在電腦中實際執行指令次數。
- f(n)取執行次數中最高次方或最大的指數項目，也可以稱為執行時間的成長率（Rate of growth）。
- n資料輸入量。

若輸入資料量(n)比(n_0)多時，則時間函數T(n)必會大於等於f(n)；當輸入資料量大到一定程度時，則c*f(n)必定會小於實際執行指令次數。例如「f(n) = 5n + 6」，存在「c = 5, n_0 = 1」，對所有n≧1時，5n + 5≧5n，因此「f(n) = Ω(n)」而言，n就是成長的最大函數。

假設下列多項式各為某程式片斷或敘述的執行次數，請利用Ω來表示時間複雜度。

例一：3n + 2

3n + 2 = Ω(n)
得到c = 3，n_0 = 1，使得3n + 2 ≧ 3n

∴3*n + 2 ≧ c*n, 得到(3-c)*n ≧ -2
要找下限，事實上是找出比3n + 2 ≧ 3n更小，保留最大的加項，刪除最小的加項
當c = 3時，並且n > 1，上式即可成立
∴找到c = 3，n_0 = 1（因為n ≧ n_0），則3n + 2 ≧ 3n

例二：200n2 + 4n + 5

200n2 + 4n + 5 = Ω(n^2)
找到c = 200，n_0 = 1，使得200n2 + 4n + 5 ≥ 200n^2

1-5-3 θ(Theta)

介紹另外一種漸近表示法稱爲θ(Theta)，它代表演算法時間函式的上限與下限。它和Big-O及Omega比較而言，是一種更爲精確的方法。定義如下：

> T(n) = θ(f(n))(讀作Big-Theta of f(n))
> 若且唯若存在大於0的常數c_1、c_2和n_0
> 對所有的n值而言，n ≧ n_0時，c_1*f(n) ≦ T(n) ≦ c_2*f(n)均成立

- T(n)爲理想狀況下，程式在電腦中實際執行指令次數。
- f(n)取執行次數中最高次方或最大的指數項目，也可以稱爲執行時間的成長率（Rate of growth）。
- n資料輸入量。
- $c_1 \times$f(n)爲下限，即Ω。
- $c_2 \times$f(n)爲上限，即θ。

若輸入資料量(n)比(n_0)多時，則存在正常數c_1與c_2，使$c_1 \times f(n) \le T(n) \le c_2 \times f(n)$。T(n)的運算次數會介於或等於$c_2$f(n)與$c_1$f(n)之間，可視爲$c_2 \times$f(n)相當於T(n)的上限，$c_1 \times$f(n)相當於T(n)的下限。

例如：T(n) = n^2 + 3n。

> $c_1 * n^2 \leqq n^2 + 3 * n$
> $n^2 + 3*n \leqq c2 * n^2$
> ∴找到$c_1 = 1$，$c_2 = 2$，$n_0 = 1$，則$n^2 \leqq n^2 + 3n \leqq 2n^2$

第二章

C 語言輕鬆快速入門

雖然考生可自行選擇以C、C++、Java、Python四種語言之一來撰寫實作題的程式解答，不過APCS考題的觀念題如果需提供程式片段，還是會以C語言命題，所以我們建議應考的考生不論選擇哪一種實作題語言，爲了考高分，對C語言還是要有一定的了解，本單元我們會以明快的介紹，來幫助各位快速學習C語言。C語言發展至今已經超過30個年頭，目前常見的各種作業系統初期大都是以C語言爲基礎所發展出來，相較於Java、Visual Basic、Pascal等程式語言來說，C語言的執行效率相當高，執行時也相當地穩定。

2-1 Dev-C++簡介

要著手開始設計C程式，首先只要找個可將程式的編輯、編譯、執行與除錯等功能畢其同一操作環境下的「整合開發環境」（Integrated Development Environment, IDE）即可畢其功於一役，本書中所使用的免費Dev-C++就是一個不錯的選擇，也是屬於開放原始碼（open-source code），專爲設計C/C++語言所設計，這套免費且開放原始碼的Orwell Dev-C++的下載網址如下：http://orwelldevcpp.blogspot.tw/

各位從編輯與撰寫一個C的原始程式到讓電腦跑出程式結果，一共要經過「編輯」、「編譯」、「連結」、「載入」與「執行」五個階段。看起來有點麻煩，實際上很簡單。首先我們要開啓一個新檔案來撰寫程式的原始碼，請執行「檔案／開新檔案／原始碼」指令「原始碼」鈕，就會開啓新檔案，如下圖畫面：

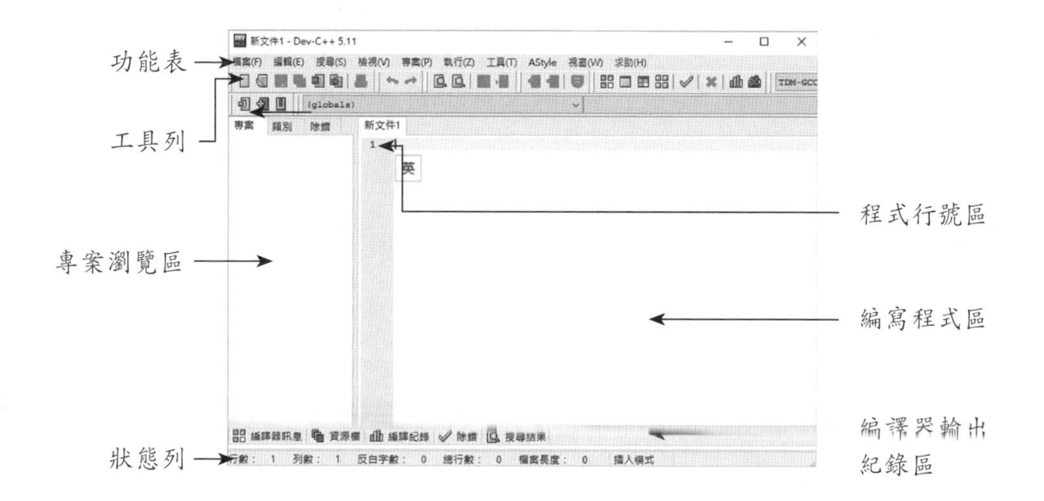

Dev C++擁有很視覺化的視窗編輯環境，會將程式碼中的字串、指令與註解分別標示成不同顏色，這個功用讓程式碼的編寫修改或除錯容易很多。了解Dev C++的一些基礎環境之後，各位即可開始編寫第一個的C語言程式。在編寫C程式之前，首先要了解C的寫作規則。在C語言中共包含了前置處理區、程式區塊、程式敘述和程式註解四部分：

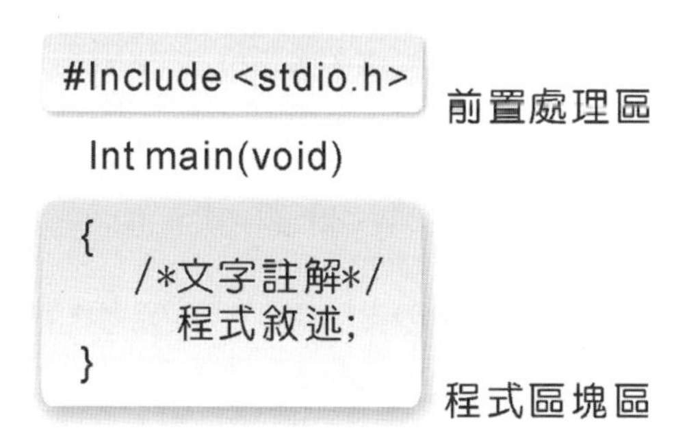

■ 前置處理區（preprocessor）

前置處理器大多以#開頭，是C語言中在開始編譯檔案之前先做的動作，事實上，它並不是C語言的一部分，它的作用是告訴編譯器要加入C語言中所定義的表頭檔或指令。一般最常使用的表頭檔爲<stdio.h>

■ 程式區塊（block）

程式區塊（block）是由{ }左右兩個大括弧所組成，它包含多行或單行的程式敘述。程式區塊中的程式敘述的格式相當自由，可以將多個程式敘述置於一行，或是一行程式敘述分成多行。

■ 程式敘述

程式敘述式（statement）是組成C語言程式基本的要件，我們可將C語言程式比喻成一篇文章，而程式區塊就像是段落，程式敘述就是段落中的句子。程式敘述跟程式區塊相同，具有自由的格式，在結尾時使用「；」號，代表一個程式敘述的結束。

■ 程式註解（comment）

C語言的程式註解是提供給程式的使用者與維護者了解程式的用意，它是以「/*」作開頭，「*/」作結束，之間的任何文字符號都不被編譯器接受。

底下就以DEV-C++撰寫第一個C語言程式。

1.按下按鈕，可開啓新檔案

3.編寫完成後，按下儲存檔案，選擇儲存的路徑後，並以.c副檔名儲存即可

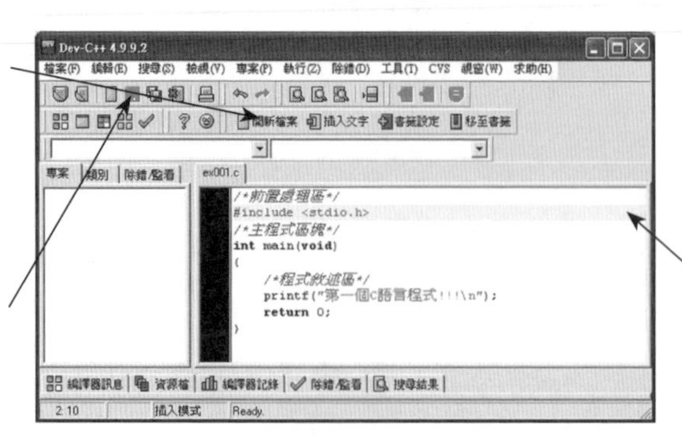

2.於此編寫C語言程式

範例程式：ex001.c

```
01  /*前置處理區*/
02  #include <stdio.h>
03  /*主程式區塊*/
04  int main(void)
05  {
06      /*程式敘述區*/
07      printf("第一個C語言程式!!!\n");
08      return 0;
09  }
```

【程式解析】

- 第1行：C語言的註解格式。
- 第2行：利用#include指令將<stdio.h>表頭檔加入到C語言中，此表頭檔包含C語言常用的輸入與輸出等指令，爲C語言中作常用的表頭檔。
- 第4行：int main(void)爲一般C語言的主程式的格式，int是整數資料型態，main是主程式的名稱，(void)代表此主程式沒有參數資料傳遞，參數傳遞會在函數部分介紹。
- 第7行：程式敘述，其中printf()是C語言輸出的函數，以" "括住的文字會輸出到螢幕上。
- 第8行：因爲主程式被宣告爲int資料型態，必須return一個値，而回傳數值0是代表程式正常結束。

2-1-1 變數與常數

程式語言中最基本的資料處理對象就是「變數」（variable）與「常數」（constant），變數是代表電腦裡的一個記憶體儲存位置，可以提供使用者設定資料在這個位置上，所以它的數值可做變動，因此被稱爲「變數」。變數的名稱是由程式設計者自行命名的，不過必須考慮到程式的可讀性與所命名的名稱是否和C語言裡的保留字（keyword）有所衝突，在變數的命名上訂定了以下規則：

命名規則	示範說明
變數的名稱開頭只能以英文字母或底線符號(_)作爲開頭。	正確：myvariable，_name。 錯誤：5variable，@name。
變數中間的名稱不得爲特殊符號，但可用底線符號(_)做區隔。	正確：my_variable。 錯誤：MY@$!~%&*()er。
大小寫不同的變數名稱，視爲不同的變數名稱。	myvriable、MYVRIABLE爲不同變數。
變數名稱不得與保留字和函數名稱相同。	正確：my_string 錯誤：int、char；

基本上，除了變數之外，在C語言裡需要被命名的還包括常數、函數、結構、聯合、列舉常數等。這些需要被命名的項目，C都必須給它們一個識別字（identifier），識別字的命名也都需要符合以上的命名規則。

在C語言中，變數宣告的語法如下：

```
資料型態 變數名稱；
```

如果要一次宣告多個同資料型態的變數，可以利用「，」隔開變數名稱即可。變數宣告通常是放在程式區塊中的開頭，也就是在「{」符號後。至於變數初始化的功用，則是在變數一開始產生時就指定它的內容，宣告的方式如下：

```
資料型態 變數名稱=初始值；
```

常數是指程式在執行的整個過程中，不能被改變的數值。例如整數常數45、-36、10005、0等，或者浮點數常數：0.56、-0.003、1.234E2等。常數在C程式中也如同變數一般，可以利用一個識別字來表示，請利用保留字const和利用前置處理器中的#define指令來宣告自訂常數。宣告語法如下：

```
方式1： const 資料型態 常數名稱=常數值;
方式2： #define 常數名稱 常數值
```

請各位留意，由於#define為一巨集指令，並不是指定敘述，因此不用加上「=」與「;」。以下兩種方式都可定義常數：

```
const  int radius=10;
#define  PI  3.14159
```

2-1-2 基本資料型態

由於C是屬於一種強制型態式（strongly typed）語言，有關變數宣告時，必須要指定資料型態。基本上，有關C語言中的基本資料型態，可以區分為三大類；整數、浮點數和字元資料型態。分述如下：

1.整數

當我們將變數指定為整數型態時，記憶體中即會保留2個位元組（16位元）的空間，用來儲存整數變數的內容值。宣告方式如下：

```
int 變數名稱=初始值;
```

CHAPTER 2

2.浮點數

浮點數資料型態指的是帶有小數點的數字，也就是數學上所指的實數。浮點數又分為單精度浮點數（float）和倍精確度浮點數（doubl）e，例如3.14、6e-2、3.2e-18等。

■ float單精度浮點數

float單精度浮點數的資料型態長度為32個位元，當float浮點數的小數位超過第六位時，後面的小數點會以四捨五入法取到小數第六位。宣告方式如下：

```
float 變數名稱=初始值;
```

■ double倍精確度浮點數

double倍精確度浮點數的資料長度為64個位元，小數點後的位數會自動四捨五入到第15位數，其中double倍精確度浮點數，搭配long資料型態修飾詞後，所能提供的數字精確度幾乎比float浮點數高兩倍。宣告方式如下：

```
double 變數名稱=初始值;
```

Tips

浮點數的表示方法除了一般帶有小數點的方式，另一種是稱為科學記號的指數方式，例如3.14、-100.521、6e-2、3.2E-18等。其中 e 或 E是代表C中10為底數的科學符號表示法。例如6e-2，其中6稱為假數，-2稱為指數。

3.字元

字元型態包含了字母、數字、標點符號及控制符號等，在記憶體中是以整數數值的方式來儲存，每一個字元用1個位元組（Byte）的資料長度，通常字元會被編碼，所以字元ASCII編碼的數值範圍為「0～127」之間，例如字元「A」的數值為65、字元「0」則為48。

在設定字元變數時，必須將字元置於「' '」單引號之間，而不是雙引號「" "」。宣告字元變數的方式如下：

```
方式1：char 變數名稱1, 變數名稱2, …, 變數名稱N; /*宣告多個字元
        變數*/
方式2：char 變數名稱 = '字元' ; /*宣告並初始化字元變數*/
```

例如以下宣告：

```
char ch1,ch2,ch3,ch4；
```

或是

```
char  ch5='A'；
```

字元的輸出格式化字元有兩種，分別可以利用%c可以直接輸出字元，或利用%d來輸出ASCII碼的整數值。字元型態資料中還有一些特殊字元是無法利用鍵盤來輸入或顯示於螢幕。這時候必須在字元前加上「跳脫字元」（\），來通知編譯器將反斜線後面的字元當成一般的字元顯示，或者進行某些特殊的控制，例如「\n」字元，就是表示換行的功用。由於反斜線之後的某字元將跳脫原來字元的意義，並代表另一個新功能，

我們稱它們為跳脫序列（escape sequence）。下面特別整理了C的跳脫序列與相關說明。如下表所示：

跳脫序列	說明	十進位ASCII碼	八進位ASCII碼	十六進位ASCII碼
\0	字串結束字元。（Null Character）	0	0	0x00
\a	警告字元，使電腦發出嗶一聲（alarm）	7	007	0x7
\b	倒退字元（backspace），倒退一格	8	010	0x8
\t	水平跳格字元（horizontal Tab）	9	011	0x9
\n	換行字元（new line）	10	012	0xA
\v	垂直跳格字元（vertical Tab）	11	013	0xB
\f	跳頁字元（form feed）	12	014	0xC
\r	返回字元（carriage return）	13	015	0xD
\"	顯示雙引號（double quote）	34	042	0x22
\'	顯示單引號（single quote）	39	047	0x27
\\	顯示反斜線（backslash）	92	0134	0x5C

Tips

由於C中沒有特別定義布林型態（bool），是用數值0來表示，其它所有非0的數值，則表示true（通常會以數值1表示），只有C++才有的一種表示邏輯的資料型態，它只有兩種值：「true（眞）」與「false（僞）」，而這兩個值若被轉換為整數則分別為「1」與「0」。

2-1-3 運算子

運算式組成了各種快速計算的成果，而運算子就是種種運算舞台上的演員。C運算子的種類相當多，分門別類的執行各種計算功能，例如指派運算子、算術運算子、比較運算子、邏輯運算子、遞增遞減運算子，以及位元運算子等。

■ 指定運算子

「=」符號在數學的定義是等於的意思，不過在程式語言中就完全不同，主要作用是將「=」右方的值指派給「=」左方的變數，由至少兩個運算元組成。以下是指定運算子的使用方式：

```
變數名稱 = 指定值 或 運算式；
```

例如：

```
a= a + 1;          /* 將a值加5後指派給變數a */
c= 'A';            /* 將字元'A'指派給變數c */
```

■ 算術運算子

「算術運算子」（Arithmetic Operator）是程式語言中使用率最高的運算子，包含了四則運算、正負號運算子、%餘數運算子等。下表是算術運算子的語法及範例說明：

運算子	說明	使用語法	執行結果（A=15,B=7）
+	加	A + B	15+7=22
-	減	A - B	15-7=8
*	乘	A * B	15*7=105
/	除	A / B	15/7=2
+	正號	+A	+15
-	負號	-B	-7
%	取餘數	A % B	15%2=1

■ 關係運算子

關係運算子主要是在比較兩個數值之間的大小關係，當使用關係運算子時，所運算的結果只有「成立」與「不成立」兩種情形。結果成立稱爲「眞（true）」，如果不成立則稱爲「假（false）」。關係運算子共有六種，如下表所示：

運算子	功能	用法
>	大於	a>b
<	小於	a<b
>=	大於等於	a>=b
<=	小於等於	a<=b
==	等於	a==b
!=	不等於	a!=b

■ 邏輯運算子

邏輯運算子是運用在以判斷式來做爲程式執行流程控制的時刻。通常可作為兩個運算式之間的關係判斷。至於邏輯運算子判斷結果的輸出與比較運算子相同，僅有「真（true）」與「假（false）」兩種，並且分別可輸出數值「1」與「0」。C中的邏輯運算子共有三種，如下表所示：

<table>
<tr><th>運算子</th><th>功能</th><th>用法</th></tr>
<tr><td>&&</td><td>AND</td><td>a>b && a<c</td></tr>
<tr><td>||</td><td>OR</td><td>a>b || a<c</td></tr>
<tr><td>!</td><td>NOT</td><td>!（a>b）</td></tr>
</table>

■ 位元運算子

電腦實際處理的資料，其實只有0與1這兩種資料，也就是採取二進位形式。因此各位可以使用位元運算子（bitwise operator）來進行位元與位元間的邏輯運算。C/C++的位元運算子能夠進行二進位的位元運算，提供NOT、AND、XOR、OR以及左移或右移幾位位元的位元運算，如下表所示：

<table>
<tr><th>運算子</th><th>範例</th><th>說明</th></tr>
<tr><td>~</td><td>~a</td><td>NOT運算</td></tr>
<tr><td>&</td><td>a&b</td><td>AND運算</td></tr>
<tr><td>|</td><td>a|b</td><td>OR運算</td></tr>
<tr><td>^</td><td>a^c</td><td>XOR運算</td></tr>
<tr><td><<</td><td>a<<2</td><td>左移運算</td></tr>
<tr><td>>></td><td>a>>2</td><td>右移運算</td></tr>
</table>

以下為您說明位元運算子的用法：

■ ~(NOT)

NOT作用是取1的補數（complement），也就是0與1互換。例如a=12，二進位表示法為1100，取1的補數後，由於所有位元都會進行0與1互換，因此運算後的結果得到-13：

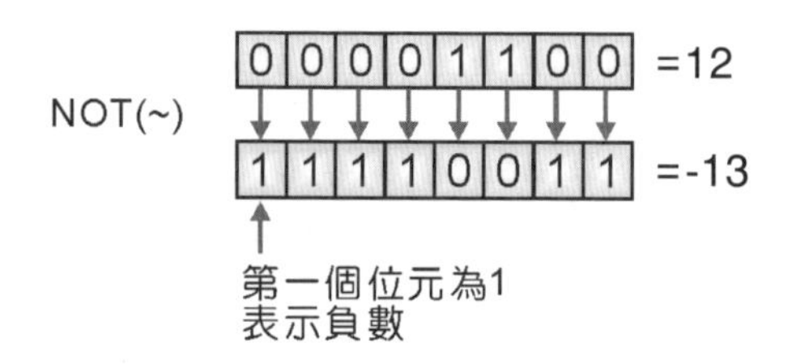

■ &(AND)

執行AND運算時，對應的兩字元都為true時，運算結果才為true，例如：a=12，則a&38得到的結果為4，因為12的二進位表示法為1100，38的二進位表示法為0110，兩者執行AND運算後，結果為十進位的4。如下圖所示：

0 0 0 0 1 1 0 0 =12
0 0 1 0 0 1 1 0 =38
AND(&)
0 0 0 0 0 1 0 0 =4

■ |(OR)

執行OR運算時，對應的兩字元只要任一字元為true時，運算結果為true，例如：a=12，則a｜38得到的結果為46，如下圖所示。

OR(|)

0	0	0	0	1	1	0	0	=12
0	0	1	0	0	1	1	0	=38
0	0	1	0	1	1	1	0	=46

■ ^(XOR)

執行XOR運算時，對應的兩字元只要任一字元爲true時，運算結果爲true，但是如果同時爲true或false時，結果爲false。例如：a=12，則a^38得到的結果爲42，如下圖所示。

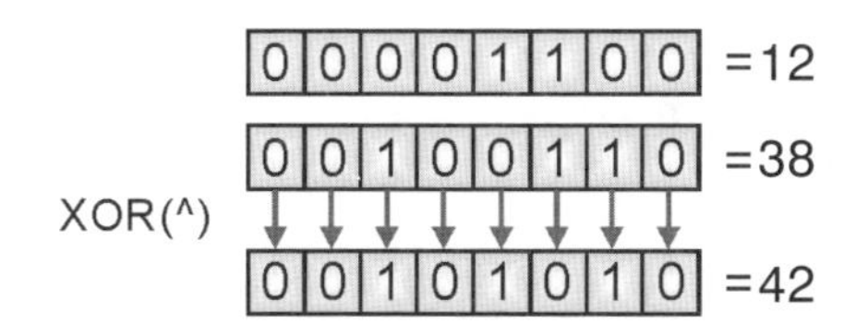

■ <<(左移)

左移運算子（<<）可將a的內容向左移動2個位元，例如：a=12，以二進位來表示爲1100，向左移2個字元後爲110000，也就是十進位的48，如下圖所示。

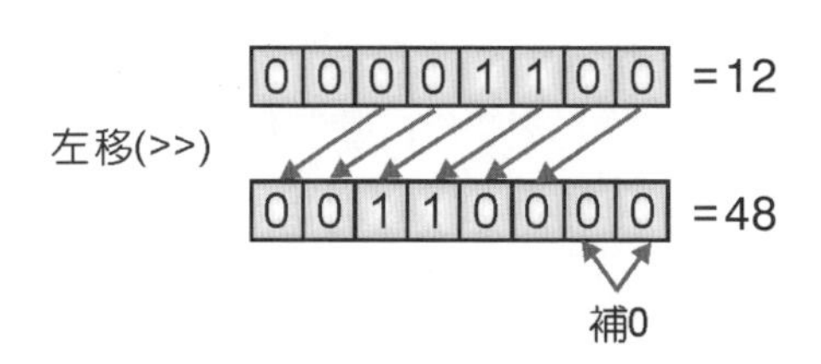

■ >>(右移)

右移運算子（>>）可將a的內容向右移動2個位元，例如：a=12，以二進位來表示爲1100，向右移2個字元後爲0011，也就是十進位的3，如下圖所示。

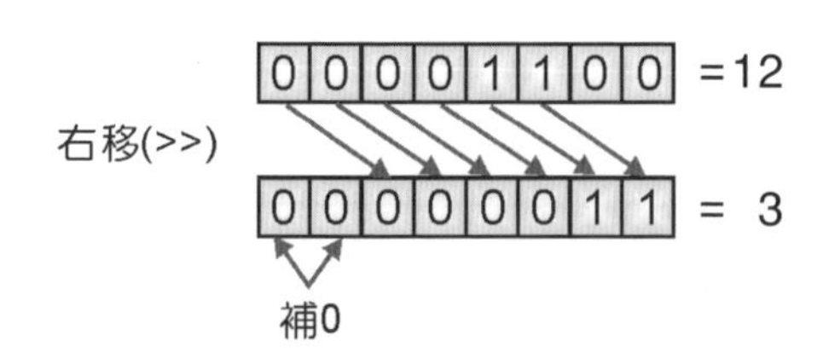

2-2 資料型態轉換

在C的資料型態應用中，如果不同資料型態變數作運算時，往往會造成資料型態間的不一致與衝突，如果不小心處理，就會造成許多邊際效應的問題，這時候「資料型態轉換」（Data Type Coercion）功能就派上用場了。資料型態轉換功能在C中可以區分爲自動型態轉換與強制型態轉換兩種。

2-2-1 自動型態轉換

一般來說，在程式執行過程中，運算式中往往會使用不同型態的變數（如整數或浮點數），這時C編譯器會自動將變數儲存的資料，自動轉換成相同的資料型態再作運算。系統會根據在運算式中會依照型態數值範圍大者作爲轉換的依循原則，例如整數型態會自動轉成浮點數型態，或是字元型態會轉成short型態的ASCII碼：

```
char c1;
int no;
no=no+c1; /* c1會自動轉爲ASCII碼 */
```

此外，並且如果指定敘述「=」兩邊的型態不同，會一律轉換成與左邊變數相同的型態。當然在這種情形下，要注意執行結果可能會有所改變，例如將double型態指定給short型態，可能會有遺失小數點後的精準度。以下是資料型態大小的轉換的順位：

```
double > float > unsigned long > long > unsigned int > int
```


2-2-2 強制型態轉換

在C中，對於針對運算式執行上的要求，還可以「暫時性」轉換資料的型態。資料型態轉換只是針對變數儲存的「資料」作轉換，但是不能轉換變數本身的「資料型態」。有時爲了程式的需要，C也允許使用者自行強制轉換資料型態。如果各位要對於運算式或變數強制轉換資料型態，可以使用如下的語法：

```
（資料型態） 運算式或變數；
```

我們來看以下的一種運算情形：

```
int i=100, j=3;
float Result;
Result=i/j;
```

運算式型態轉換會將i/j的結果（整數值33），轉換成float型態再指定給Result變數（得到33.000000），小數點的部分完全被捨棄，無法得到精確的數值。如果要取得小數部分的數值，可以把以上的運算式改以強制型態轉換處理，如下所示：

```
Result=(float) i/ (float) j;
```

還有一點要提醒各位注意！對於包含型態名稱的小括號，絕對不可以省略。另外在指定運算子（=）左邊的變數可不能進行強制資料型態轉換！例如：

```
(float)avg=(a+b)/2；  /* 不合法的指令 */
```

2-3 輸出與輸入功能

程式設計的目的在於將使用者所提供的資料，經由運算之後再將結果另行輸出。C語言是透過資料流方式來控制輸入及輸出資料，在C語言中，這些標準I/O函數的原型宣告都放在<stdio.h>標頭檔中，要使用這些函數必需在程式碼中加入底下這一行：

```
#include <stdio.h>
```

在<stdio.h>標頭檔裡，定義了格式化輸入與輸出的函數，分別為printf()函數與scanf()函數，分述如下。

2-3-1 printf()函數

printf()函數會將指定的文字輸出到標準輸出設備（螢幕）。printf()函數可以配合格式指定碼，來輸出指定格式的變數或數值內容。我們利用以下表格，爲您列出printf()函數中較常使用的格式指定碼：

格式指定碼	說明
%c	輸出字元
%d	輸出十進位數
%o	輸出八進位數
%x	輸出十六進位數，超過10的數字以大寫字母表示，例如0xff
%X	輸出十六進位數，超過10的數字以大寫字母表示，例如0xFF
%f	輸出浮點數
%e	使用科學記號表示法，例如3.14e+05
%E	使用科學記號表示法，例如3.14E+05（使用大寫E）
%s	輸出字串

printf()的函數原型如下表所列：

函數原型	說明
printf(char* 字串)	直接輸出字串。
printf(char* 字串,引數列)	字串中含有格式化字元，並對應引數列資料，再將資料輸出。

Tips

百分比符號「%」是輸出時常用的符號，不過不能直接使用，因爲會與格式化字元（如%d）相衝突，如果要顯示%符號，必須使用%%方式。例如以下指令：

printf("百分比：%3.2f\%%\n", (i/j)*100);

以下程式，是使用printf()函數配合格示指定碼，觀查同一個數值在格示指定碼不同的情形下，顯示結果的差異：

範例程式：ex002.c

```
01  #include <stdio.h>
02  int main(void)
03  {
04      int Val=123;
05      printf("各種格式化字元的輸出\n");
06      printf("  Val=%d\n",Val);
07      printf("%%iVal=%i\n",Val);
08      printf("%%oVal=%o\n",Val);
09      printf("%%uVal=%u\n",Val);
10      printf("%%xVal=%x\n",Val);
11      system("pause");
12      return 0;
13  }
```

【執行結果】

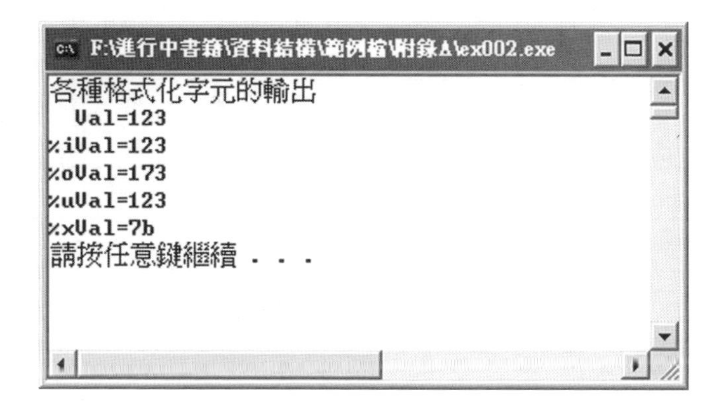

2-3-2 scanf()函數

scanf()函數可以經由標準輸入設備（鍵盤），把使用者所輸入的數值、字元或字串傳送給指定的變數。scanf()函數的原型，如下：

```
scanf(char* 字串,引數列)
```

如上所示，scanf()函數在使用上與printf()函數類似，但是因爲scanf()函數只作爲讀取資料之用，所以在格式化字串中，無法顯示格式化字串以外的字元或字串。使用scanf()函數必須設置格式指定碼（format specifier），內容同如表所列：

格式指定碼	說明
%c	輸出字元
%d	輸出十進位數
%o	輸出八進位數

格式指定碼	說明
%x	輸出十六進位數，超過10的數字以大寫字母表示，例如0xff
%X	輸出十六進位數，超過10的數字以大寫字母表示，例如0xFF
%f	輸出浮點數
%e	使用科學記號表示法，例如3.14e+05
%E	使用科學記號表示法，例如3.14E+05（使用大寫E）
%s	輸出字串

scanf()函數讀取數值資料不區分英文字母的大小寫，所以使用%X與%x會得到相同的輸入結果（%e與%E亦同）。scanf()函數與printf()函數的最大不同點，是必須傳入變數位址作參數，而且每個變數前一定要加上&（取址運算子）將變數位址傳入：

```
scanf("%d%f", &N1, &N2);  /* 務必加上&號 */
```

在上式中區隔輸入項目的符號是空白字元，各位在輸入時，可利用空白鍵、Enter鍵或Tab鍵隔開，不過所輸入的數值型態必須與每一個格式化字元相對應：

```
100 65.345【Enter】
或
100【Enter】
65.345 【Enter】
```

以下範例使用scanf()函數讀取使用者輸入的資料，並藉由printf()函數輸出相關訊息：

範例程式：ex003.c

```
01  #include <stdio.h>
02  int main(void)
03  {
04          int iVal;
05          printf("請輸入8進制數值:");
06          scanf("%o",&iVal);
07          printf("您所輸入8進制數值，代表10進制:%d\n",iVal);
08          printf("\n");
09
10          printf("請輸入10進制數值:");
11          scanf("%d",&iVal);
12          printf("您所輸入10進制數值，代表8進制:%o\n",iVal);
13          printf("\n");
14
15          printf("請輸入16進制數值:");
16          scanf("%x",&iVal);
17          printf("您所輸入16進制數值，代表10進制:%d\n",iVal);
18          printf("\n");
19
20          printf("請輸入10進制數值:");
21          scanf("%d",&iVal);
22          printf("您所輸入10進制數值，代表16進制:%x\n",iVal);
23          printf("\n");
24          system("pause");
25          return 0;
26  }
```

【執行結果】

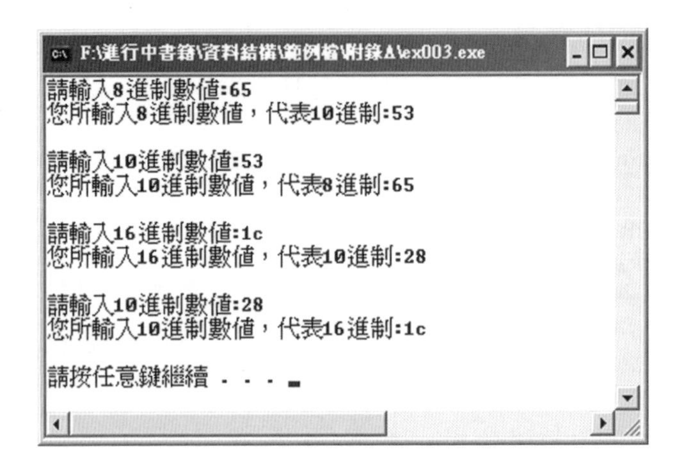

2-4 流程控制

C語言包含三種流程控制結構：「循序結構」（Sequential structure）、「選擇結構」（Selection structure）以及「重複結構」（repetition structure）。這也是所謂「結構化程式設計」（Structured Programming）的三種基本架構。其中最簡單的循序結構就是一個程式敘述由上而下接著一個程式敘述的執行指令，如下圖所示：

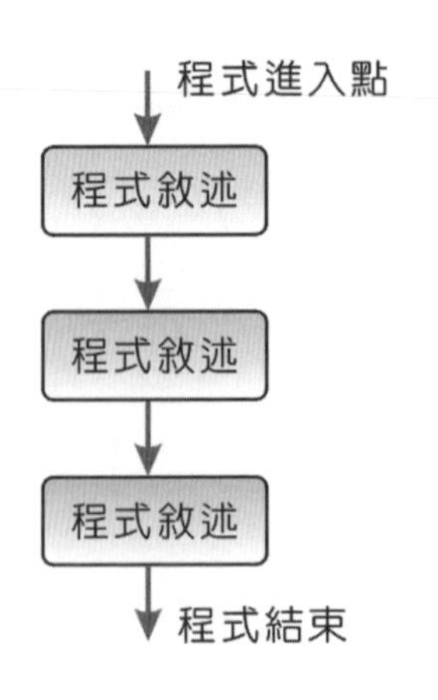

2-4-1 選擇結構

選擇結構是依據程式的條件控制敘述作判斷。在依據判斷的結果，選擇所應該進行的下一道程式敘述，以下是它的流程圖：

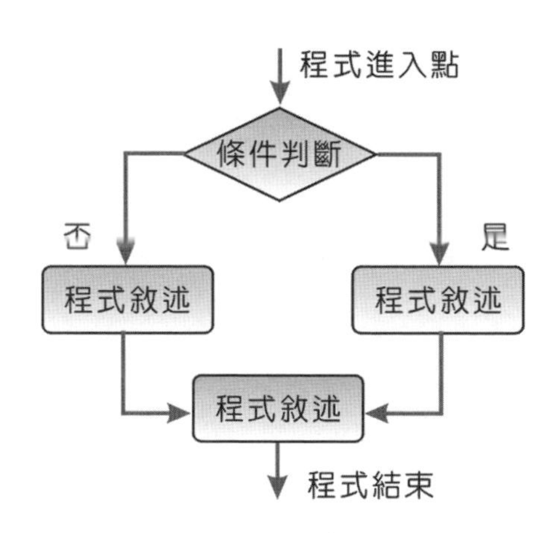

選擇結構的條件敘述（conditional statement）是讓程式能夠選擇應該執行的程式碼；又可區分爲四種敘述，分別爲if條件敘述作爲單選的判斷、if else條件敘述提供二選一式判斷，而多選一式的判斷有if else if條件敘述和switch條件敘述。

■ if條件敘述

if敘述式是最簡單的一種條件判斷式；可先行判斷條件敘述是否成立，再依照結果決定要執行的程式敘述。語法形式如下：

```
if(條件運算式)
{
程式敘述區塊；
}
```

另外if else敘述式可以讓程式碼進行二選一的選擇，當條件運算式成立時，會執行if的程式敘述區塊，如果不成立，就會執行else的敘述區塊。以下是它的語法型式：

```
if(條件運算式)
{
    程式敘述區塊；
}
else{
    程式敘述區塊；
}
```

至於if else if條件敘述是一種多選一的條件敘述，讓使用者在if敘述和else if中選擇符合條件運算式的程式敘述區塊，如果以上的條件運算式都不符合，就執行else的程式敘述。以下是語法形式：

```
if(條件運算式)
{
    程式敘述區塊；
}
else if(條件運算式)
{
  程式敘述區塊；
}
......
else{
  程式敘述區塊；
}
```

下圖為if else if條件敘述的流程圖：

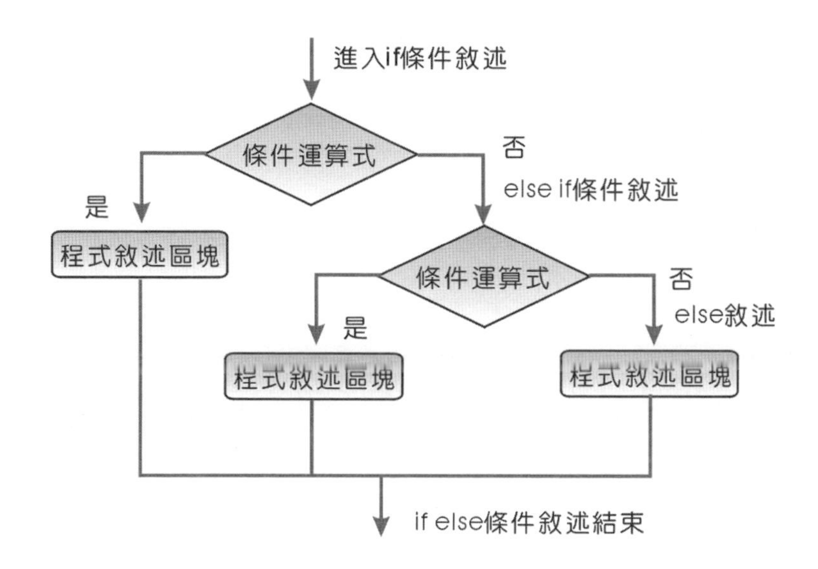

範例程式：ex004.c

```
01    #include<stdio.h>
02    int main(void)
03    {
04      int month;
05      printf("請輸入月份: ");
06      scanf("%d",&month);
07      if(2<=month & month<=4)
08        printf("充滿生機的春天\n");
09
10      else if(5<=month & month<=7)
11        printf("熱力四射的夏季\n");
12
13      else if(month>=8 & month <=10)
14        printf("落葉繽紛的秋季\n");
15
16      else if(month==1 |month>=11 & month <=12 )
```

```
17          printf("寒風刺骨的冬季\n");
18
19      else
20          printf("很抱歉沒有這個月份!!!");
21      system("pause");
22      return 0;
23  }
```

【執行結果】

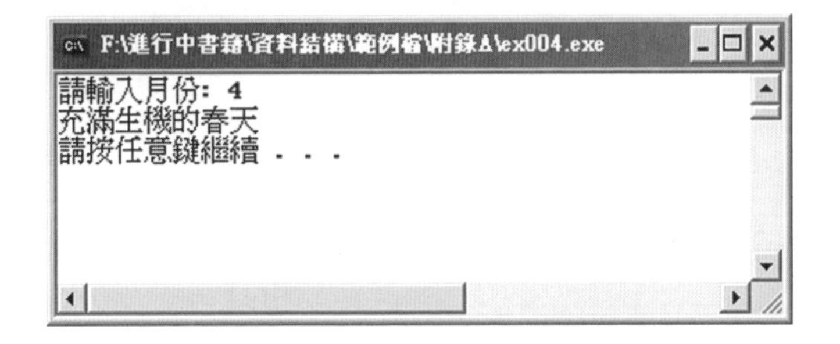

■ switch條件敘述

C中提供了另一種選擇 —— switch敘述，讓程式語法能更加簡潔易懂。使用上與if else if條件指令也不盡相同不同，因爲switch指令必須依據同一個運算式的不同結果來選擇要執行哪一段case指令，特別是這個結果值還只能是字元或整數常數，這點請務必記得，而if else指令能直接與邏輯運算子配合使用，較沒有其它限制。switch指令的語法格式如下：

```
switch(條件運算式)
{
    case 數值1:
        程式敘述區1;
        break;
    case 數值2:
        程式敘述區2;
        break;
            .
            .
            .
    default:
        程式敘述          ── Default指令也可省略
}
```

如果程式敘述僅包含一個指令，可以將程式敘述接到常數運算式之後。如下所示：

```
switch(條件運算式)
{
    case 數值1： 程式敘述1;
            break;
    case 數值2： 程式敘述2;
            break;

    default：程式敘述;
}
```

各位應該有留意在每道case指令最後，必須加上一道break指令來結束，在C中break的主要用途是用來跳躍出程式敘述區塊。當執行完任何case區塊後，並不會直接離開switch區塊，而是往下繼續執行其它的case，這樣會浪費執行時間及發生錯誤，只有加上break指令才可以跳出switch指令區。還要補充一點，default指令原則上可以放在switch指令區內的任何位置，如果找不到吻合的結果值，最後才會執行default敘述，除非擺在最後時，才可以省略default敘述內的break敘述，否則還是必須加上break指令。

下圖爲switch的流程圖：

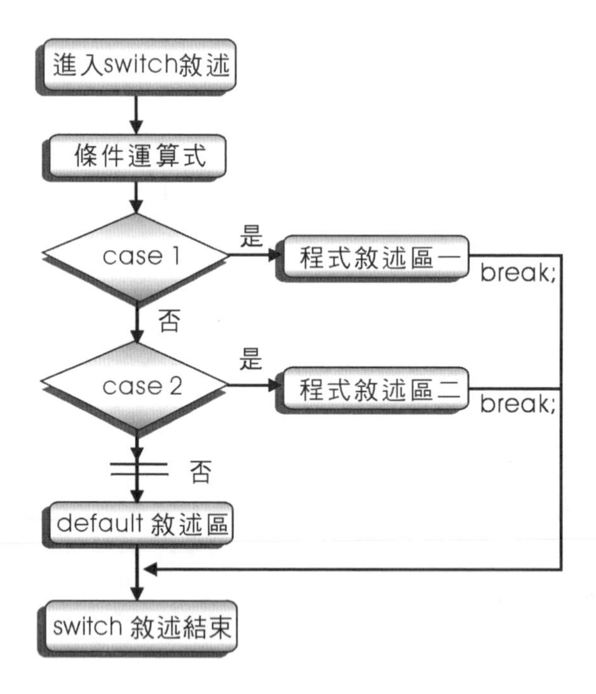

範例程式：ex005.c

```
01  #include<stdio.h>
02  int main(void)
03  {
04      char ch;
05      printf("1.80以上,\n2.60~79,\n3.59以下\n");
06      printf("請輸入分數群組: ");
07      scanf("%c",&ch);
08      /*switch 條件敘述開始*/
09      switch(ch)
10      {
11      /* 此處不加大括號*/
12      case '1':
13          printf("繼續保持!\n");
14          break;
15      case '2':
16          printf("還有進步空間!!\n");
17          break;
18      case '3':
19          printf("請多多努力!!!\n");
20          break;
21      default:
22          printf("error\n");
23          break;
24      }
25      system("pause");
26      return 0;
27  }
```

【執行結果】

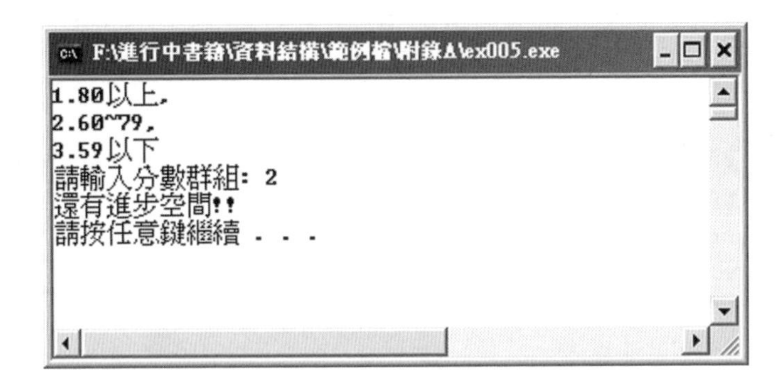

2-4-3 重複式結構

重複式結構，是一種迴圈（loop）控制，根據所設立的條件，重複執行某一段程式敘述，直到條件判斷不成立，才會跳出迴圈，在C語言中，又可分為for迴圈、while迴圈與do while迴圈三種。

■ for迴圈敘述

for迴圈又稱為計數迴圈，是程式設計中較常使用的一種迴圈，可以重複執行固定次數的迴圈，不過必須事先設定迴圈控制變數（loop-control variable）的起始值、執行迴圈的條件運算式與更新迴圈控制變數。以下是語法形式：

for（迴圈控制變數起始值；條件運算式；更新迴圈控制變數）

```
{
    程式敘述區塊；
}
```

for迴圈執行步驟的詳細說明如下：

1. for迴圈中的括號中具有三個運算式，彼此間必須以分號（；）分開要設定跳離迴圈的條件以及控制變數的遞增或遞減值。這三個運算式相當具有彈性，可以省略不需要的運算式，也可以擁有一個以上的運算式，不過一定要設定跳離迴圈的條件以及控制變數的遞增或遞減值，否則會造成無窮迴路。
2. 設定控制變數起始值。
3. 如果條件運算式爲眞則執行for迴圈內的敘述。
4. 執行完成之後，增加或減少控制變數的值，可視使用者的需求來作控制，再重複步驟3。
5. 如果條件運算式爲假，則跳離for迴圈。

範例程式：ex006.c

```
01  #include<stdio.h>
02  int main(void)
03  {
04     int sum=0;
05     int number;
06     int i; /*宣告迴圈控制變數i*/
07     printf("請輸入整數: ");
08     scanf("%d",&number);
09     /*遞增for迴圈,由小到大印出數字 */
10     printf("\n由小到大排列輸出數字:\n");
11     for(i=1;i<=number; i++)
12     {
13        sum+=i; //設定sum爲i的和
14        printf("%d",i);
15        /*設定輸出連加的算式 */
```

```
16          if(i<number)printf("+");
17          else printf("=");
18        }
19        printf("%d\n",sum);
20        sum=0;
21        /*遞減for迴圈,由大到小印出數字 */
22        printf("\n由大到小排列輸出數字:\n");
23        for(i=number;i>=1; i--)
24        {
25          sum+=i;
26          printf("%d",i);
27          if(i<=1)printf("=");
28          else printf("+");
29        }
30        printf("%d\n",sum);
31        system("pause");
32        return 0;
33    }
```

【執行結果】

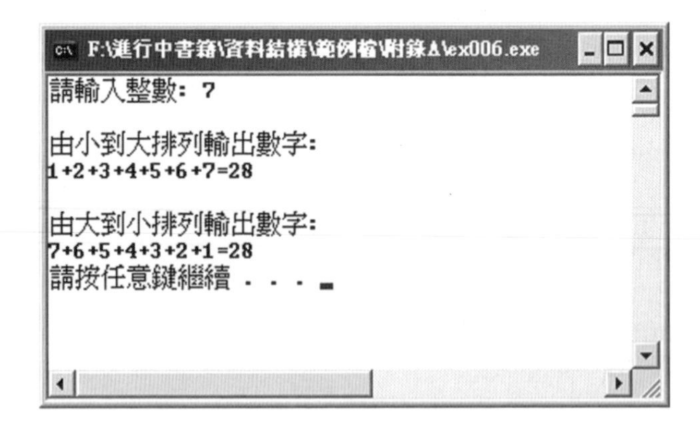

■ while迴圈敘述

while迴圈的做法則是在程式敘述區塊中的開頭必須先行檢查條件運算式，當運算式結果爲true時，才會執行區塊內的程式。如果爲false，會跳過while程式敘述區塊來執行另一段的程式，以下是語法形式：

```
while（條件運算式）
{
        程式敘述區塊；
}
```

範例程式：ex007.c

```
01  #include<stdio.h>
02  int main(void)
03  {
04      int product=1;
05      int i=1;
06      while(i<6)
07      {
08          product=i*product;
09          printf("i=%d",i);
10          printf("\tproduct=%d\n",product);
11          i++;
12      }
13      printf("\n連乘積的結果=%d",product);
14      printf("\n");
15      system("pause");
16      return 0;
17  }
```

【執行結果】

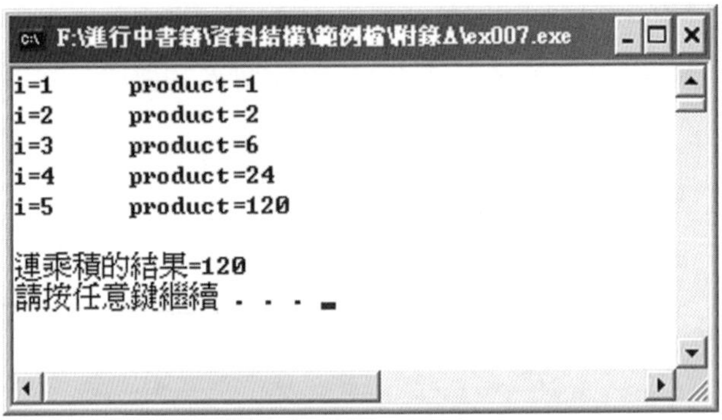

```
F:\進行中書籍\資料結構\範例檔\附錄A\ex007.exe
i=1     product=1
i=2     product=2
i=3     product=6
i=4     product=24
i=5     product=120

連乘積的結果=120
請按任意鍵繼續 . . .
```

■ do while迴圈敘述

do while迴圈和while迴圈不同之處，在於判斷迴圈是否結束的條件敘述，是在一段程式敘述區塊的結尾處。也就是無論如何必須先執行迴圈中的敘述一次，這樣可以避免設置不適當的條件時，迴圈至少還能被執行一次。以下是語法形式：

```
do
{
    程式敘述區塊；
}while（條件運算式）；
```

範例程式：**ex008.c**

```
01    #include<stdio.h>
02    int main(void)
03    {
```

```
04        int number;
05        int sum=0;
06        /*do while迴圈開始*/
07        do
08        {
09          printf("數字0爲結束程式,請輸入數字: ");
10          scanf("%d",&number);
11          sum+=number;
12          printf("目前累加的結果爲: %d\n",sum);
13        }while(number!=0);/*do while迴圈結束*/
14        system("pause");
15        return 0;
16    }
```


【執行結果】

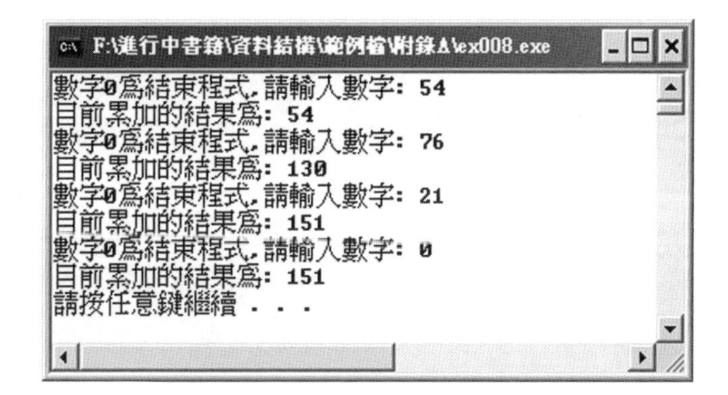

■ break指令

break指令就像它的英文意義一般，代表中斷的意思，它的主要用途是用來跳離最近的for、while、do - while、與switch的敘述本體區塊，並將控制權交給所在區塊之外的下一行程式。請特別注意，當遇到巢狀迴圈時，break敘述只會跳離最近的一層迴圈，而且多半會配合if指令來使用，語法格式如下：

```
break;
```

■ continue指令

在迴圈中遇到continue敘述時，會跳過該迴圈剩下指令而到迴圈的開頭處，重新執行下一次的迴圈；而將控制權轉移到迴圈開始處，再開始新的迴圈週期。continue與break的差異處在於continue只是忽略之後未執行的指令，但並未跳離該迴圈。語法格式如下：

```
continue;
```

2-5 陣列、字串與矩陣簡介

C程式裡如果需要一些相同資料型態的變數來存取資料，就可以使用陣列（array）資料型態來表示。陣列（Array）是指一群具有相同名稱及資料型態的變數之集合。陣列依其維度可分為一維、二維以及多維。

2-5-1 陣列宣告

例如一維陣列只利用到一個索引值，在C語言中的陣列宣告語法如下：

```
資料型態 陣列名稱[陣列大小]；
資料型態 陣列名稱[陣列大小]={初始值1,初始值2,…}；
```

如果我們宣告一個名稱爲score的整數一維陣列：

```
int score[6]；
```

這表示我們宣告了整數型態的一維陣列，陣列名稱是score，陣列中可以放入6個整數元素，而C語言陣列索引大小是從0開始計算，元素分別是score[0]、score[1]、score[2]、…score[5]。如下圖所示：

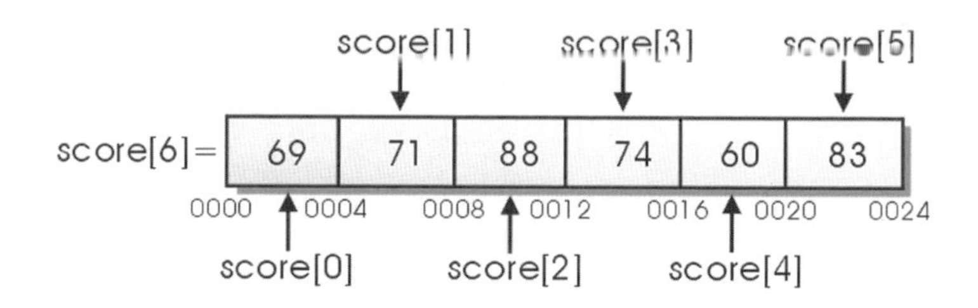

當然一維陣列也可以擴充到二維或多維陣列，，差別只在於維度的宣告，在標準C語言中最多可以宣告到12維陣列。以下是二維陣列的宣告方式：

```
資料型態 二維陣列名稱[列大小][行大小]；
```

至於在二維陣列設定初始值時，爲了方便區隔行與列，所以除了最外層的{ }外，最好以{ }括住每一列的元素初始值，並以「，」區隔每個陣列元素，例如：

```
int arr[2][3]={{1,2,3},{2,3,4}}；
```

在ANSI C語言中最多可以宣告到12維陣列。例如宣告一個單精度浮點數的三維陣列，例如在C語言中三維陣列宣告方式如下：

```
資料型態 陣列名稱[第一維大小][第二維大小] [第三維大小]；
```

例如

```
float No[2][2][2]；
```

2-5-2 字串簡介

事實上，在C語言中並沒有特別定義一個字串型態，所以字串其實就是利用字元陣列的方式來表示。C字串的宣告方式：

```
方式1：char 字串變數[字串長度]="初始字串";
方式2：char 字串變數[字串長度]={'字元1', '字元2', ...... ,'字元n', '\0'};
```

例如以下四種宣告方式：

```
char Str_1[6]="Hello";
char Str_2[6]={ 'H', 'e', 'l', 'l', 'o' , '\0'};
char Str_3[ ]="Hello";
char Str_4[ ]={ 'H', 'e', 'l', 'l', 'o', '!' };
```

在第一、二、三種方式中都是合法的字串宣告，雖然Hello只有5個字元，但因爲編譯器還必須加上'\0'字元，所以陣列長度需宣告爲6，如宣告長度不足，可能會造成編譯器上的錯誤。

字串的結束是依據結尾字元「\0」，，所以字串

```
char str[]="STRING"；
```

儲存在記憶體上是以下方的形式儲存的：

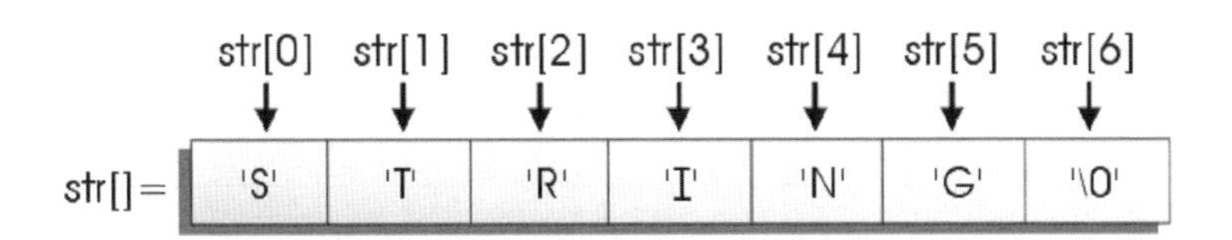

2-5-3 字串陣列

單一的字串是以一維的字元陣列來儲存，如果有多個關係相近的字串集合時，就稱爲字串陣列，這時可以使用二維字元陣列來表達。字串陣列使用時也必須事先宣告，宣告方式如下：

```
char 字串陣列名稱[字串數][字元數]；
```

上式中字串數是表示字串的個數，而字元數是表示每個字串的最大自可存放字元數。當然也可以在宣告時就設定初值，不過要記得每個字串元素都必須包含於雙引號之內。例如：

```
char 字串陣列名稱[字串數][字元數]={ "字串常數1", "字串常數2", "字串常數3"…}；
```

例如以下宣告Name得字串陣列，且包含5個字串，每個字串括'\0'字元，長度共爲10個位元組：

```
char Name[5][10]={     "John",
                       "Mary",
                       "Wilson",
                       "Candy",
                           "Allen"
                 };
```

當各位要輸出此Name陣列中字串時，可以直接以printf（Name[i]），這樣看似一維的指令輸出即可，因為每個字串都跟著一串字元，這點是較為特別之處。

範例程式：ex009.c

```
01  #include<stdio.h>
02  #include<string.h>
03  int main(void)
04  {
05      int i;
06      char choice;
07      /*宣告字串陣列並初始化*/
08      char newspaper[5][20]={{"1.水果日報"},
09                                              {"2.聯合日報"},
10                                            {"3.自由報"},
11                                            {"4.中國日報"},
12                                       {"5.不需要"}};
13      /*字串陣列的輸出*/
14      for(i=0; i<5; i++)
15      {
16              printf("%s  ",newspaper[i]);
17      }
18      printf("請輸入選擇:");
19      choice=getche();
```

```
20        printf("\n");
21        choice=choice-'0';
22        /*輸入的判斷*/
23        if(choice>=0 && choice<6)
24        {
25                printf("%s",newspaper[choice-1]);
26                printf("\n謝謝您的訂購!!!\n");
27        }
28        else if(choice==5)
29                printf("\n感謝您的參考!!!\n");
30        else
31                printf("輸入錯誤\n");
32        system("pause");
33        return 0;
34    }
```

【執行結果】

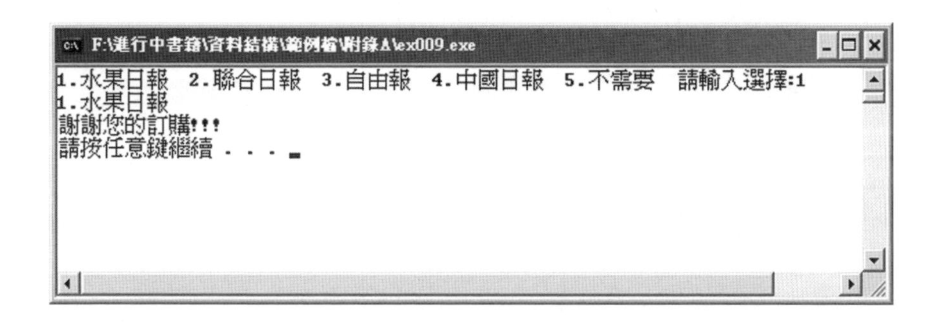

2-5-4 矩陣

從數學的角度來看，對於m×n矩陣（Matrix）的形式，可以利用電腦中A(m,n)二維陣列來描述，基本上，許多矩陣的運算與應用，都可以使用電腦中的二維陣列解決。如下圖A矩陣，各位是否立即想到了一個宣告爲A(1:3,1:3)的二維陣列。

$$A=\begin{bmatrix} a_{11} & a_{12} & a_{13} \\ a_{21} & a_{22} & a_{23} \\ a_{31} & a_{32} & a_{33} \end{bmatrix}_{3\times3}$$

■ 矩陣相加演算法

矩陣的相加運算則較為簡單，前題是相加的兩矩陣列數與行數都必須相等，而相加後矩陣的列數與行數也是相同。必須兩者的列數與行數都相等，例如Am×n+Bm×n=Cm×n。以下我們就來實際進行一個矩陣相加的例子：

$$\begin{bmatrix} 1 & 3 & 5 \\ 7 & 9 & 11 \\ 13 & 15 & 17 \end{bmatrix}_{3\times3} + \begin{bmatrix} 9 & 8 & 7 \\ 6 & 5 & 4 \\ 3 & 2 & 1 \end{bmatrix}_{3\times3} = \begin{bmatrix} 10 & 11 & 12 \\ 13 & 14 & 15 \\ 16 & 17 & 18 \end{bmatrix}_{3\times3}$$

A 矩陣 **B 矩陣** **C 矩陣**

以下是以一個C程式來宣告3個二維陣列來實作上圖2個矩陣相加過程的演算法：

```
int i,j;
int A[3][3] = {{1,3,5},{7,9,11},{13,15,17}};/* 二維陣列的宣告 */
int B[3][3] = {{9,8,7},{6,5,4},{3,2,1}};/* 二維陣列的宣告 */
int C[3][3] = {0};

for(i=0;i<3;i++)
    for(j=0;j<3;j++)
        C[i][j]=A[i][j]+B[i][j];/* 矩陣C=矩陣A+矩陣B */
```

■ 矩陣相乘演算法

如果談到兩個矩陣A與B的相乘，是有某些條件限制。首先必須符合A爲一個m*n的矩陣，B爲一個n*p的矩陣，對A*B之後的結果爲一個m*p的矩陣C。如下圖所示：

$$\begin{bmatrix} a_{11} & \cdots & a_{1n} \\ \vdots & & \vdots \\ a_{m1} & \cdots & a_{mn} \end{bmatrix} \times \begin{bmatrix} b_{11} & \cdots & b_{1p} \\ \vdots & & \vdots \\ b_{n1} & \cdots & b_{np} \end{bmatrix} = \begin{bmatrix} c_{11} & \cdots & c_{1p} \\ \vdots & & \vdots \\ c_{m1} & \cdots & c_{mp} \end{bmatrix}$$

$m \times n$ $n \times p$ $m \times p$

$$C_{11} = a_{11} * b_{11} + a_{12} * b_{21} + \cdots\cdots + a_{1n} * b_{n1}$$

:

:

$$C_{1p} = a_{11} * b_{1p} + a_{12} * b_{2p} + \cdots\cdots + a_{1n} * b_{np}$$

:

:

$$C_{mp} = a_{m1} * b_{1p} + a_{m2} * b_{2p} + \cdots\cdots + a_{mn} * b_{np}$$

■ 轉置矩陣演算法

「轉置矩陣」（A^t）就是把原矩陣的行座標元素與列座標元素相互調換，假設At爲A的轉置矩陣，則有$A^t[j,i]=A[i,j]$，如下圖所示：

$$A=\begin{bmatrix}1 & 2 & 3\\4 & 5 & 6\\7 & 8 & 9\end{bmatrix}_{3x3} \quad A^t=\begin{bmatrix}1 & 4 & 7\\2 & 5 & 8\\3 & 6 & 9\end{bmatrix}_{3x3}$$

以下是以C程式來實作一4*4二維陣列的轉置矩陣演算法：

```
for(i=0;i<4;i++)
    for(j=0;j<4;j++)
        arrB[i][j]=arrA[j][i];
```

2-6 函數介紹

C程式其實就包含了最基本的函數就是main()，不過如果C程式只使用一個main函數，會降低程式的可讀性和增加結構規劃上的困難。所以一般中大型的程式都會利用函數，就是模組化概念的由來。C的函數可分為自訂函數和標準函數兩個部分，分述如下：

- 自訂函數：是使用者依照需求來設計的函數。
- 標準函數：是C語言中制定好的函數，使用時只需要在引入檔的部分加入引入檔名即可使用。

函數是由函數名稱、參數、回傳值與回傳資料型態組成，以下是語法格式：

```
回傳資料型態 函數名稱(參數列)
{
 程式敘述區塊；
 return 回傳值；
}
```

當程式中需要使用到函數功能時，呼叫函數語法格式為：

函數名稱(引數列)；

函數的原型宣告位置有兩種：

① 在#include引入檔後，主程式或函數程式區塊之前。
② 在呼叫函數的主程式或函數程式區塊的大括號的起始位置。

至於函數回傳值，可以將函數內處理的程式結果回傳到主程式中呼叫函數的變數。在設定函數的回傳值時，需要注意它的宣告的回傳資料型態，必須和回傳值的資料型態相符。

2-6-1 傳遞參數方式

在C語言中，對於傳遞參數的方式，其實可以根據傳遞和接收的是參數的數值或是參數的位址，分為兩種：傳值呼叫（call by value）和傳址呼叫（call by address）。

■ 傳值呼叫

傳值呼叫就是直接將參數的數值拿來傳遞，功用是避免函數中將參數值改變後，影響到主程式中變數的值。以下是函數傳值呼叫的範例。

範例程式：ex010.c

```
01  #include<stdio.h>
02  /*函數原型宣告*/
03  void fun(int, int);
04  int main(void)
```

```
05  {
06      int a,b;
07      a=10;
08       b=15;
09       /*輸出主程式中的a,b值與位址*/
10       printf("函數外:\na=%d,\tb=%d\n",a,b);
11       printf("a的位址:%d, b的位址:%d\n",&a,&b);
12      /*呼叫函數*/
13       fun(a,b);
14       /*分隔用*/
15      printf("============================\n");
16      /*輸出呼叫函數後的a,b值*/
17      printf("呼叫函數後: \na=%d,\tb=%d\n",a,b);
18      system("pause");
19      return 0;
20  }
21  void fun(int a, int b)
22  {
23      printf("============================\n");
24      printf("函數內:\n");
25      printf("接收引數:a=%d, b=%d\n",a,b);
26      printf("a的位址:%d, b的位址:%d\n",&a,&b);
27      /*重設函數內的a,b值*/
28      a=20;
29      b=30;
30      printf("變更數值後:a=%d, b=%d\n",a,b);
31  }
```

【執行結果】

```
F:\進行中書籍\資料結構\範例檔\附錄A\ex010.exe
函式外:
a=10,    b=15
a的位址:2293620, b的位址:2293616
==========================
函式內:
接收引數:a=10, b=15
a的位址:2293584, b的位址:2293588
變更數值後:a=20, b=30
==========================
呼叫函式後:
a=10,    b=15
請按任意鍵繼續 . . .
```

■ 傳址呼叫

傳址呼叫是將主程式內的變數位址傳遞到函數的參數，函數的參數名稱就像是主程式變數的另一個別名（alias），所以在函數中參數經過更動，傳回給呼叫函數的程式後，主程式變數的數值已經被改變了。以下是藉由*與&運算子，改寫傳值呼叫的範例程式，使函數參數變動會影響到主程式中的引數值。

範例程式：ex011.c

```
01    #include<stdio.h>
02    /*加上取值運算子的函數原型宣告*/
03    void fun(int*, int*);
04    int main(void)
05    {
06        int a,b;
07        a=10;
08          b=15;
```

```
09        printf("函數外:\na=%d,\tb=%d\n",a,b);
10        printf("a的位址:%d, b的位址:%d\n",&a,&b);
11        /*引數需加上&取址運算子*/
12      fun(&a,&b);
13      printf("===========================\n");
14      printf("呼叫函數後: \na=%d,\tb=%d\n",a,b);
15      system("pause");
16      return 0;
17  }
18  void fun(int *a, int *b)
19  {
20      printf("===========================\n");
21      printf("函數內:\n");
22      /*此時的*a與*b代表的是位址上的數值*/
23      printf("接收引數:a=%d,\tb=%d\n",*a,*b);
24      /*輸出函數內a與b的位址*/
25      printf("a的位址:%d, b的位址:%d\n",a,b);
26      *a=20;
27      *b=30;
28      printf("變更數值後:a=%d, b=%d\n",*a,*b);
29  }
```

【執行結果】

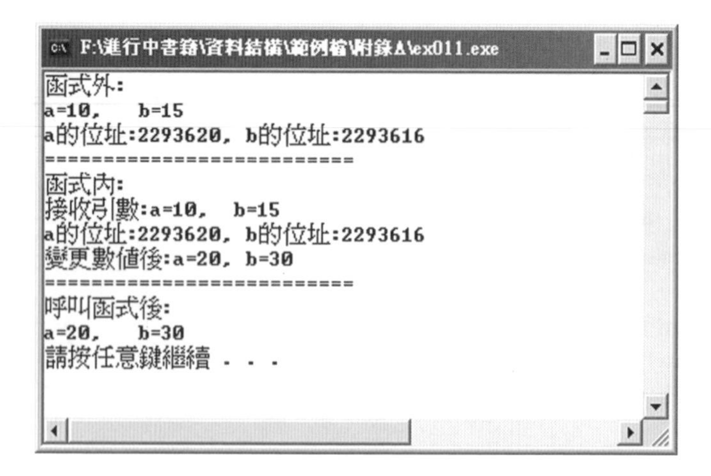

2-7 結構簡介

結構為一種使用者自訂資料型態，能將一種或多種資料型態集合在一起，形成新的資料型態。例如描述一位學生成績資料，這時除了要記錄學號與姓名等字串資料外，還必須定義數值資料型態來記錄如英文、國文、數學等成績，此時陣列就不適合使用。這時可以把這幾種資料型態組合成一種結構型態，來簡化資料處理的問題。

2-7-1 結構宣告與存取

結構的架構必須具有結構名稱與結構項目，而且必須使用C/C++的關鍵字struct來建立，一個結構的基本宣告方式如下所示：

```
struct 結構名稱
{
    資料型態 結構成員1；
    資料型態 結構成員2；
    ......
};
```

在結構定義中可以使用基本的變數、陣列、指標，甚至是其它結構成員等。另外請注意在定義之後的分號不可省略，這是經常忽略而使得程式出錯的地方，以下為一個結構定義的實際例子，結構中定義了學生的姓名與成績：

```
struct student
{
    char name[10];
```

```
    int score;
    int ID;
};
```

在定義了結構之後，我們可以直接使用它來建立結構物件，結構定義本身就像是個建構物件的藍圖或模子，而結構物件則是根據這個藍圖製造出來的成品或模型，每個所建立的結構物件都擁有相同的結構成員，一個宣告建立結構物件的例子如下所示：

```
struct student s1, s2;
```

您也可以在定義結構的同時宣告建立結構變數，如下所示：

```
struct student
{
  char name[10];
  int score;
  int ID;
} s1, s2;
```

在建立結構物件之後，我們可以使用英文句號「.」來存取結構成員，這個句號通常稱之為「點運算子」（dot operator）。只要在結構變數後加上成員運算子"."與結構成員名稱，就可以直接存取該筆資料：

```
結構變數.項目成員名稱;
```

例如我們可以如下設定結構成員：

```
strcpy(s1.name, "Justin");
s1.score = 90;
s1.ID=10001;
```

2-7-2 巢狀結構

結構型態既然允許使用者自訂資料型態，當然也可以在一個結構中宣告建立另一個結構物件，我們稱爲巢狀結構，巢狀結構的好處是在已建立好的資料分類上繼續分類，所以會將原本資料再做細分。語法基本結構如下：

```
struct 結構名稱1
{
  ......
};
struct 結構名稱2
{
......
   struct 結構名稱1 變數名稱;
 }
```

例如以下是一個的基本巢狀結構，在這個程式碼片段中，我們定義了member結構，並在其中使用原先定義好的name結構中宣告了member_name成員及定義m1結構變數：

```
struct name
{
   char first_name[10];
   char last_name[10];
};
struct member
{
  struct name member_name;
  char ID[10];
  int salary;
} m1={ {"Helen","Wang"},"E121654321",35000};
```

當了解巢狀結構的宣告後，接下來就要清楚如何存取結構成員。存取方式由外層結構物件加上小數點「.」存取裡層結構物件，再存取裡層結構物件的成員。各位也可以看到，使用內層巢狀結構將使得資料的組織架構更加清楚，可讀性也會更高。例如：

```
m1.member_name.lastname
```

第三章

Python 語言基礎入門

Python語言開發的目標之一是讓程式碼像讀一本書那樣容易理解，也因爲簡單易記、程式碼容易閱讀的優點，在寫程式的過程中能專注在程式本身，程式開發更有效率，團隊協同合作也更容易整合。Python具有物件導向（Object-oriented）的特性，不過它卻不像Java這類的物件導向語言強迫使用者必須用物件導向思維寫程式。Python是多重思維（Multi-paradigm）的程式語言，允許各位使用多種風格來寫程式，還提供了豐富的API（Application Programming Interface，應用程式介面）和工具，讓程式設計師能夠輕鬆地編寫擴充模組，也可以整合到其它語言的程式內使用，所以也有人說Python是「膠合語言」（glue language）。

3-1 變數與常數

對於任何一種程式語言，最基礎的部分就是把資料儲存在記憶體中加以處理的能力，在Python中就是以常數與變數爲主。其實兩者都是程式設計師用來存取記憶體中資料內容的一個識別代碼，兩者最大的差異在於變數的內容會隨著程式執行而改變，但常數的內容則是永遠固定不變。

3-1-1 變數

變數（variable），是程式語言中最基本的角色，也就是在程式設計中由編譯器所配置的一塊具有名稱的記憶體，用來儲存可變動的資料內容。電腦會將它儲存在「記憶體」中，需要時再取出使用，爲了方便識別，必須給它一個名字，就稱爲「變數」（variable）例如：

```
>>>a = 3
>>>b = 5
>>>c = a + b
```

上面敘述中的a、b、c就是變數，數字3就是a的變數值，由於記憶體的容量是有限的，爲了避免浪費記憶體空間，每個變數會依照需求給定不同的記憶體大小，因此有了「資料型態」（Data type）來加以規範。

Python是物件導向的語言，所有的資料（Data）都看成是物件，在變數的處理上也是用物件參照（Object reference）的方法，變數的型態是在給定初始值時決定，所以不需要事先宣告資料型態。變數宣告的語法如下：

```
變數名稱 = 變數值
```

例如：

```
number = 10
```

上式表示指派數值10給變數number。

簡單來說，在Python語言中使用變數時，不需要事先指定資料型態，這點和在C/C++中使用變數，一定都要事先宣告後才能使用不同，系統會依據所設定的變數值來自動決定該變數的資料型態。例如上述的變數number的資料型態為整數，如果變數內容為字串時，該變數的資料型態就是字串。至於常數則是指程式在執行的整個過程中，不能被改變的數值。

3-1-2 常數

常數是指程式在執行的整個過程中，不能被改變的數值。例如整數常數45、-36、10005、0等，或者浮點數常數：0.56、-0.003、1.234E2等。常數擁有固定的資料型態和數值。變數（variable）與常數（constant）兩者最大的差異在於變數的內容會隨著程式執行而改變，但常數則固定不變。Python的常數是指字面常數（literal），也就是指該常數字面上的意義，例如12就代表整數12的意義。所謂字面常數就是直接寫進Python程式的數值。字面常數如果以資料型態來區分，會有不同的分類，例如：1234、65、963、0，都是一種整數字面常數（integer literal）。而帶小數點的數字則為浮點數型態（floating-point type）的字面常數，例如3.14、0.8467、744.084。至於以單引號（'）或雙引號（"）圍起來的字元都是字串字面常數，例如"Hello World"、"0932545212"都是一種字串字面常數（string literal）。

〔隨堂測驗〕

程式執行時，程式中的變數值是存放在

(A) 記憶體

(B) 硬碟

(C) 輸出入裝置

(D) 匯流排（106年3月觀念題）

解答：(A) 記憶體

3-1-3 數字系統介紹

人類慣用的數字觀念，通常是以逢十進位的10進位來計量。也就是使用0、1、2、…9十個數字做爲計量的符號，不過在電腦系統中，卻是以0、1所代表的二進位系統爲主，如果這個2進位數很大時，閱讀及書寫上都相當困難。因此爲了更方便起見，又提出了八進位及十六進位系統表示法，請看以下的圖表說明：

數字系統名稱	數字符號	基底
二進位（Binary）	0,1	2
八進位（Octal）	0,1,2,3,4,5,6,7	8
十進位（Decimal）	0,1,2,3,4,5,6,7,8,9	10
十六進位（Hexadecimal）	0,1,2,3,4,5,6,7,8,9 A,B,C,D,E,F	16

由於電腦內部是以二進位系統方式來處理資料，而人類則是以十進位系統來處理日常運算，當然有些資料也會利用八進位或十六進位系統表示。因此當各位認識了以上數字系統後，也要了解它們彼此間的轉換方式。

■ 非十進位轉成十進位

「非十進位轉成十進位」的基本原則是將整數與小數分開處理。例如二進位轉換成十進位，可將整數部分以2進位數值乘上相對的2正次方值，例如二進位整數右邊第一位的值乘以2^0，往左算起第二位的值乘以2^1，依此類推，最後再加總起來。至於小數的部分，則以2進位數值乘上相對的2負次方值，例如小數點右邊第一位的值乘以2^{-1}，往右算起第二位的值乘以2^{-2}，依此類推，最後再加總起來。至於八進位、十六進位轉換成十進位的方法都相當類似。

$0.11_2=1*2^{-1}+1*2^{-2}=0.5+0.25=0.75_{10}$

$11.101_2=1*2^1+1*2^0+1*2^{-1}+0*2^{-2}+1*2^{-3}=3.875_{10}$

$12_8=1*8^1+2*8^0=10_{10}$

$163.7_8=1*8^2+6*8^1+3*8^0+7*8^{-1}=115.875_{10}$

$A1D_{16}=A*16^2+1*16^1+D*16^0$

$=10*16^2+1*16+13$

$=2589_{10}$

$AC.2_{16}=A*16^1+C*16^0+2*16^{-1}$

$=10*16^1+12+0.125$

$=172.125_{10}$

■ 十進位轉換成非十進位

轉換的方式可以分爲整數與小數兩部份來處理，我們利用以下範例來爲各位說明：

(1) 十進位轉換成二進位

$63_{10}=111111_2$

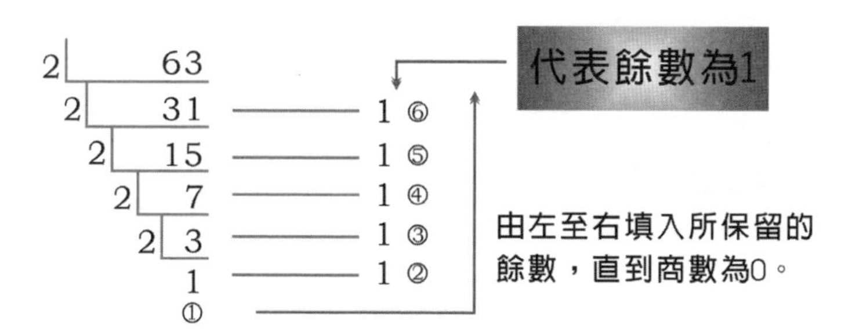

$(0.625)_{10}=(0.101)_2$

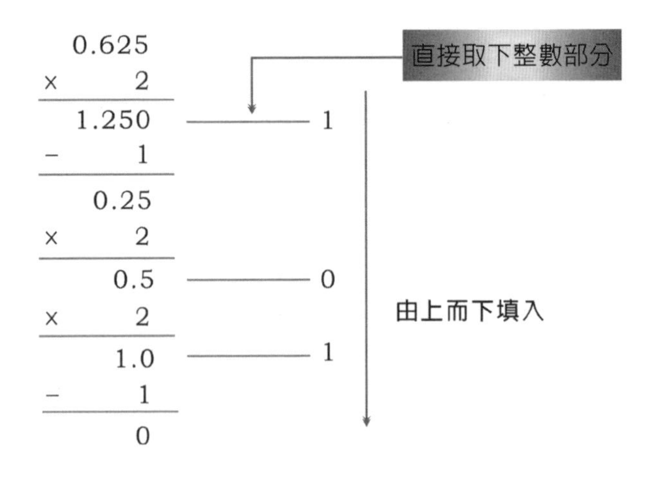

$(12.75)_{10}=(12)_{10}+(0.75)_{10}$

其中$(12)_{10}=1100_2$　　　$(0.75)_{10}=(0.11)_2$

```
2 | 12
 2 | 6 — 0
  2 | 3 — 0
      1 — 1
```

```
  0.75
×    2
   1.5 — 1
−    1
   0.5
×    2
     1 — 1
−    1
     0
```

所以$(12.75)_{10}=(12)_{10}+(0.75)_{10}$

$=1100_2+0.11$

$=1100.11_2$

(2) 十進位轉換成八進位

$63_{10}=(77)_8$

8 | 63
　7 —— 7

代表餘數為7

由左至右填入

$(0.75)_{10}=(0.6)_8$

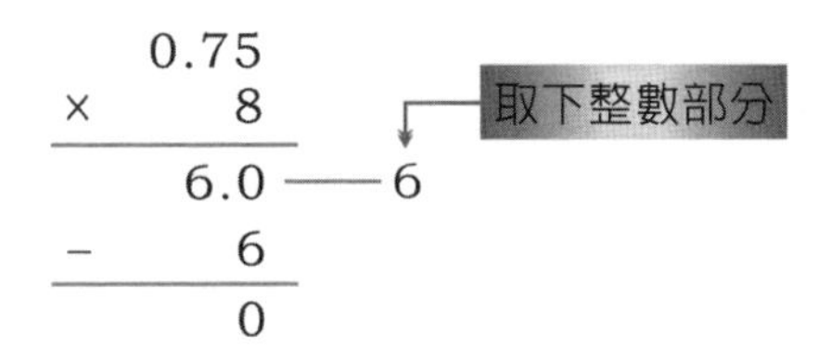

(3) 十進位轉換成十六進位

$(63)_{10}=(3F)_{16}$

16 | 63
　3 —— 15

代表餘為15，在16進位中用F表示

由左至右填入

$(0.62890625)_{10}=(0.A1)_{16}$

0.62890625
× 16
10.0625
− 10 —— 10
0.0625
× 16
1.0 —— 1
− 1
0

取下整數

由上至下(10用A替換，11用B替換，依此類推)

$120.5_{10}=(120)_{10}+(0.5)_{10}$

其中$(120)_{10}=(78)_{16}$　　$(0.5)_{10}=(0.8)_{16}$

```
                        0.5
16| 120            ×     16
   ‾‾‾‾‾‾         ‾‾‾‾‾‾‾‾‾‾
      7——8               8——8
                   -     8
                  ‾‾‾‾‾‾‾‾‾‾
                         0
```


〔隨堂測驗〕

如果X_n代表X這個數字是n進位，請問$D02A_{16} + 5487_{10}$等於多少？

(A) $1100\ 0101\ 1001\ 1001_2$

(B) 162631_8

(C) 58787_{16}

(D) $F599_{16}$（105年10月觀念題）

解答：(B)

本題純粹是各種進位間的轉換問題，建議把題目及各答案都轉換成十進位，就可以比較出哪一個答案才是正確。

$D02A_{16}+5487_{10}=(13*16^3+2*16+10)+5487=162631_8=1*8^5+6*8^4+2*8^3+6*8^2+3*8+1=58777$

3-2 數值資料型態

Python的數值型態有整數（int）、浮點數（float）與布林值（bool），以下一一說明這些數值型態的用法。

3-2-1 整數

整數資料型態是用來儲存不含小數點的資料，跟數學上的意義相同，如-1、-2、-100、0、1、2、100等。Python 2.x整數有int（整數）跟

long（長整數）兩種類型，但Python 3.x之後就只有int整數類型，Python的數值處理能力相當強大，基本上沒有位數的限制，只要硬體CPU支援的情況下再大的整數都可以處理。有時爲了某些可讀性的需要，我們可以使用不同的數字系統來表示整數值，例如儲存資料的記憶體位址就經常是以十六進位的方法來表示。整數是指正或負整，除了以十進位（decimal）表示，也能以二進位（binary）、十六進位（hexadecimal）、八進位（octal）表示，只要分別在數字之前加上0b、0x、0o指定進位系統就可以了，下表是整數的一些例子：

整數	說明
100	10進位
0b1100100	二進位
0x64	十六進位
0o144	8進位
-745	負數

〔隨堂測驗〕

程式執行過程中，若變數發生溢位情形，其主要原因爲何？

(A) 以有限數目的位元儲存變數值

(B) 電壓不穩定

(C) 作業系統與程式不甚相容

(D) 變數過多導致編譯器無法完全處理（106年3月觀念題）

解答：(A) 以有限數目的位元儲存變數值

以整數資料型態爲例，設定變數的數值時，如果不小心超過整數資料限定的範圍，就稱爲溢位。

3-2-2 浮點數

浮點數（floating point）資料型態指的就是帶有小數點的數字，也就是數學上所指的實數（real number）。除了一般小數點表示，也能使用科學記號格式以指數表示，例如6e-2，其中6稱爲假數，-2稱爲指數。下表都是合法的浮點數表示方式：

浮點數	說明
25.3	帶有小數點的正數
-25.3	帶有小數點的負數
1.	1.0
5e6	5000000.0

電腦中的數字是採用IEEE 754標準規範來儲存，IEEE 754標準的浮點數並不能精確的表示小數，舉例來說：

```
num = 0.1 + 0.2
```

得到的num並不等於0.3，而是0.30000000000000004。這並不是Python獨有的問題，所有的程式語言對浮點數運算都有精確度的問題，因此做浮點數運算時必須特別小心，以下提供兩個小數運算的方法供讀者參考：

1.使用decimal模組做小數運算

decimal模組是Python標準模組庫模組，使用它的時候需要先利用import指令將模組載入才能使用，載入之後利用decimal.Decimal類別來儲存精確的數字，如果引數爲非整數時必須要以字串形式傳入，例如：

```
import decimal
num = decimal.Decimal("0.1") + decimal.Decimal("0.2")
```

得到的結果就會是0.3。

2.利用round()函數強制小數點的指定位數

round(x[, n])是內建函數，會回傳參數x最接近的數值，n是指定回傳的小數點位數，例如：

```
num =  0.1 + 0.2
print( round(num, 1) )
```

上面敘述是將變數num取到小數點1位，因此會得到0.3。

3-2-3 布林值

布林資料型態（bool）是一種表示邏輯的資料型態，是int的子類別，只有真假值True與False。布林資料型態通常使用於流程控制做邏輯判斷。你也可以採用數值「1」或「0」來代表True或False。

False	說明
0	數字0
""	空字串
None	None
[]	空的List
()	空的Tuple
{}	空的Dict

Python必須相同資料型態才能進行運算，例如字串與整數不能相加，必須將字串轉換爲整數，如果運算子都是數值型態的話Python會自動轉換，不需要強制轉換型態，例如：

```
num = 5 + 0.3   #結果num=5.3 (浮點數)
```

Python會自動將整數轉換爲浮點數再進行運算。另外，布林值也可以當成數值來運算，True代表1，False代表0，例如：

```
num = 5 + True  #結果num=6 (整數)
```

如果是想把字串轉換爲布林，可以透過bool函數來轉換。

3-3 運算子

Python的運算式是由運算子（operator）與運算元（operand）所組成。Python運算子的種類相當多，分門別類的執行各種計算功能，請看以下的介紹。

3-3-1 算術運算子

算術運算子（Arithmetic Operator）是程式語言中使用率最高的運算子，常用於一些四則運算，下表中列出了Python的各種算術運算子功能說明、範例及運算後的結果值。

算術運算子	範例	說明
+	a+b	加法
-	a-b	減法

算術運算子	範例	說明
*	a*b	乘法
**	a**b	乘冪（次方）
/	a/b	除法
//	a//b	整數除法
%	a%b	取餘數

「/」與「//」都是除法運算子，「/」會有浮點數；「//」會將除法結果的小數部分去掉，只取整數，「%」是取得除法後的餘數。例如：

```
a = 5
b = 2
print(a / b)      #浮點數2.5
print(a // b)     #整數2
print(a % b)      #餘數1
```

如果運算結果並不指派給其它變數，則運算結果的資料型態將以運算元中資料型態最大的變數爲主。另外當運算元兩者皆爲整數，而運算結果產生小數，Python自動以小數方式輸出結果，各位無需擔心資料型態的轉換問題。

3-3-2 指派運算子

指派運算子（=）由至少兩個運算元組成，功能是將等號右方的值指派給等號左方的變數，由至少兩個運算元組成。例如下面這樣指令：

```
sum=0;
sum=sum+1;
```

在指派運算子（=）右側可以是常數、變數或運算式，最終都將會值指定給左側的變數；而運算子左側也僅能是變數，不能是數值、函數或運算式等。例如運算式X-Y=Z就是不合法的。Python指派運算子有兩種指派方式：

● 單一指派

將指令等號（=）右邊的值指定給左邊的變數，例如：

```
a = 10
```

指派運算子除了一次指定一個數值給變數外，還能夠同時指定同一個數值給多個變數。如果要讓多個變數同時具有相同的變數值，各位也可以一併指定變數值，例如變數x、y、z的值皆爲100，指令如下：

```
x = y = z = 100
```

當各位想要在同一列中指定多個變數則可以利用「,」（分隔變數）。例如變數x的值爲10，變數y的值爲20，變數z的值爲30，指令如下：

```
x, y, z =10, 20, 30
```

● 複合指派

複合指派運算子，是由指派運算子（=）與其它運算子結合而成。先決條件是「=」號右方的來源運算元必須有一個是和左方接收指定數值的運算元相同，如果一個運算式含有多個複合指定運算子，運算過程必須是由右方開始，逐步進行到左方。例如：

```
a += 1    #相當於a = a + 1
a -= 1    #相當於a = a - 1
```

請注意！使用指派運算子時，變數的值必須先設定，否則會出現錯誤！例如num=num*10，因爲還沒爲num變數初值，如果就直接使用指運算子，就會出現錯誤，因爲num變數這個變數沒有被定義過初始值。

3-3-3 比較運算子

比較運算子也被稱爲關係運算子，是用來判斷條件式左右兩邊的運算元是否相等、大於或小於，當使用關係運算子時，所運算的結果就是成立或者不成立兩種。下表爲常用的比較運算子。

比較運算子	範例	說明
>	a > b	左邊值大於右邊值則成立
<	a < b	左邊值小於右邊值則成立
==	a == b	兩者相等則成立
!=	a != b	兩者不相等則成立
>=	a >= b	左邊值大於或等於右邊值則成立
<=	a <= b	左邊值小於或等於右邊值則成立

當運算式成立，就會得到「真」（True），不成立會得到「假」（False）。

比較運算子也可以串連使用，例如a < b <= c相當於a < b，而且b <= c。請注意！等號關係是「==」運算子，至於「=」則是指派運算子，這種差距很容易造成程式碼撰寫時的疏忽。

3-3-4 邏輯運算子

邏輯運算子（Logical Operator）是用來判斷基本的邏輯運算，可控制程式流程。經常與關係運算子合用，運算結果僅有「真（True）」與「假（False）」兩種值，邏輯運算子包括and、or、not等運算子。各運算子的功能分別說明如下：

邏輯運算子	說明	範例
and（且）	左、右兩邊都成立時才傳回真	a and b
or（或）	只要左、右兩邊有一邊成立就傳回真	a or b
not（非）	真變成假，假變成真	not a

程式初學者可以利用真值表（Truth Table）來觀察邏輯運算會更清楚。真值表是條列運算元真（T）及假（F）的全部組合以及邏輯運算結果，只要了解and、or及not的原理，再加上真值表輔助，很快就能熟悉邏輯運算，不需要去硬背它。

● 邏輯and（且）

邏輯and必須左右兩個運算元都成立，運算結果才為真，任何一邊為假（False）時，執行結果都為假。例如下面指令的邏輯運算結果為真：

```
a = 10
b = 20
a < b and a != b  #True
```

邏輯and眞値表如下：

a	b	a and b
T	T	True
T	F	False
F	T	False
F	F	False

● 邏輯or（或）

邏輯or只要左右兩個運算元任何一邊成立，運算結果就爲眞，例如下面指令的邏輯運算爲眞：

```
a = 10
b = 20
a < b or a == b  #True
```

左邊的式子a<b成立，運算結果就爲眞，不需要再判斷右邊運算式了。邏輯or眞値表如下：

a	b	a or b
T	T	True
T	F	True
F	T	True
F	F	False

● 邏輯not（非）

邏輯not是邏輯否定，用法稍微不一樣，只要有1個運算元就可以運算，它是加在運算元左邊，當運算元爲眞，not運算結果爲假，下面的指令運算結果爲眞：

```
a = 10
b = 20
not a<5  #True
```

原本a<5不成立，前面加一個not就否定了，變成只要a不小於5都成立，所以運算結果爲眞，邏輯not眞値表如下：

a	not a
T	False
F	True

接著將以簡單兩道指令說明邏輯運算子的用法：

```
num = 24
result = (num % 6 == 0) and (num % 4 == 0)
```

使用and運算子，由於24能同時被6及4整除，所以result回傳True。

3-3-5 位元運算子

電腦實際處理的資料，其實只有0與1這兩種資料，也就是採取二進

位形式。因此可以使用位元運算子（bitwise operator）來進行位元與位元間的邏輯運算。位元邏輯運算子則是特別針對整數中的位元值做計算。Python中提供有四種位元邏輯運算子，分別是&、|、^ 與~：

位元邏輯運算子	說明	使用語法
&	A與B進行AND運算	A & B
|	A與B進行OR運算	A | B
~	A進行NOT運算	~A
^	A與B進行XOR運算	A^B

我們來看以下範例：

■ &(AND)

執行AND運算時，對應的兩字元都為1時，運算結果才為1，否則為0。例如a=12，b=7則「a&b」得到的結果為4。因為12的二進位表示法為1100，7的二進位表示法為0111，兩者執行AND運算後，結果為(100)2也就是(4) 10。我們再來以圖解看一個例子，當a=12，則a&38得到的結果為4，因為12的二進位表示法為00001100，38的二進位表示法為00100110，兩者執行AND運算後，結果為十進位的4。如下圖所示：

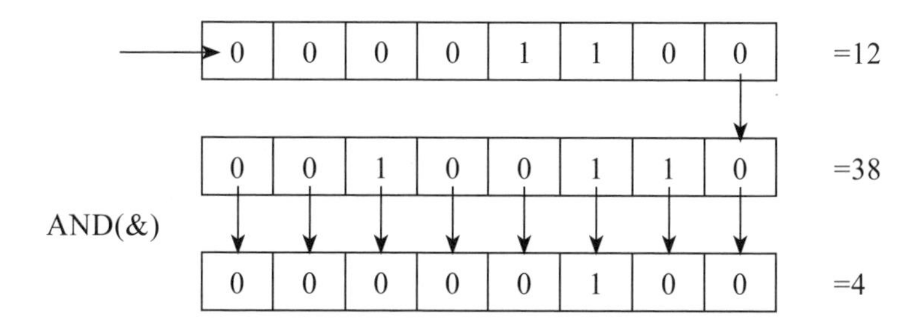

■ ^(XOR)

執行XOR運算時，如果對應的兩位元只要任一位元為1（true），則運算結果即為1（true），不過當兩者同時為1（true）或0（false）時，則結果為0（false）。例如a=12，則a^7得到的結果為11。我們再來以圖解看一個例子，當a=12，則a^38得到的結果為42，如下圖所示：

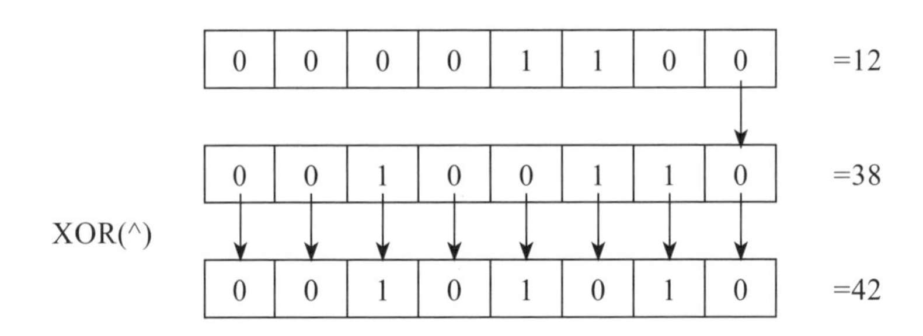

■ |(OR)

執行OR運算時，對應的兩字元只要任一字元為1時，運算結果為1，也就是只有兩字元都為0時，才為0。例如a=12，則a|7得到的結果為15。如果a=12，則a|38得到的結果為46，如下圖所示：

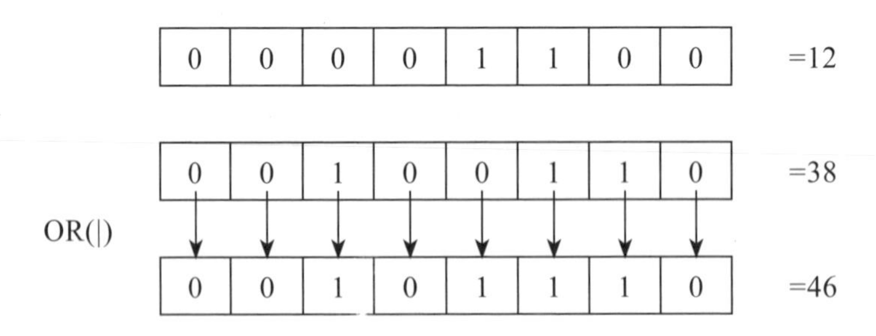

■ ~(NOT)

NOT作用是取1的補數（complement），也就是0與1互換。例如a=12，二進位表示法爲00001100，取1的補數後，由於所有位元都會進行0與1互換，因此運算後的結果得到-13：

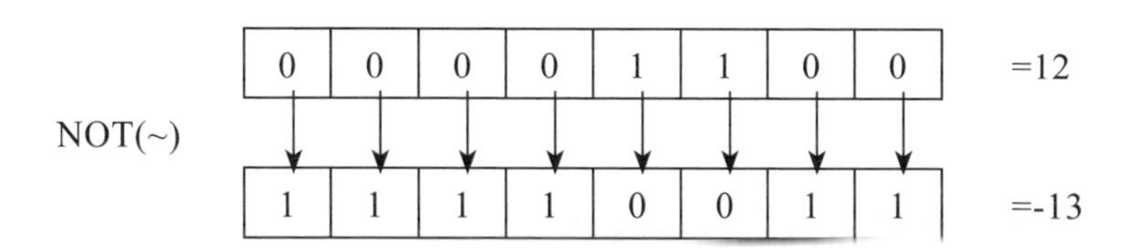

Tips

所謂「補數」，是指兩個數字加起來等於某特定數（如十進位制即爲10）時，則稱該二數互爲該特定數的補數。例如3的10補數爲7，同理7的10補數爲3。對二進位系統而言，則有「1補數系統」和「2補數系統」兩種，「1補數系統」是指如果兩數之和爲1，則此兩數互爲1的補數，亦即0和1互爲1的補數。也就是說，打算求得二進位數的補數，只需將0變成1，1變成0即可；例如011010102的1補數爲100101012。「2補數系統」的作法則是必須事先計算出該數的1補數，再加1即可。

3-3-6 位移運算子

位元位移運算子可提供將整數值的位元向左或向右移動所指定的位元數，Python提供有兩種位元位移運算子：

位元位移運算子	說明	使用語法
<<	A進行左移n個位元運算	A<<n
>>	A進行右移n個位元運算	A>>n

■ <<（左移）

左移運算子（<<）可將運算元內容向左移動n個位元，左移後超出儲存範圍即捨去，右邊空出的位元則補0。語法格式如下：

```
a<<n
```

例如運算式「12<<2」。數值12的二進位值爲1100，向左移動2個位元後成爲110000，也就是十進位的48。如下圖所示。

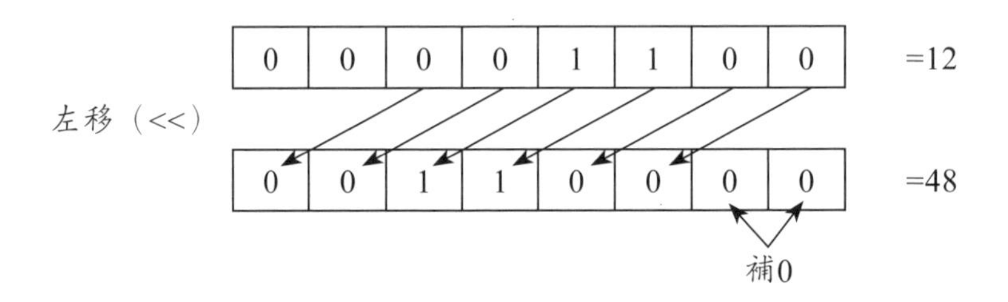

■ >>（右移）

右移運算子（>>）與左移相反，可將運算元內容右移n個位元，右移後超出儲存範圍即捨去。請留意，這時右邊空出的位元，如果這個數值是正數則補0，負數則補1。語法格式如下：

```
a>>n
```

例如運算式「12>>2」。數值12的二進位值爲1100，向右移動2個位元後成爲0011，也就是十進位的3。如下圖所示：

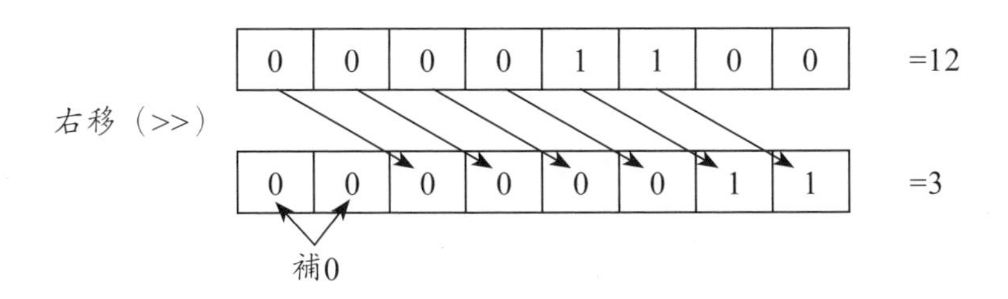

3-3-7 運算子優先順序

當遇到一個Python的運算式時，首先區分出運算子與運算元，接下來就依照運算子的優先順序作整理動作。例如：當運算式中有超過一種運算子時，會先執行算術運算子，其次是比較運算子，最後才是邏輯運算子。比較運算子的優先順序都是相同的，會由左到右依序執行，而算術和邏輯運算子則有優先順序。以下是Python中各種運算子計算時的優先順序：

● 算術運算子的優先順序（由高到低）：

算術運算子	說明
**	乘冪
*,/	乘法和除法
//	整數除法
%	取餘數
+,-	加法和減法

● 邏輯運算子的優先順序（由高到低）：

邏輯運算子	說明
not	邏輯非
and	邏輯且
or	邏輯或

當然也可利用「( )」括號來改變優先順序。最後由左至右考慮到運算子的結合性（associativity），也就是遇到相同優先等級的運算子會由最左邊的運算元開始處理。括號運算子擁有最高的優先權，需要先被執行的運算就加上括號( )，括號( )內的運算式就會先執行。例如：

```
x = 100 * (90 - 30 + 45)
```

上面運算式中有四個運算子：=、*、-和+，根據運算子優先順序的規則，括號內的運算會先執行，優先順序如下：-、+、*、=。

〔隨堂測驗〕

1. 假設x、y、z為布林（boolean）變數，且x=TRUE、y=TRUE、z=FALSE。請問下面各布林運算式的眞假值依序為何？（TRUE表眞，FALSE表假）
   - !(y || z)|| x
   - !y ||(z || !x)
   - z ||(x &&(y || z))
   - (x || x)&& z（105年10月觀念題）

   (A) TRUE FALSE TRUE FALSE

   (B) FALSE FALSE TRUE FALSE

   (C) FALSE TRUE TRUE FALSE

   (D) TRUE TRUE FALSE TRUE

   解答：(A) TRUE FALSE TRUE FALSE

2. 若要邏輯判斷式!(X_1 || X_2)計算結果為眞（True），則X_1與X_2的值分別應為何？

   (A) X_1為False，X_2為False

   (B) X_1為True，X_2為True

(C) X_1為True，X_2為False

(D) X_1為False，X_2為True（106年3月觀念題）

解答：(A) X_1為False，X_2為False

3. 若a、b、c、d、e均為整數變數，下列哪個算式計算結果與a+b*c-e計算結果相同？

(A) (((a+b)*c)-e)

(B) ((a+b)*(c-e))

(C) ((a+(b*c))-e)

(D) (a+((b*c)-e))（106年3月觀念題）

解答：(C) ((a+(b*c))-e)

3-4 資料型態轉換

對於針對運算式執行上的要求，還可以「暫時性」轉換資料的型態。當不同資料型態要進行運算時，就必須強制轉換資料型態，Python強制轉換資料型態的內建函數有下列三種：

● int()：強制轉換為整數資料型態

例如：

```
x = "5"
num = 5 + int(x)
print(num)  #結果：10
```

變數x的值是5是字串型態，所以先用int(x)轉換為整數型態。

● float()：強制轉換爲浮點數資料型態

例如：

```
x = "5.3"
num = 5 + float(x)
print(num)  #結果：10.3
```

變數x的值是5.3是字串型態，所以先用float(x)轉換爲浮點數型態。

● str()：強制轉換爲字串資料型態

例如：

```
x = "5.3"
num = 5 + float(x)
print("輸出的數值是 " + str(num))   #結果：輸出的數值是 10.3
```

上述程式碼中print()函數裡面「現在輸出的數值是 」這一串字是字串型態，「+」號可以將兩個字串相加，變數num是浮點數型態，所以必須先轉換爲字串。

〔隨堂測驗〕

右側程式碼執行後輸出結果爲何？

```
int a=2, b=3;
int c=4, d=5;
int val;
val = b/a + c/b + d/b;
printf ("%d\n", val);
```

(A) 3

(B) 4

(C) 5

(D) 6（105年10月觀念題）

解答：(A) 3，在C語言中整數相除的資料型態與被除數相同，因此相除後商爲整數型態。

```
#define TRUE 1
#define FALSE 0
int d[6], val, allBig;
...
for (int i=1; i<=5; i=i+1) {
  scanf ("%d", &d[i]);
}
scanf ("%d", &val);
allBig = TRUE;
for (int i=1; i<=5; i=i+1) {
  if (d[i] > val) {
      allBig = TRUE;
  }
  else {
      allBig = FALSE;
  }
}
if (allBig == TRUE) {
    printf ("%d is the smallest.\n", val);
    }
    else {
        printf ("%d is not the smallest.\n",val);
    }
}
```

3-5 全真綜合實作測驗

3-5-1 邏輯運算子（Logic Operators）

問題描述（106年10月實作題）

小蘇最近在學三種邏輯運算子AND、OR和XOR。這三種運算子都是二元運算子，也就是說在運算時需要兩個運算元，例如a AND b。對於整數a與b，以下三個二元運算子的運算結果定義如下列三個表格：

a AND b

	b為0	b不為0
a為0	0	0
a不為0	0	1

a OR b

	b為0	b不為0
a為0	0	1
a不為0	1	1

a XOR b

	b為0	b不為0
a為0	0	1
a不為0	1	0

舉例來說：

第0 AND 0的結果為0，0 OR 0以及0 XOR 0的結果也為0。

第0 AND 3的結果為0，0 OR 3以及0 XOR 3的結果則為1。

第4 AND 9的結果為1，4 OR 9的結果也為1，但4 XOR 9的結果為0。

請撰寫一個程式，讀入a、b以及邏輯運算的結果，輸出可能的邏輯運算為何。

輸入格式

輸入只有一行，共三個整數值，整數間以一個空白隔開。第一個整數代表a，第二個整數代表b，這兩數均為非負的整數。第三個整數代表邏輯運算的結果，只會是0或1。

輸出格式

輸出可能得到指定結果的運算，若有多個，輸出順序為AND、OR、XOR，每個可能的運算單獨輸出一行，每行結尾皆有換行。若不可能得到指定結果，輸出IMPOSSIBLE。（注意輸出時所有英文字母均為大寫字母。）

範例一：輸入

```
0 0 0
```

範例一：正確輸出

```
AND
OR
XOR
```

範例二：輸入

```
1 1 1
```

範例二：正確輸出

```
AND
OR
```

範例三：輸入

```
3 0 1
```

範例三：正確輸出

```
OR
XOR
```

範例四：輸入

```
0 0 1
```

範例四：正確輸出

```
IMPOSSIBLE
```

評分說明

輸入包含若干筆測試資料，每一筆測試資料的執行時間限制（time limit）均為1秒，依正確通過測資筆數給分。其中：

(1) 1子題組80分，a和b的值只會是0或1。

(2) 2子題組20分，$0 \le a, b < 10{,}000$。

題目重點解析

首先將所有大於1的整數a或b直接以1來取代，如此一來當a與b進行位元運算時，就可以降低程式複雜度，並加快執行速度。程式碼如下：

```
if a>0:  a = 1
if b>0:  b = 1
```

程式中會輸入三個整數，其中第三個整數是第一個整數a及第二個整數b進行某種運算後的結果。我們可以分三個運算子來加以分類，如果a&b的結果值等於c，則表示這個運算子符合邏輯運算的結果值。程式碼如下：

```
if((a&b)==c):  op_and=1
else: op_and=0
if((a|b)==c):  op_or=1
else: op_or=0
if((a^b)==c):  op_xor=1
else: op_xor=0
```

接著只要判斷記錄每一種運算子的執行結果的陣列值是否爲1，如果等於1，再輸出代表該運算子的英文字（AND、OR或XOR），並進行換行動作。當三種運算子的執行結果的陣列值都爲0時，則印出「IMPOSSIBLE」後進行換行動作。此段程式碼如下：

```
if op_or==1: print("OR")
if op_xor==1: print("XOR")
if op_and==0 and op_or==0 and op_xor==0:
    print("IMPOSSIBLE")
```

參考解答程式碼：邏輯運算子.py

```
01    temp=input().split()
02    a=int(temp[0])
03    b=int(temp[1])
04    c=int(temp[2])
05    if a>0:  a = 1
06    if b>0:  b = 1
07    if((a&b)==c):  op_and=1
08    else: op_and=0
09    if((a|b)==c):  op_or=1
10    else: op_or=0
11    if((a^b)==c):  op_xor=1
12    else: op_xor=0
13    if op_and==1: print("AND")
14    if op_or==1: print("OR")
15    if op_xor==1: print("XOR")
16    if op_and==0 and op_or==0 and op_xor==0:
17         print("IMPOSSIBLE")
```

範例一執行結果：

```
0 0 0
AND
OR
XOR
```

範例二執行結果：

```
1 1 1
AND
OR
```

範例三執行結果：

```
3 0 1
OR
XOR
```

範例四執行結果：

```
0 0 1
IMPOSSIBLE
```

程式碼說明：

- 第1～4列：輸入三個整數，數值以空白分開。
- 第5～6列：將所有大於1的整數a或b直接以1來取代。
- 第7～8列：用來記錄整數a及整數b經過&（AND）運算子的邏輯運算結果值是否符合答案c？如果是，則op_and設定值爲1；如果不是，則op_and設定值爲0。
- 第9～10列：用來記錄整數a及整數b經過|（OR）運算子的邏輯運算結果值是否符合答案c？如果是，則op_or設定值爲1；如果不是，則op_or設定值爲0。
- 第11～12列：用來記錄整數a及整數b經過^（XOR）運算子的邏輯運算結果值是否符合答案c？如果是，則op_xor設定值爲1；如果不是，則op_xor設定值爲0。
- 第13～15列：判斷記錄每一種運算子的執行結果的陣列值是否爲1，如果等於1，再輸出該運算子。
- 第16～17列：當三種運算子的執行結果的陣列值都爲0時，則印出「IMPOSSIBLE」。

第四章

格式化輸出入與流程控制

我們學習Python通常是從主控台來輸出程式執行結果，或是從主控台取得使用者的輸入資料，前面我們經常使用print()函數輸出執行結果，接下來來看一下如何利用print()函數進行格式化輸出，以及如何輸入資料。

4-1 格式化輸出

print()函數支援格式化輸出，有兩種格式化方法可以使用，一種是以「%」格式化輸出，另一種是透過format函數格式化輸出，以下先介紹「%」格式化輸出。

● 「%」格式化輸出

格式化文字可以用「%s」代表字串、「%d」代表整數、「%f」代表浮點數，語法如下：

```
print(格式化文字 % (引數1,引數2…引數n))
```

例如：

```
score = 66
print("大明的數學成績：%d" % score)
```

輸出結果：

大明的數學成績：66

其中%d就是格式化格式，代表輸出整數格式，各種輸出格式請參考下表。

格式化符號	說明
%s	字串
%d	整數
%f	浮點數
%e	浮點數，指數e型式
%o	八進位整數
%x	十六進位整數

格式化輸出可以用來控制列印位置，讓輸出的資料能整齊排列，例如：

```
print("%5s的數學成績：%5.2f" % ("Jenny",95))
print("%5s的數學成績：%5.2f" % ("andy",80.2))
```

輸出結果：

```
Jenny的數學成績：95.00
 andy的數學成績：80.20
```

● format()函數輸出

格式化輸出也可以搭配format()函數來使用，相對於%格式化的方式，format()函數更加靈活，用法如下：

```
print("{}是個用功的學生. ".format("王小明"))
```

一般簡單的format用法會用大括號{}表示，{}內則用format()裡的引數替換，format()函數相當具有彈性，它有兩大優點：

- 不需要理會引數資料型態，一律用{}表示
- 可使用多個引數，同一個引數可以多次輸出，位置可以不同

舉例來說：

```
print("{0} 今年 {1} 歲. ".format("王小明", 18))
```

其中{0}表示使用第一個引數、{1}表示使用第二個引數，以此類推，如果{}內省略數字編號，就會依照順序填入。

您也可以使用引數名稱來取代對應引數，例如：

```
print("{name} 今年 {age} 歲. ".format(name="王小明", age=18))
```

直接在數字編號後面加上冒號「:」可以指定參數格式，例如：

```
print('{0:.2f}'.format(5.5625))
```

表示第一個引數取小數點後2位。

〔隨堂測驗〕

下列程式碼是自動計算找零程式的一部分，程式碼中三個主要變數分別為Total（購買總額），Paid（實際支付金額），Change（找零金額）。

但是此程式片段有冗餘的程式碼，請找出冗餘程式碼的區塊。

(A) 冗餘程式碼在A區

(B) 冗餘程式碼在B區

(C) 冗餘程式碼在C區

(D) 冗餘程式碼在D區（105年10月觀念題）

```
int Total, Paid, Change;
 …
Change = Paid - Total;
printf ("500 : %d pieces\n", (Change-Change%500)/500);
Change = Change % 500;
printf ("100 : %d coins\n", (Change-Change%100)/100);
Change = Change % 100;
// A 區
printf ("50 : %d coins\n", (Change-Change%50)/50);
Change = Change % 50;
// B 區
printf ("10 : %d coins\n", (Change-Change%10)/10);
Change = Change % 10;
// C 區
printf ("5 : %d coins\n", (Change-Change%5)/5);
Change = Change % 5;
// D 區
printf ("1 : %d coins\n", (Change-Change%1)/1);
Change = Change % 1;
```

解答：(D)冗餘程式碼在D區

4-2 輸入函數：input()

input是常用的輸入指令，可以讓使用者由「標準輸入裝置」（通常指鍵盤）輸出資料，把使用者所輸入的數值、字元或字串傳送給指定的變數。語法如下：

```
變數 = input(提示字串)
```

當輸入資料並按下Enter鍵後，就會將輸入的資料指定給變數。上述語法中的「提示字串」是一段告知使用者輸入的提示訊息，例如希望使用者先輸入身高，再輸出身高的值，程式碼如下：

```
height =input("請輸入你的身高：")
print (height)
```

又例如：

```
score = input("請輸入數學成績：")
print("%s的數學成績：%5.2f" % ("Jenny",float(score)))
```

輸出結果：

```
請輸入數學成績：86
Jenny的數學成績：86.00
```

當程式執行時，遇到input指令會先等待使用者輸入資料，當使用者輸入完成按下Enter鍵，就會將使用者輸入的資料存入變數score中。使用者輸入的資料是字串格式，我們可以透過內建的int()、float()、bool()等函數將輸入的字串轉換爲整數、浮點數、布林值型態，範例裡指定的格式是浮點數（%5.2f），所以利用float()函數將輸入的score值轉換爲浮點數。

4-3 流程控制與選擇結構

程式的進行順序可不是像我們中山高速公路，由北到南一路通到底，有時複雜到像北宜公路上的九彎十八轉，幾乎讓人暈頭轉向。程式設計最重要的部分其中之一就是流程控制，想要寫出好的程式，程式執行的流程相當重要，如果沒有它們，絕對不能做什麼複雜的工作。Python也包含了三種常用的流程控制結構，分別是「循序結構」（Sequential structure）、「選擇結構」（Selection structure）以及「重複結構」（repetition structure）。最基本的循序結構也是一個程式敘述由上而下接著一個程式敘述，沒有任何轉折的執行指令，至於選擇結構必須配合邏輯判斷式來建立條件敘述，再依據不同的判斷的結果，選擇所應該進行的下一道程式指令：

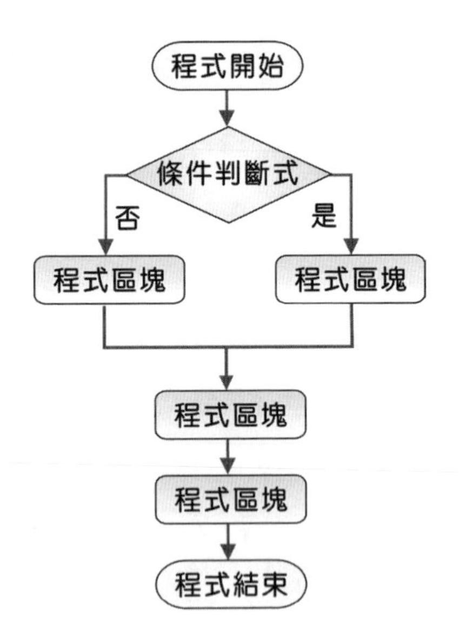

4-3-1 if...else條件式

if...else條件式的作用是判斷條件式是否成立，是個相當普遍且實用的指令，當條件成立（True）就執行if裡的指令，條件不成立（False，或用0表示）則執行else的指令。如果有多重判斷，可以加上elif指令。if條件式的語法如下：

```
if 條件判斷式：
    #如果條件成立，就執行這裡面的指令
else：
    #如果條件不成立，就執行這裡面的指令
```

例如各位要判斷a變數的內容是否大於等於b變數，條件式就可以這樣寫：

```
if a >= b：
    #如果a大於等於b，就執行這裡面的指令
else：
    #如果a「不」大於或等於b，就執行這裡面的指令
```

if...else條件式流程圖如下：

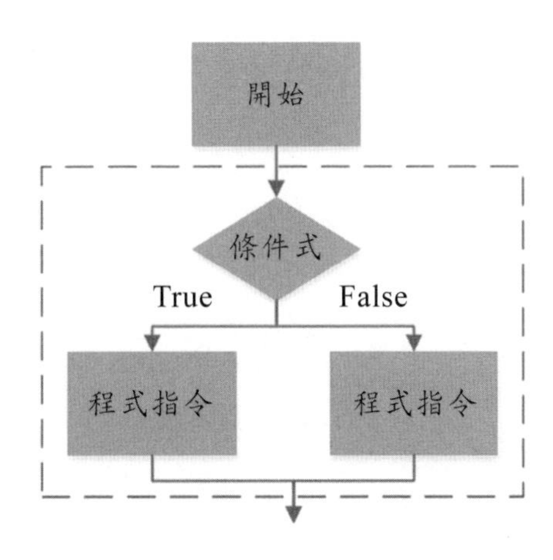

if...else條件式的語法使用上，如果條件不成立時不執行任何指令，可以省略else語法，如下所示。

```
if 條件判斷式：
    #如果條件成立，就執行這裡面的指令
```

另外如果if...else條件式使用and或or等邏輯運算子，建議加上括號區分執行順序，來提高程式可讀性。例如：

```
if (a==c) and (a>b)：
    #如果a等於c而且a大於b，就執行這裡面的指令
else：
    #如果上述條件不成立，就執行這裡面的指令
```

另外，Python提供一種更簡潔的if...else條件表達式（Conditional Expressions），格式如下：

```
X if C else Y
```

根據條件式傳回兩個運算式的其中一個，上式當C為眞時傳回X，否則傳回Y。例如判斷整數X是奇數或偶數，原本程式會這樣表示：

```
if (x % 2)==0:
    y="偶數"
else:
    y="奇數"
print('{0}'.format(y))
```

改成表達運算式只要簡單一行程式就能達到同樣的目的，如下行所示：

```
print('{0}'.format("偶數" if (X % 2)==0 else "奇數"))
```

當if判斷式爲眞就傳回「偶數」，否則就傳回「奇數」。

4-3-2 多重選擇

如果條件判斷式不只一個，就可以再加上elif條件式，elif就像是「else if」的縮寫，雖然使用多重if條件指令可以解決各種條件下的不同執行問題，但始終還是不夠精簡，這時elif條件指令就能派上用場了，還可以讓程式碼可讀性更高。請留意！if敘述視程式中邏輯上的需求，後面並不一定要有elif和else，可以只有if，或是if/else，或是if/elif/else三種情形。格式如下：

```
if 條件判斷式1：
    #如果條件判斷式1成立，就執行這裡面的指令
elif 條件判斷式2：
    #如果條件判斷式2成立，就執行這裡面的指令
else：
    #如果上面條件都不成立，就執行這裡面的指令
```

例如：

```
if a==b：
    #如果a等於b，就執行這裡面的指令
```

```
elif a>b：
    #如果a大於b，就執行這裡面的指令
else：
    #如果a不等於b而且a小於b，就執行這裡面的指令
```

4-3-3 巢狀if

有時會出現if條件指令中，又有另外一層的if條件指令，這樣多層的選擇結構，就稱作「巢狀」（nested）if條件指令。例如：「如果是60以上就給第一張合格證書，如果是70分以上就再給第二張合格證書，如果是80分以上就再給第三張合格證書，如果是90分以上就再給第四張合格證書，如果100分以上就再給全能專業的合格證書。依據巢狀if指令，可以把程式碼撰寫如下：

```
getScore= int(input("請輸入分數:"))
if getScore >= 60:
    print('第一張合格證書')
    if getScore >= 70 :
        print('第二張合格證書')
        if getScore >= 80 :
            print('第三張合格證書')
            if getScore >= 90 :
                print('第四張合格證書')
                if getScore == 100 :
                    print('全能專業的合格證書')
```

其實這種一層又一層往下探索的if指令，可以利用if/elif指令將這樣的多重選擇以條件運算逐一過濾，選擇最適合的條件來執行某個區段的指令，語法如下：

```
if 條件運算式1:
    符合條件運算式1要執行的程式區塊
elif 條件運算式2:
    符合條件運算式2要執行的程式區塊
elif 條件運算式N:
    符合條件運算式N要執行的程式區塊
else:
    如果所有條件運算式都不符合，則執行此程式區塊
```

當條件運算式1不符合時會向下尋找到適合的條件運算式爲止。其中elif指令是else if之縮寫。elif指令可以依據條件運算來產生多個指令；其條件運算式之後也要有冒號，表示下方符合此條件運算式的程式區塊要進行縮排。

〔隨堂測驗〕

1. 下側程式執行過後所輸出數值爲何？
   (A) 11
   (B) 13
   (C) 15
   (D) 16（105年3月觀念題）

```
void main () {
  int count = 10;
```

CHAPTER 4

```
  if (count > 0) {
     count = 11;
  }
  if (count > 10) {
     count = 12;
     if (count % 3 == 4) {
        count = 1;
     }
     else {
        count = 0;
     }
  }
  else if (count > 11) {
     count = 13;
  }
  else {
     count = 14;
  }
  if (count) {
     count = 15;
  }
  else {
     count = 16;
  }
  printf ("%d\n", count);
}
```

解答：(D) 16

2. 下側程式片段主要功能為：輸入六個整數，檢測並印出最後一個數字是否為六個數字中最小的值。然而，這個程式是錯誤的。請問以下哪一組測試資料可以測試出程式有誤？

(A) 11 12 13 14 15 3

(B) 11 12 13 14 25 20

(C) 23 15 18 20 11 12

(D) 18 17 19 24 15 16（105年3月觀念題）

```
#define TRUE 1
#define FALSE 0
int d[6], val, allBig;
…
for (int i=1; i<=5; i=i+1) {
   scanf ("%d", &d[i]);
}
scanf ("%d", &val);
allBig = TRUE;
for (int i=1; i<=5; i=i+1) {
   if (d[i] > val) {
      allBig = TRUE;
   }
   else {
      allBig = FALSE;
   }
}
if (allBig == TRUE) {
   printf ("%d is the smallest.\n", val);
   }
   else {
      printf ("%d is not the smallest.\n",val);
   }
}
```

解答：(B) 11 12 13 14 25 20

請將四個選項的值依序帶入，只要找到不符合程式原意的資料組，就可以判斷程式出現問題。

3. 下側是依據分數s評定等第的程式碼片段，正確的等第公式應爲：

90～100判爲A等

80～89判爲B等

70～79判爲C等

60～69判爲D等

0～59判爲F等

這段程式碼在處理0～100的分數時，有幾個分數的等第是錯的？

(A) 20

(B) 11

(C) 2

(D) 10（105年10月觀念題）

```
if (s>=90) {
  printf ("A \n");
}
else if (s>=80) {
  printf ("B \n");
}
else if (s>60) {
  printf ("D \n");
}
else if (s>70) {
  printf ("C \n");
}
else {
  printf ("F\n");
}
```

解答：(B) 11

4. 給定右側函式F()，已知F(7)回傳值爲17，且F(8)回傳值爲25，請問if的條件判斷式應爲何？

```
int F (int a) {
  if ( ______?______ )
    return a * 2 + 3;
  else
    return a * 3 + 1;
}
```

(A) a % 2 != 1

(B) a * 2 > 16

(C) a + 3 < 12

(D) a * a < 50（106年3月觀念題）

解答：(D) a * a < 50

5. 右側switch敘述程式碼可以如何以if-else改寫？（105年10月觀念題）

```
switch (x) {
  case 10: y = 'a';   break;
  case 20:
  case 30: y = 'b';   break;
  default: y = 'c';
}
```

(A)
```
if (x==10) y = 'a';
if (x==20 || x==30) y = 'b';
y = 'c';
```

(B)
```
if (x==10) y = 'a';
else if (x==20 || x==30) y = 'b';
else y = 'c';
```

(C)
```
if (x==10) y = 'a';
if (x>=20 && x<=30) y = 'b';
y = 'c';
```

(D)
```
if (x==10) y = 'a';
else if(x>=20 && x<=30) y = 'b';
else y = 'c';
```

解答：

(B)
```
if (x==10) y = 'a';
else if (x==20 || x==30) y = 'b';
else y = 'c';
```

4-4 迴圈結構

重複結構主要談到的是迴圈控制的功能，根據所設立的條件，重複執行某一段程式指令，直到條件判斷不成立，才會跳出迴圈。例如想要讓電腦計算出1+2+3+4..10的值，在程式碼中並不需要各位大費周章地從1累加到10，這時只需要利用迴圈結構，原本是很繁瑣又重複的運算，用迴圈很輕鬆就能達成目標。Python有while迴圈跟for迴圈，以下來看相關的用法。

4-4-1 while迴圈

如果所要執行的迴圈次數確定，那麼使用for迴圈指令就是最佳選擇。但對於某些不確定次數的迴圈，while迴圈就可以派上用場了。while迴圈指令與for迴圈指令類似，都是屬於前測試型迴圈。前測試型迴圈的運作方式就是在程式指令區開頭時必須先檢查條件判斷式，當判斷式結果爲眞時，才會執行區塊內的指令。

while迴圈也是利用條件式判斷眞假，當條件式爲眞時，才會執行迴圈裡面的指令，當條件式爲假時，程式就會跳出迴圈，格式如下：

```
while 條件判斷式：
    #如果條件判斷式成立，就執行這裡面的指令
```

流程圖如下：

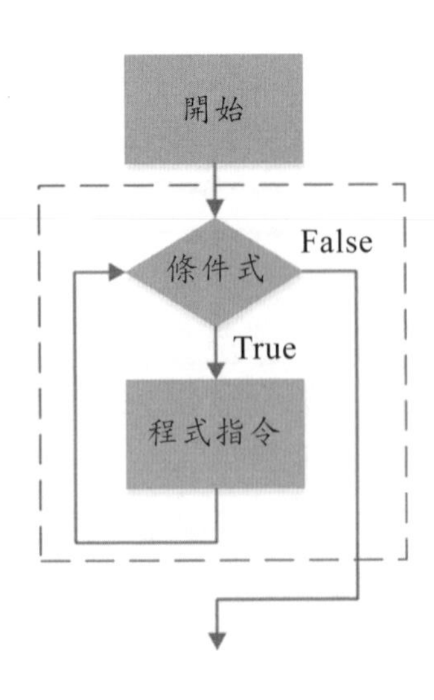

while迴圈必須自行加入控制變數起始值以及遞增或遞減運算式，撰寫迴圈程式時必須檢查離開迴圈的條件是否存在，如果條件不存在會讓迴圈一直循環執行而無法停止，導致「無窮迴圈」。迴圈結構通常需要具備三個要件：

1. 變數初始值
2. 迴圈條件式
3. 調整變數增減值

例如下面的程式：

```
i=1
while i < 10:   #迴圈條件式
    print( i)
    i += 1     #調整變數增減值
```

當i小於10時會執行while迴圈內的指令，所以i會加1，直到i等於10，條件式為False，就會跳離迴圈了。

4-4-2 for迴圈

for迴圈又稱為計數迴圈，是程式設計中較常使用的一種迴圈型式，可以重複執行固定次數的迴圈。如果程式設計上所需要的迴圈執行次數固定，那麼for迴圈指令就是最佳選擇。Python的for迴圈可以走訪任何序列項目，序列項目可以是數字串列、列表（list）或字串（String），按序列順序執行，語法架構如下：

```
for 元素變數 in 序列項目：
    #執行的指令
else:
    #else的程式區塊，可加入或者不加入
```

也就是說，使用for迴圈，可加入或者不加入else指令。上述Python語法所代表的意義是for迴圈會將一序列（sequence），例如字串string或串列list內所有的元素走訪一遍，走訪的順序是依目前序列內元素項目（item）的順序來處理。例如下列的x變數值都可以作爲for迴圈的走訪序列項目：

```
x = "abcdefghijklmnopqrstuvwxyz"
x = ['Sunday', 'Monday', 'Tuesday', 'Wednesday', 'Thursday', 'Friday', 'Saturday']
x = [1, 2, 3, 4, 5, 6, 7, 8, 9, 10]
```

此外，如果要計算迴圈的執行次數，在for迴圈控制指令中各位必須設定「迴圈起始値」、「結束條件」以及每執行完一次迴圈的增減值。for迴圈每次執行一次時，如果增減值沒有特別指定，會自動累加1，加到條件符合爲止。例如以下是一數字串列1～5，利用for迴圈將數字print出來：

```
x = [1, 2, 3, 4, 5]
for i in x:
    print (i)
```

執行結果：

```
1
2
3
4
5
```

數字串列比較有效率的寫法，可以直接使用range()函數，range()函數格式如下：

```
range([起始值], 終止值[, 增減值])
```

數字串列由「起始值」開始到「終止值」的前一個數字爲止，沒有指定起始值預設爲0；沒有指定增減值，預設爲遞增1。有關range()函數的使用範例如下：

- range(3)代表由索引值0開始，輸出3個元素，即0、1、2共3個元素。
- range(1,6)代表由索引值1開始，到索引編號6-1前結束，也就是說索引編號6不包括在內，即1、2、3、4、5共5個元素。
- range(4,10,2)代表由索引值4開始，到索引編號10前結束，也就是說索引編號10不包括在內，遞增值爲2，即4、6、8共3個元素。

下段的程式碼示範了在for迴圈中搭配使用range()函式輸出2到11之間的偶數。

```
for i in range(2, 11, 2):
    print(i)
```

執行結果：

```
2
4
6
8
10
```

■ 巢狀迴圈

接下來還要為各位介紹一種for的巢狀迴圈（Nested loop），也就是多層次的for迴圈結構。在巢狀for迴圈結構中，執行流程必須先等內層迴圈執行完畢，才會逐層繼續執行外層迴圈。兩層式的巢狀for迴圈結構格式如下：

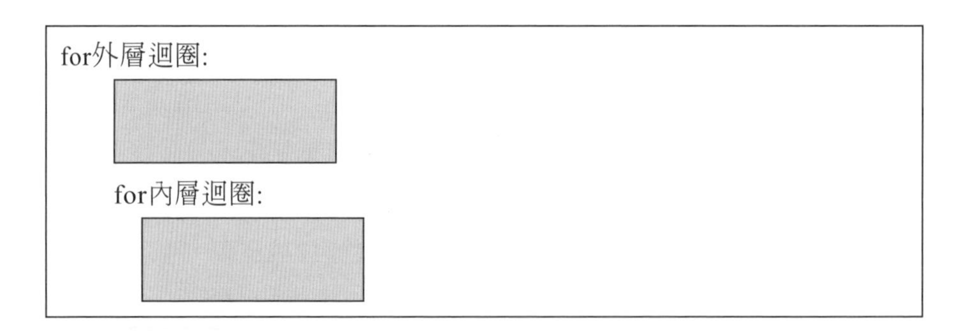

Tips

for迴圈雖然具有很大的彈性，使用時務必要設定每層跳離迴圈的條件，例如for迴圈無法滿足判斷式結束條件，因而永無止盡的被執行，這種不會結束的迴圈稱為「無窮迴圈」。無窮迴圈在程式功能上有時也會發揮某些作用，例如在某些程式中的暫停動作（遊戲執行）。

〔隨堂測驗〕

1. 下側程式正確的輸出應該如下

```
    *
   ***
  *****
 *******
*********
```

在不修改程式之第4行及第7行程式碼的前提下，最少需修改幾行程式碼以得到正確輸出？

(A) 1

(B) 2

(C) 3

(D) 4（105年3月觀念題）

```
01  int k = 4;
02  int m = 1;
03  for (int i=1; i<=5; i=i+1) {
04      for (int j=1; j<=k; j=j+1) {
05          printf (" ");
06      }
07      for (int j=1; j<=m; j=j+1) {
08          printf ("*");
09      }
10      printf ("\n");
11      k = k – 1;
12      m = m + 1;
13  }
```

解答：(A) 1

2. 右側程式碼，執行時的輸出為何？

```
void main() {
  for (int i=0; i<=10; i=i+1) {
    printf ("%d ", i);
    i = i + 1;
  }
  printf ("\n");
}
```

(A) 0 2 4 6 8 10

(B) 0 1 2 3 4 5 6 7 8 9 10

(C) 0 1 3 5 7 9

(D) 0 1 3 5 7 9 11（105年3月觀念題）

解答：很簡單的問題。模擬操作就可以 (A) 0 2 4 6 8 10

3. 以下F()函式執行後，輸出為何？

(A) 1 2

(B) 1 3

(C) 3 2

(D) 3 3（105年10月觀念題）

```
void F( ) {
  char t, item[] = {'2', '8', '3', '1', '9'};
  int a, b, c, count = 5;
  for (a=0; a<count-1; a=a+1) {
    c = a;
    t = item[a];
    for (b=a+1; b<count; b=b+1) {
      if (item[b] < t) {
        c = b;
        t = item[b];
      }
    if ((a==2) && (b==3)) {
      printf ("%c %d\n", t, c);
    }
  }
}
}
```

解答：(B)1 3

4. 右側程式碼執行後輸出結果爲何？

```
int a[9] = {1, 3, 5, 7, 9, 8, 6, 4, 2};
int n=9, tmp;
for (int i=0; i<n; i=i+1) {
  tmp = a[i];
  a[i] = a[n-i-1];
  a[n-i-1] = tmp;
}
for (int i=0; i<=n/2; i=i+1)
  printf ("%d %d ", a[i], a[n-i-1]);
```

(A) 2 4 6 8 9 7 5 3 1 9

(B) 1 3 5 7 9 2 4 6 8 9

(C) 1 2 3 4 5 6 7 8 9 9

(D) 2 4 6 8 5 1 3 7 9 9（105年10月觀念題）

解答：(C)1 2 3 4 5 6 7 8 9 9

5. 若n爲正整數，右側程式三個迴圈執行完畢後a值將爲何？

```
int a=0, n;
 ...
for (int i=1; i<=n; i=i+1)
  for (int j=i; j<=n; j=j+1)
   for (int k=1; k<=n; k=k+1)
      a = a + 1;
```

(A) n(n+1)/2

(B) $n^3/2$

(C) n(n-1)/2

(D) $n^2(n+1)/2$（105年10月觀念題）

解答：(D) $n^2(n+1)/2$

6. 右側程式片段執行過程中的輸出爲何？

```
int a = 5;
for (int i=0; i<20; i=i+1){
  i = i + a;
  printf ("%d ", i);
}
```

(A) 5 10 15 20

(B) 5 11 17 23

(C) 6 12 18 24

(D) 6 11 17 22（105年10月觀念題）

解答：(B) 5 11 17 23

7. 右側程式片段中執行後若要印出下列圖案，(a)的條件判斷式該如何設定？

```
for (int i=0; i<=3; i=i+1) {
  for (int j=0; j<i; j=j+1)
     printf(" ");
  for (int k=6-2*i;  (a)  ; k=k-1)
     printf("*");
  printf("\n");
}
```

(A) k > 2

(B) k > 1

(C) k > 0

(D) k > －1（105年10月觀念題）

```
******
****
**
```

解答：(C) k > 0

8. 右側程式片段無法正確列印20次的"Hi!"，請問下列哪一個修正方式仍無法正確列印20次的"Hi!"？

```
for (int i=0; i<=100; i=i+5)
{
  printf ("%s\n", "Hi!");
}
```

(A) 需要將i<=100和i=i+5分別修正爲i<20和i=i+1

(B) 需要將i=0修正爲i=5

(C) 需要將i<=100修正爲i<100;

(D) 需要將i=0和i<=100分別修正爲i=5和i<100（106年3月觀念題）

解答：(D) 需要將i=0和i<=100分別修正爲i=5和i<100

9. 下側程式執行完畢後所輸出值爲何？

(A) 12

(B) 24

(C) 16

(D) 20（106年3月觀念題）

```
int main() {
  int x = 0, n = 5;
  for (int i=1; i<=n; i=i+1)
    for (int j=1; j<=n; j=j+1) {
      if ((i+j)==2)
        x = x + 2;
      if ((i+j)==3)
```

```
        x = x + 3;
      if ((i+j)==4)
        x = x + 4;
    }
  printf ("%d\n", x);
  return 0;
}
```

解答：(D) 20

10. 右側程式片段擬以輾轉除法求i與j的最大公因數，請問while迴圈內容何者正確？

```
i = 76;
j = 48;
while ((i % j) != 0) {
    ____________________
    ____________________
    ____________________
}
printf ("%d\n", j);
```

(A) k = i % j;
    i = j;
    j = k;

(B) i = j;
    j = k;
    k = i % j;

(C) i = j;
    j = i % k;
    k = i;

(D) k = i;
    i = j;
    j = i % k;（105年3月觀念題）

解答：

由於不知道要計算的次數，最適合利用while迴圈來設計，

(A) k = i % j;
    i = j;
    j = k;

11. 若以f(22)呼叫右側f()函式，總共會印出多少數字？

(A) 16

(B) 22

(C) 11

(D) 15（105年3月觀念題）

解答：(A) 16，解答是試著將n=22帶入f(22)再觀察所有的輸出過程。

```
void f(int n) {
printf ("%d\n", n);
while (n != 1) {
if ((n%2)==1) {
n = 3*n + 1;
}
else {
n = n / 2;
}
printf ("%d\n", n);
}
}
```

12. 右側f()函式執行後所回傳的值爲何？

(A) 1023

(B) 1024

(C) 2047

(D) 2048（105年3月觀念題）

```
int f() {
  int p = 2;
  while (p < 2000) {
     p = 2 * p;
  }
  return p;
}
```

解答：起始值：p=2

…

第十次迴圈：p = 2 * p=2*1024=2048 (D) 2048

13. 右側f()函式(a), (b), (c)處需分別填入哪些數字，方能使得f(4)輸出2468的結果？

(A) 1, 2, 1

(B) 0, 1, 2

(C) 0, 2, 1

(D) 1, 1, 1（105年3月觀念題）

```
int f(int n) {
  int p = 0;
  int i = n;
  while (i >= (a) ) {
     p = 10 – (b) * i;
     printf ("%d", p);
     i = i - (c) ;
  }
}
```

解答：(A) 1, 2, 1

第一個列印的數字是2，即p = 10 – (b) * i=2，此處題目傳入的i值爲4，直接帶入求解，因此選項(A)的迴圈執行次數爲4，因此(a)=1。

14.請問右側程式，執行完後輸出爲何？

(A) 2417851639229258349412352 7

(B) 68921 43

(C) 65537 65539

(D) 134217728 6（105年10月觀念題）

```
int i=2, x=3;
int N=65536;
while (i <= N) {
  i = i * i * i;
  x = x + 1;
}
printf ("%d %d \n", i, x);
```

解答：(D) 134217728 6

演算過程如下：

初始值：i=2 x=3

接著進入迴圈，迴圈的離開條件是判斷i是否小於N（65536）

15. 給定右側函式F()，執行F()時哪一行程式碼可能永遠不會被執行到？

(A) a = a + 5;

(B) a = a + 2;

(C) a = 5;

(D) 每一行都執行得到（106年3月觀念題）

```
void F (int a) {
  while (a < 10)
     a = a + 5;
  if (a < 12)
     a = a + 2;
  if (a <= 11)
     a = 5;
}
```

解答：(C) a = 5;

選項 (C) a = 5;這一行程式碼永遠不會執行到，這是因爲要跳離while

迴圈的條件是$a<10$，因此當離開此while迴圈時，a值必定大於10。

4-5 全真綜合實作測驗

4-5-1 三角形辨別

問題描述（105年10月實作題）

三角形除了是最基本的多邊形外，亦可進一步細分為鈍角三角形、直角三角形及銳角三角形。若給定三個線段的長度，透過下列公式的運算，即可得知此三線段能否構成三角形，亦可判斷是直角、銳攪和鈍角三角形。

提示：若a、b、c為三個線段的邊長，且c為最大值，則

若$a + b \leqq c$，三線段無法構成三角形

若$a \times a + b \times b < c \times c$，三線段構成鈍角三角形（Obtuse triangle）

若$a \times a + b \times b = c \times c$，三線段構成直角三角形（Right triangle）

若$a \times a + b \times b > c \times c$，三線段構成銳角三角形（Acute triangle）

請設計程式以讀入三個線段的長度判斷並輸出此三線段可否構成三角形？若可，判斷並輸出其所屬三角形類型。

輸入格式

輸入僅一行包含三正整數，三正整數皆小於30,001，兩數之間有一空白。

輸出格式

輸出共有兩行，第一行由小而大印出此三正整數，兩數字之間以一個空白間格，最後一個數字後不應有空白；第二行輸出三角形的類型：

若無法構成三角形時輸出「No」；

若構成鈍角三角形時輸出「Obtuse」；

若直角三角形時輸出「Right」；

若銳角三角形時輸出「Acute」。

範例一：輸入

```
3 4 5
```

範例一：正確輸出

```
3 4 5
Right
```

（說明）a×a + b×b = c×c成立時為直角三角形。

範例二：輸入

```
101 100 99
```

範例二：正確輸出

```
99 100 101
Acute
```

（說明）邊長排序由小到大輸出，a×a + b×b > c×c成立時為銳角三角形。

範例三：輸入

```
10 100 10
```

範例三：正確輸出

```
10 10 100
No
```

（說明）由於無法構成三角形，因此第二行須印出「No」。

評分說明

輸入包含若干筆測試資料，每一筆測試資料的執行時間限制（time limit）均為1秒，依正確通過測資筆數給分。

題目重點分析

輸入三個邊長a、b、c，並將這三邊長由小到大排序。接著判斷是否形成三角形，其條件為三角形任二邊長和大於第三邊，所以只要最小的兩邊和小於第三邊，則無法形成三角形，並結束程式。

至於如何判斷是直角、銳角或鈍角是以底下的式子來判斷：

如果$a^2+b^2<c^2$是銳角三角形。

如果$a^2+b^2=c^2$是直角三角形。

如果$a^2+b^2<c^2$是鈍角三角形。

參考解答程式碼：三角形辨別.py

```
01  import sys
02  in1 = input()
03  temp=in1.split()
04  a=int(temp[0])
05  b=int(temp[1])
06  c=int(temp[2])
07
08  #三邊由小到大排序
09  if a>b: a,b=b,a
10  if b>c: b,c=c,b
11  if a>b: a,b=b,a
12
13  print("%d %d %d " %(a,b,c))
14  if a+b<=c:  #無法形成三角形
15      print("No")
16      sys.exit(0) #結束程式
17  ab=a*a+b*b
18  cc=c*c
19  if ab<cc:
20      print("Obtuse")
21  elif ab==cc:
22      print("Right")
23  else:
24      print("Acute")
```

範例一執行結果：

```
3 4 5
3 4 5
Right
```

範例二執行結果：

```
101 100 99
99 100 101
Acute
```

範例三執行結果：

```
10 100 10
10 10 100
No
```

程式碼說明：

- 第2～6列：輸入三角形三邊長。
- 第9～11列：比較三邊由小到大排序。
- 第14～16列：如果最小的兩邊和小於第三邊則無法形成三角形，則輸出「No」，然後結束程式。
- 第17～24列：判斷三角形的類型。

4-5-2 小群體

問題描述（106年3月實作題）

Q同學正在學習程式，P老師出了以下的題目讓他練習。

一群人在一起時經常會形成一個一個的小群體。假設有N個人，編號由0到N-1，每個人都寫下他最好朋友的編號（最好朋友有可能是他自己的編號，如果他自己沒有其他好友），在本題中，**每個人的好友編號絕對不會重複，也就是說0到N-1每個數字都恰好出現一次。**

這種好友的關係會形成一些小群體。例如N=10，好友編號如下，

	0	1	2	3	4	5	6	7	8	9
好友編號	4	7	2	9	6	0	8	1	5	3

0的好友是4，4的好友是6，6的好友是8，8的好友是5，5的好友是0，所以0、4、6、8、和5就形成了一個小群體。另外，1的好友是7而且7的好友是1，所以1和7形成另一個小群體，同理，3和9是一個小群體，而2的好友是自己，因此他自己是一個小群體。總而言之，在這個例子裡有4個小群體：{0,4,6,8,5}、{1,7}、{3,9}、{2}。本題的問題是：輸入每個人的好友編號，計算出總共有幾個小群體。

Q同學想了想卻不知如何下手，和藹可親的P老師於是給了他以下的提示：如果你從任何一人x開始，追蹤他的好友，好友的好友，…，這樣一直下去，一定會形成一個圈回到x，這就是一個小群體。如果我們追蹤的過程中把追蹤過的加以標記，很容易知道哪些人已經追蹤過，因此，當一個小群體找到之後，我們再從任何一個還未追蹤過的開始繼續找下一個小群體，直到所有的人都追蹤完畢。

Q同學聽完之後很順利的完成了作業。

在本題中，你的任務與Q同學一樣：給定一群人的好友，請計算出小群體個數。

輸入格式

第一行是一個正整數N，說明團體中人數。

第二行依序是0的好友編號、1的好友編號、……、N-1的好友編號。共有N個數字，包含0到N-1的每個數字恰好出現一次，數字間會有一個空白隔開。

輸出格式

請輸出小群體的個數。不要有任何多餘的字或空白，並以換行字元結尾。

範例一：輸入

10

4 7 2 9 6 0 8 1 5 3

範例一：正確輸出

4

（說明）

4個小群體是{0,4,6,8,5}, {1,7}, {3,9}和{2}。

範例二：輸入

3

0 2 1

範例二：正確輸出

2

（說明）

2個小群體分別是{0},{1,2}。

評分說明

輸入包含若干筆測試資料，每一筆測試資料的執行時間限制（time limit）均為1秒，依正確通過測資筆數給分。其中：

(1) 1子題組20分，$1 \le N \le 100$，每一個小群體不超過2人。

(2) 2子題組30分，$1 \le N \le 1{,}000$，無其他限制。

(3) 3子題組50分，$1{,}001 \le N \le 50{,}000$，無其他限制。

題目重點分析

題目一開始先輸入團體人數，接著設定記錄一個好友編號的串列，記得宣告一個counter變數，紀錄小群組的個數。另外一開始先設定整數串列flag的所有元素值為False，表示尚未探訪。

```
n=int(input()) #團體人數
num=[]#好友編號串列
temp=input().split()
for i in range(n):
    num.append(int(temp[i]))
```

```
flag=[]#記錄是否已拜訪的串列
for i in range(n):
    flag.append(False) #初設值
```

同時設定一個變數find初設值爲False，用來紀錄是否順利找到小群體。每找到一個群組就將該變數初設值爲True表示已順利找到小群體。要開始找小群體時，可以先從第一個人編號爲0開始找起，每找到一個小群體就將記錄小群組個數的counter累加1，任何被拜訪過的人，則將flag陣列值設定爲True，表示已拜訪過。接著再找到下一個沒有拜訪過的人，且不在已找到的群體中，從其開始探訪，再找出下一個小群體，以此類推。這個部分的演算法如下：

參考解答程式碼；小群體.py

```
01  n=int(input()) #團體人數
02  num=[]#好友編號串列
03  temp=input().split()
04  for i in range(n):
05      num.append(int(temp[i]))
06  flag=[]#記錄是否已拜訪的串列
07  for i in range(n):
08      flag.append(False) #初設值
09  i=0;
10  counter=0;  #紀錄小群組的個數
11  find=False; #是否找到小群體
12  while (find==False):
13      head=i;#小群體的頭
14      counter=counter+1;     #累加
15      while num[i]!=head and flag[i]==False:
16          flag[i]=True #設定已探訪
17          i=num[i]  #繼續探訪他的好友
18      flag[i]=True #設定已探訪
```

```
19          find=True  #順利找到小群體
20          #尋找另一小群體
21          for i in range(n):
22                if flag[i]==False:
23                      find=False
24                      break
25    print("%d" %counter)
```

範例一執行結果：

```
10
4 7 2 9 6 0 8 1 5 3
4
```

4個小群體是{0,4,6,8,5}, {1,7}, {3,9}和{2}。

範例二執行結果：

```
3
0 2 1
2
```

2個小群體分別是{0},{1,2}。

程式碼說明：

- 第1列：輸入團體中人數。
- 第2列：設定好友編號串列的初始值。
- 第3～5列：輸入第二列資料，共有N個數字，包含0到N-1的每個數字恰好出現一次，數字間會有一個空白隔開。
- 第6～8列：是否已探訪的flag整數陣列的初設值。
- 第11列：用來紀錄是否順利找到小群體。
- 第12～24列：從第一個人開始找起，每找到一個小群體，就再找另一個沒有被拜訪的成員且不在其他小群體的人，再次找出另一個小群體，如果全部探訪完畢就離開迴圈。

● 第25列：輸出小群體的個數。

第五章

容器資料型態、陣列與矩陣

容器型態（Container type），顧名思義它們就像容器一樣，可以裝進各種不同型態的資料，這些容器資料型態還能互相搭配使用，可說是學習Python非常重要的關鍵。Python的容器資料型態分爲序對（tuple）、串列（list）、字典（dict）與集合（set），有各自的使用方法與限制，物件可區分可變（mutable）與不可變（immutable），不可變物件一旦創建後內容就不能再改變，容器物件只有tuple是不可變物件，其他三種都是可變物件，以下將四種容器資料型態先做個簡單介紹。

- tuple（序對）：資料放置於括號( )內，資料有順序性，是不可變物件。
- list（串列）：資料放置於中括號[ ]內，資料有順序性，是可變物件。
- dict（字典）：是dictionary的縮寫，資料放置於大括號{ }內，是「鍵（key）」與「值（value）」對應的物件，是可變物件。
- set（集合）：類似數學裡的集合概念，資料放置於大括號{ }內，是可變物件，資料具有無序與互異的特性。

下表是四種容器型態的比較：

資料型態	tuple	list	dict	set
中文名稱	序對	串列	字典	集合
使用符號	( )	[ ]	{ }	{ }
具順序性	有序	有序	無序	無序

資料型態	tuple	list	dict	set
可變／不可變	不可	可	可	可
舉例	(1, 2, 3)	[1,2,3]	{'word1':'apple'}	{1, 2, 3}

5-1 list串列

使用單一變數來儲存資料時，當程式變數需求不多時，爲了方便儲存多筆相關的資料，大部份的程式語言會以陣列（Array）方式處理，不像其它的程式語言都有的「陣列」資料結構，在Python中是以串列List來扮演儲存大量有序資料的角色，它是一串由逗號分隔的值，用中括號[ ]包起來，如下所示：

```
fruitlist =  ["Apple", "Orange", "Lemon", "Mango"]
```

上面list物件共有4個元素，長度是4，利用中括號[]搭配元素的索引（index）就能存取每一個元素，索引從0開始，由左至右分別是fruitlist[0]、fruitlist [1]…以此類推。

串列可以是空串列，串列中元素可以包含不同的資料型別或是其它的子串列，底下都是正確的串列表示方式：

```
data = []    #空的串列
data1 = [28, 16, 55]  #儲存數值的list物件
data2 = ['1966', 50, 'Judy']   #含有不同型別的串列
data3 = ['Math', [88, 92], 'English', [65, 91]]
```

Python還提供生成式（Comprehension）的作法，是一種建立串列更快速彈性的作法，串列中括號裡面可以結合for敘述及其它if或for敘述的運算式，此運算式所產生的結果就是串列的元素。例如：

```
>>> list1 =[i for i in range(1,6)]
>>> list1
[1, 2, 3, 4, 5]
>>>
```

上述例子串列元素是for敘述的i。

又例如：

```
>>> list2=[i+10 for i in range(50,60)]
>>> list2
[60, 61, 62, 63, 64, 65, 66, 67, 68, 69]
```

有關range()函數的使用方式有以下三個語法，分別是在不同個數參數的宣告方式：

● 1個參數

range（整數值）會產生的串列是0到「整數值-1」的串列，例如range(4)表示會產生[0,1,2,3]的串列。

● 2個參數

range（起始值，終止值）會產生的串列是「起始值」到「整數值-1」的串列，例如range(2,5)表示會產生[2,3,4]的串列。

● 3個參數

range（起始值，終止值，間隔值）會產生的串列是「起始值」到「整數值-1」的串列，但每次會遞增間隔值，例如：range(2,5,2)表示會產生[2,4]的串列，這是因為每次遞增2的原因。

為什麼要使用「串列生成式」？除了提高效能之外，讓for迴圈讀取元素更加自動化。例如要找出數值10～50之間可以被7整除的數值，for迴圈可以配合range()函數，再以if敘述做條件運算的判斷，能被7整除者以append()方法加入List中，以下述簡例來說明。

```
numA = [] #空的List
for item in range(10, 50):
    if(item % 7 == 0):
        numA.append(item) #整除的數放入List中
print('10~50被7整除之數：', numA)
```

5-1-1 二維及多維串列

在Python中，串列中可以有串列，這種就稱為二維串列，要讀取二維串列的資料可以透過for迴圈。二維串列簡單來講就是串列中的元素是串列，下述簡例說分明：

```
number = [[11, 12, 13], [22, 24, 26], [33, 35, 37]]
```

上述中的number是一個串列。number[0]或稱第一列索引，存放另一個串列；number[1]或稱第二列索引，也是存放另一個串列，依此類推。第一列索引有3欄，各別存放元素，其位置number[0][0]是指向數值「11」，number[0][1]是指向數值「12」，依此類推。所以number是3*3的二維串列（two-dimensional list），其列和欄的索引示意如下。

	欄索引[0]	欄索引[1]	欄索引[2]
列索引[0]	11	12	13
列索引[1]	22	24	26
列索引[2]	33	35	37

number二維List同樣是以[ ]運算子來表達其索引並存取元素，語法如下：

```
串列名稱[列索引][欄索引]
```

例如：

```
number[0]     #輸出第一列的三個元素
[11, 12, 13]
number[1][2] #輸出第二列的第三欄元素
26
```

如果要宣告一個N*N維的二維串列，其語法範例如下：

```
arr=[[None] * N for row in range(N)]
```

這裏假設arr爲一個3列5行的二維串列，也可以視爲3*5的矩陣。在存取二維串列中的資料時，使用的索引值仍然是由0開始計算。

在二維串列設定初始值時，爲了方便區隔行與列。所以除了最外層的[ ]外，必須以[ ]括住每一列的元素初始值，並以「,」區隔每個串列元素，語法如下：

```
串列名稱=[ [第0列初值],[第1列初值],…,[第n-1列初值] ]
```

例如：

```
arr=[[1,2,3],[2,3,4]]
```

在Python語言中三維串列宣告方式如下：

```
num=[[[33,45,67],[23,71,66],[55,38,66]],[[21,9,15],[38,69,18],[90,101,89
]]]
```

5-2 tuple序對（或稱元組）

tuple是有序物件，類似list串列，差別在於tuple是不可變物件，一旦建立之後，序對中的元素不能任意更改其位置與更改內容值。

5-2-1 建立序對

序對是一串由逗號分隔的值，可以用括號( )建立tuple物件，也可以用逗號建立tuple物件，如下所示：

```
fruitlist = ("Apple", "Orange", "Lemon")
fruitlist = "Apple", "Orange", "Lemon"
```

上面兩個式子都是建立tuple物件：("Apple", "Orange", "Lemon"），如果tuple物件裡只有一個元素，仍必須在元素之後加上逗號，例如：

```
fruitlist = ("Apple",)
```

序對可以存放不同資料型態的元素。序對每個元素的索引編號左邊是由[0]開始，右邊則是由[-1]開始。串列是以中括號[ ]來存放元素，但是序對卻是以小括號()來存放元素。因爲序對內的元素有對應的索引編號，因此可以使用for迴圈或while迴圈來讀取序對內的元素。

5-2-2 序對的內建函數

前面串列提到的內建函數，大部分適用序對，說明如下：

● 內建函數sum()：內建函數sum()來計算總分。

```
score = (90,100,98,86,86) #建立tuple來存放成績
print('總分', sum(score), ', 平均 = ', sum(score)/5)
```

執行結果：

```
總分 460 , 平均 =  92.0
```

● max(T)：傳回串列物件T中最大的元素。例如：

```
>>>max((1,3,5,7,9))
9
```

● min(T)：傳回串列物件T中最小的元素。例如：

```
>>>min((1,3,5,7,9))
1
```

5-3 dict字典

字典（dict）是dictionary的縮寫，資料放置於大括號{ }內，每一筆資料是一對key:value，格式如下：

```
{key:value}
```

dict字典中的key必須是不可變的（immutable）的資料型態，例如數字、字串，而value就沒有限制，可以是數字、字串、list串列、tuple序對等，資料之間必須以逗號（,）隔開，例如：

```
d={'name':'Andy', 'age':18, 'city':'台北'}
```

上面敘述共有三筆資料，利用每一筆資料的key就可以讀出代表的值，例如：

```
print(d['name'])  #輸出Andy
print(d['age'])   #輸出18
print(d['city'])  #輸出台北
```

建立字典的方式除了利用大括號{ }產生字典，也可以使用dict()函數，或是先建立空的字典，再利用[ ]運算子以鍵設值。

字典和串列（list）、序對（tuple）有很大的不同點，正因爲字典儲存資料是沒有順序性，它是使用「鍵」查詢「值」，所以適用於序列型別的「切片」運算，在字典中就無法使用。

字典中的「鍵」必須是唯一，而「值」可以是相同值，字典中如果有相同的「鍵」卻被設定不同的「值」，則只有最後面的「鍵」所對應的「值」有效。

例如以下的範例中，字典中的'city'鍵被設定兩個不同的值，前面那一個是設定爲'台北'，後面那一個是設定爲'高雄'，所以前面會被後面那一個設定值'高雄'所覆蓋。請參考以下的程式碼說明：

```
dic={'name':'Andy', 'age':18, 'city':'台北','city':'高雄'} #設定字典
print(dic['city']) #會印出高雄
```

要修改字典的元素值必須針對「鍵」設定新值，才能取代原先的舊值。例如：

```
dic['name']= 'Tom' #將字典中的「'name'」鍵的值修改爲'Tom'
print(dic) #會輸出{'name': 'Tom', 'age': 18, 'city': '高雄'}
```

如果要新增字典的鍵值對，只要加入新的鍵值即可。語法如下：

```
dic['hobby']= '籃球' #在字典中新增「'hobby'」，該鍵所設定的值爲'籃
球'
print(dic) #新增元素後的字典 {'name': 'Tom', 'age': 18, 'city': '高雄',
'hobby': '籃球'}
```

如果要刪除字典中的特定元素，語法如下：

```
del 字典名稱[鍵]
```

例如：

```
del dic['hobby ']
```

5-4 set集合

set集合與dict字典一樣都是把元素放在大括號{ }內，不過set集合只有鍵（key）沒有值（value），類似數學裡的集合，可以進行聯集（|）、交集（&）、差集（-）與互斥或（^）等運算。另外，集合裡的元素沒有順序之分及不可重複出現。set集合可以使用大括號{ }或set()方法建立，使用大括號{ }建立的方式如下：

```
fruitlist = {"Apple", "Orange", "Lemon"}
```

兩個集合可以做聯集（|）、交集（&）、差集（-）與互斥或（^）等運算，如下表所示。

集合運算	範例	說明
聯集（|）	A|B	存在集合A或存在集合B
交集（&）	A&B	存在集合A也存在集合B
差集（-）	A-B	存在集合A但不存在集合B
互斥或（^）	A^B	排除相同元素

〔**隨堂測驗**〕

1. 大部分程式語言都是以列爲主的方式儲存陣列。在一個8x4的陣列（array）A裡，若每個元素需要兩單位的記憶體大小，且若A[0][0]的記憶體位址爲108（十進制表示），則A[1][2]的記憶體位址爲何？

   (A) 120

   (B) 124

   (C) 128

   (D) 以上皆非（105年3月觀念題）

   解答：(A) 120

2. 右側F()函式執行時，若輸入依序爲整數0, 1, 2, 3, 4, 5, 6, 7, 8, 9，請問X[] 陣列的元素值依順序爲何？

```
void F () {
  int X[10] = {0};
  for (int i=0; i<10; i=i+1) {
    scanf("%d", &X[(i+2)%10]);
  }
}
```

   (A) 0, 1, 2, 3, 4, 5, 6, 7, 8, 9

   (B) 2, 0, 2, 0, 2, 0, 2, 0, 2, 0

   (C) 9, 0, 1, 2, 3, 4, 5, 6, 7, 8

   (D) 8, 9, 0, 1, 2, 3, 4, 5, 6, 7（106年3月觀念題）

   解答：(D) 8, 9, 0, 1, 2, 3, 4, 5, 6, 7

   i=0時對應第一個輸入的整數0：X[(i+2)%10]=X[2]=0，其實從這個地方就可以判斷出選項(D)就是正確的答案，因爲所有選項只有這個選項的X[2]=0。

3. 右側程式片段執行過程的輸出爲何？

```
int i, sum, arr[10];
for (int i=0; i<10; i=i+1)
  arr[i] = i;
sum = 0;
for (int i=1; i<9; i=i+1)
  sum = sum - arr[i-1] + arr[i] + arr[i+1];
printf ("%d", sum);
```

   (A) 44

   (B) 52

   (C) 54

   (D) 63（105年10月觀念

題）

解答：(B) 52，初始值sum=0，arr[0]=0、arr[1]=1、....arr[9]=9逐步帶入計算即可求解。

4. 若A是一個可儲存n筆整數的陣列，且資料儲存於A[0]~A[n-1]。經過右側程式碼運算後，以下何者敘述不一定正確？

```
int A[n]={ ⋯ };
int p = q = A[0];
for (int i=1; i<n; i=i+1) {
  if (A[i] > p)
     p = A[i];
  if (A[i] < q)
     q = A[i];
}
```

(A) p是A陣列資料中的最大值

(B) q是A陣列資料中的最小值

(C) q < p

(D) A[0] <= p（106年3月觀念題）

解答：(C) q < p

5. 右側程式擬找出陣列A[]中的最大值和最小值。不過，這段程式碼有誤，請問A[]初始值如何設定就可以測出程式有誤？

```
int main () {
  int M = -1, N = 101, s = 3;
  int A[] = ______?______;
  for (int i=0; i<s; i=i+1) {
     if (A[i]>M) {
        M = A[i];
     }
     else if (A[i]<N) {
        N = A[i];
     }
  }
  printf("M = %d, N = %d\n", M, N);
  return 0;
}
```

(A) {90, 80, 100}

(B) {80, 90, 100}

(C) {100, 90, 80}

(D) {90, 100, 80}（106年3月觀念題）

解答：(B) {80, 90, 100}

就以選項(A) 爲例，其迴圈執行過程如下：

當i=0，A[0]=90>-1，故執行M = A[i]，此時M=90。

當i=1，A[1]=80<90且90<101，故執行N = A[i]，此時N=80。

當i=2，A[2]=100>90，故執行M = A[i]，此時M=100。

此選項符合陣列的給定值，因此選項 (A) 無法測試出程式有錯誤。同理，各位就可以試著去試看看其它選項。

6. 經過運算後，下列程式的輸出為何？

(A) 1275

(B) 20

(C) 1000

(D) 810（105年3月觀念題）

```
for (i=1; i<=100; i=i+1) {
      b[i] = i;
}
a[0] = 0;
for (i=1; i<=100; i=i+1) {
      a[i] = b[i] + a[i-1];
}
printf ("%d\n", a[50]-a[30]);
```

解答：(D) 810

7. 請問右側程式輸出為何？

(A) 1

(B) 4

(C) 3

(D) 33（105年3月觀念題）

```
int A[5], B[5], i, c;
…
for (i=1; i<=4; i=i+1) {
   A[i] = 2 + i*4;
   B[i] = i*5;
}
c = 0;
```

```
for (i=1; i<=4; i=i+1) {
   if (B[i] > A[i]) {
      c = c + (B[i] % A[i]);
   }
   else {
      c = 1;
   }
}
printf ("%d\n", c);
```

解答：逐步將i=1帶入計算即可，(B) 4

8. 定義a[n]為一陣列（array），陣列元素的指標為0至n-1。若要將陣列中a[0]的元素移到a[n-1]，右側程式片段空白處該填入何運算式？

```
int i, hold, n;
…
for (i=0; i<=     ; i=i+1) {
  hold = a[i];
  a[i] = a[i+1];
  a[i+1] = hold;
}
```

(A) n+1

(B) n

(C) n-1

(D) n-2（105年3月觀念題）

解答：(D) n-2；這支程式的作用在於逐一交換位置，最後將陣列中a[0]的元素移到a[n-1]，此例空白處只要填入n-2就可以達到題目的要求。

9. 若A[][]是一個MxN的整數陣列，右側程式片段用以計算A陣列每一列的總和，以下敘述何者正確？

(A) 第一列總和是正確，但其他列總和不一定正確

(B) 程式片段在執行時會產生錯誤（run-time error）

(C) 程式片段中有語法上的錯誤

(D) 程式片段會完成執行並正確印出每一列的總和（106年3月觀念題）

```
void main () {
  int rowsum = 0;
  for (int i=0; i<M; i=i+1) {
     for (int j=0; j<N; j=j+1) {
        rowsum = rowsum + A[i][j];
     }
     printf("The sum of row %d is %d.\n", i, rowsum);
  }
}
```

解答：(A) 第一列總和是正確，但其他列總和不一定正確

10. 若A[1]、A[2]，和A[3]分別爲陣列A[]的三個元素（element），下列那個程式片段可以將A[1]和A[2]的內容交換？

(A) A[1] = A[2]; A[2] = A[1];

(B) A[3] = A[1]; A[1] = A[2]; A[2] = A[3];

(C) A[2] = A[1]; A[3] = A[2]; A[1] = A[3];

(D) 以上皆可（106年3月觀念題）

解答：(B) A[3] = A[1]; A[1] = A[2]; A[2] = A[3];

必須以另一個變數A[3]去暫存A[1]內容值，再將A[2]內容值設定給A[1]，最後再將剛才暫存的A[3]內容值設定給A[2]。所以答案爲選項(B)。

5-6 字串

一個英文字母、數字或符號，我們稱它爲字元，字串（string）是由一連串的字元所組成，將一連串字元放在單引號或雙引號括起來。例如：

```
01   "13579"
02   "1+2"
```

```
03    "Hello, how are you?"
04    "I'm all right, but it's raining."
05    'I\'m all right, but it\'s raining.'
```

至於用來包含字串的雙引號與單引號可以交替使用，上例中第4行字串由雙引號括住，第5行字串則用單引號括住，然而第5行字串裡已經有單引號，就要避免使用單引號括住字串，如果遇到只能使用單引號的狀況下，可以在字串裡的單引號之前加上跳脫字元「\」。

如果輸出字串時想要分行顯示，可以在要斷行的地方加入「\n」，例如：

```
str1 = "Hello!\nHow are you?"
print(str1)
```

輸出結果：

Hello!

How are you?

如果要將字串指定給特定變數時，可以使用「=」指派運算子。以下就是Python字串建立方式：

```
wordA = ''    #當單引號之內沒有任何字元時，它是一個空字串
wordB = 'P'   #單一字元
wordC ="Python" #建立字串時，也可以使用雙引號。
```

當想直接將數值資料轉為字串，可以使用內建函數str()來達成，例如：

```
str()       #輸出空字串"
str(123)    #將數字轉爲字串'123'
```

當字串較長時，也可以利用「\」字元將過長的字串拆成兩行。例如：

```
wordD ="What's wrong with you? \
Nothing!"
```


〔隨堂測驗〕

若宣告一個字元陣列char str[20] = "Hello world!"；該陣列str[12]值爲何？

(A) 未宣告

(B) \0

(C) !

(D) \n（105年10月觀念題）

解答：(B) \0

5-7 矩陣

從數學的角度來看，對於m×n矩陣（Matrix）的形式，可以利用電腦中A(m, n)二維陣列來描述，基本上，許多矩陣的運算與應用，都可以使用電腦中的二維陣列解決。如下圖A矩陣，各位是否立即想到了一個宣告爲A(1:3,1:3)的二維陣列。

$$A=\begin{bmatrix} a_{11} & a_{12} & a_{13} \\ a_{21} & a_{22} & a_{23} \\ a_{31} & a_{32} & a_{33} \end{bmatrix}_{3\times 3}$$

5-7-1 矩陣相加演算法

矩陣的相加運算則較爲簡單，前題是相加的兩矩陣列數與行數都必須相等，而相加後矩陣的列數與行數也是相同。必須兩者的列數與行數都相等，例如$A_{mxn}+B_{mxn}=C_{mxn}$。以下我們就來實際進行一個矩陣相加的例子：

$$\begin{bmatrix} 1 & 3 & 5 \\ 7 & 9 & 11 \\ 13 & 15 & 17 \end{bmatrix}_{3\times 3} + \begin{bmatrix} 9 & 8 & 7 \\ 6 & 5 & 4 \\ 3 & 2 & 1 \end{bmatrix}_{3\times 3} = \begin{bmatrix} 10 & 11 & 12 \\ 13 & 14 & 15 \\ 16 & 17 & 18 \end{bmatrix}_{3\times 3}$$

A 矩陣 **B 矩陣** **C 矩陣**

以下是以一個Python程式來宣告3個二維陣列來實作上圖2個矩陣相加過程的演算法：

```
01  A= [[1,3,5],[7,9,11],[13,15,17]] #二維陣列的宣告
02  B= [[9,8,7],[6,5,4],[3,2,1]]     #二維陣列的宣告
03  N=3
04  C=[[None] * N for row in range(N)]
05
06  for i in range(3):
07      for j in range(3):
08          C[i][j]=A[i][j]+B[i][j] #矩陣C=矩陣A+矩陣B
09  print('[矩陣A和矩陣B相加的結果]') #印出A+B的內容
10  for i in range(3):
11      for j in range(3):
12          print('%d' %C[i][j], end='\t')
13  print()
```

5-7-2 矩陣相乘演算法

如果談到兩個矩陣A與B的相乘，是有某些條件限制。首先必須符合A為一個m*n的矩陣，B為一個n*p的矩陣，對A*B之後的結果為一個m*p的矩陣C。如下圖所示：

$$\begin{bmatrix} a_{11} & \cdots & a_{1n} \\ \vdots & & \vdots \\ a_{m1} & \cdots & a_{mn} \end{bmatrix}_{m\times n} \times \begin{bmatrix} b_{11} & \cdots & b_{1p} \\ \vdots & & \vdots \\ b_{n1} & \cdots & b_{np} \end{bmatrix}_{n\times p} = \begin{bmatrix} c_{11} & \cdots & c_{1p} \\ \vdots & & \vdots \\ c_{m1} & \cdots & c_{mp} \end{bmatrix}_{m\times p}$$

$$C_{11} = a_{11} * b_{11} + a_{12} * b_{21} + \cdots\cdots + a_{1n} * b_{n1}$$

$$\vdots$$

$$C_{1p} = a_{11} * b_{1p} + a_{12} * b_{2p} + \cdots\cdots + a_{1n} * b_{np}$$

$$\vdots$$

$$C_{mp} = a_{m1} * b_{1p} + a_{m2} * b_{2p} + \cdots\cdots + a_{mn} * b_{np}$$

5-7-3 轉置矩陣演算法

「轉置矩陣」（A^t）就是把原矩陣的行座標元素與列座標元素相互調換，假設A^t為A的轉置矩陣，則有At[j,i]=A[i,j]，如下圖所示：

$$A=\begin{bmatrix} 1 & 2 & 3 \\ 4 & 5 & 6 \\ 7 & 8 & 9 \end{bmatrix}_{3x3} \quad A^t=\begin{bmatrix} 1 & 4 & 7 \\ 2 & 5 & 8 \\ 3 & 6 & 9 \end{bmatrix}_{3x3}$$

以下是以Python程式來實作一4*4二維陣列的轉置矩陣演算法：

```
01  print('[原設定的矩陣內容]')
02  for i in range(4):
03      for j in range(4):
04          print('%d' %arrA[i][j],end='\t')
05      print()
06
07  #進行矩陣轉置的動作
08  for i in range(4):
09      for j in range(4):
10          arrB[i][j]=arrA[j][i]
11
12  print('[轉置矩陣的內容為]')
13  for i in range(4):
14      for j in range(4):
15          print('%d' %arrB[i][j],end='\t')
16  print()
```

5-8 全真綜合實作測驗

5-8-1 交錯字串（Alternating Strings）

問題描述（106年10月實作題）

一個字串如果全由大寫英文字母組成，我們稱為大寫字串；如果全由小寫字母組成則稱為小寫字串。字串的長度是它所包含字母的個數，在本題中，字串均由大小寫英文字母組成。假設k是一個自然數，一個字串被稱為「k-交錯字串」，如果它是由長度為k的大寫字串與長度為k的小寫字串交錯串接組成。

舉例來說，「StRiNg」是一個1-交錯字串，因為它是一個大寫一個小寫交替出現；而「heLLow」是一個2-交錯字串，因為它是兩個小寫接兩個大寫再接兩個小寫。但不管k是多少，「aBBaaa」、「BaBaBB」、「aaaAAbbCCCC」都不是k-交錯字串。

本題的目標是對於給定k值，在一個輸入字串找出最長一段連續子字串滿足k-交錯字串的要求。例如k=2且輸入「aBBaaa」，最長的k-交錯字串是「BBaa」，長度爲4。又如k=1且輸入「BaBaBB」，最長的k-交錯字串是「BaBaB」，長度爲5。

請注意，滿足條件的子字串可能只包含一段小寫或大寫字母而無交替，如範例二。

此外，也可能不存在滿足條件的子字串，如範例四。

輸入格式

輸入的第一行是k，第二行是輸入字串，字串長度至少爲1，只由大小寫英文字母組成（A～Z、a～z）並且沒有空白。

輸出格式

輸出輸入字串中滿足k-交錯字串的要求的最長一段連續子字串的長度，以換行結尾。

範例一：輸入

```
1
aBBdaaa
```

範例一：正確輸出

```
2
```

範例二：輸入

```
3
DDaasAAbbCC
```

範例二：正確輸出

```
3
```

範例三：輸入

```
2
aafAXbbCDCCC
```

範例三：正確輸出

```
8
```

範例四：輸入

```
3
DDaasAAbbCC
```

範例四：正確輸出

```
0
```

評分說明

輸入包含若干筆測試資料，每一筆測試資料的執行時間限制（time limit）均為1秒，依正確通過測資筆數給分。其中：

第1子題組20分，字串長度不超過20且k=1。

第2子題組30分，字串長度不超過100且$k \leq 2$。

第3子題組50分，字串長度不超過100,000且無其他限制。

提示：根據定義，要找的答案是大寫片段與小寫片段交錯串接而成。本題有多種解法的思考方式，其中一種是從左往右掃描輸入字串，我們需要紀錄的狀態包含：目前是在小寫子字串中還是大寫子字串中，以及在目前大（小）寫子字串的第幾個位置。根據下一個字母的大小寫，我們需要更新狀態並且記錄以此位置為結尾的最長交替字串長度。

另外一種思考是先掃描一遍字串，找出每一個連續大（小）寫片段的長度並將其記錄在一個陣列，然後針對這個陣列來找出答案。

題目重點分析

本題目要求輸入二行資料，第一行是整數k，第二行是輸入字串。解題技巧是採用從左往右掃描輸入字串，並紀錄目前是在小寫子字串中還是大寫子字串中，以及目前在這個大（小）寫子字串的第幾個位置。

取得輸入的資料及變數宣告工作後，接著就由左至右開始掃描字串，因為字串的第一個字元前面沒有任何字元，因此在程式設計的作法上，必須以第1個字元及第2個（含）以後的字元這兩種情況分別處理。

● 處理第1個字元的作法

必須先判斷第一個字元是否為大寫，如果是大寫，則將「previous」的變數設定為'B'，並將記錄連續大寫的變數big的值設為1。接著判斷如果題目所輸入的k值為1，則這個字元就符合交錯字元的條件，此時就必須將紀錄目前交錯字串長度的變數present及answer設定為數值1。

但是如果第一個字元經判斷爲小寫，previous的變數設定爲'S'，並將紀錄連續小寫的變數small的值設爲1。接著判斷如果題目所輸入的k值爲1，則這個字元就符合交錯字元的條件，此時就必須將紀錄目前交錯字串長度的變數present及answer設定爲數值1。

相關演算法如下：

```
#先判斷第一個字元
if strings[0].isupper()==True: #第一個字母爲大寫
    previous ='B'  #設定前一字元爲大寫
    big = 1  #連續大寫等於1
    if k==1:
        present = 1 #目前交錯字串長度爲1
        answer = 1 #最長交錯字串長度爲1
else: #第一個字母爲小寫
    previous = 'S' #設定前一字元爲小寫
    small = 1 #連續小寫等於1
    if k==1:
        present = 1  #目前交錯字串長度爲1
        answer = 1  #最長交錯字串長度爲1
```

● 處理第2個（含）以後的字元的作法

這種情況就必須分底下四種情況來分別處理：

1. 前一個字元是大寫，目前字元也是大寫
2. 前一個字元是大寫，目前字元是小寫
3. 前一個字元是小寫，目前字元是小寫
4. 前一個字元是小寫，目前字元是大寫

參考解答程式碼：交錯字串.py

```
01  k=int(input()) #輸入整數
02  strings=input()  #輸入交錯字串
03  present = 0  #目前交錯字串長度，預設值為0
04  answer = 0  #最長交錯字串長度，預設值為0
05
06  #先判斷第一個字元
07  if strings[0].isupper()==True: #第一個字母為大寫
08      previous ='B'  #設定前一字元為大寫
09      big = 1  #連續大寫等於1
10      if k==1:
11          present = 1 #目前交錯字串長度為1
12          answer = 1 #最長交錯字串長度為1
13  else: #第一個字母為小寫
14      previous = 'S' #設定前一字元為小寫
15      small = 1 #連續小寫等於1
16      if k==1:
17          present = 1  #目前交錯字串長度為1
18          answer = 1  #最長交錯字串長度為1
19
20  #先判斷第一個以後的字元
21  for i in range(1,len(strings)):
22      #前一個字元是大寫，目前字元也是大寫
23      if (previous=='B' and
24          strings[i].isupper()==True):
25          big += 1 #連續大寫加1
26          small = 0  #連續小寫歸零
27          if big==k: #假如連續大寫變數等於k
28              present += k #目前交錯字串長度加上k
29              answer = max(present, answer)#取較大值作為最長交
                錯字串
30          if big>k: present = k  #假如連續大寫大於k，超過的字元
            數不列入
31      #前一個字元是大寫，目前字元是小寫
32      elif (previous=='B' and
33              strings[i].islower()==True):
```

```
34             if big<k:  present = 0 #假如連續大寫小於k，則目前交錯
               字串長度歸零
35             small = 1 #將記錄連續小寫字元總數設定爲1
36             big = 0 #連續大寫歸零
37             if k==1:
38                 present += 1 #目前交錯字串加1
39                 answer = max(present, answer)
40             previous = 'S' #設定前一字元爲小寫
41         #前一個字元是小寫，目前字元是小寫
42         elif (previous=='S' and
43                 strings[i].islower()==True):
44             small += 1 #連續小寫加1
45             big = 0  #連續大寫歸零
46             if small==k: #假如連續小寫變數等於k
47                 present += k #目前交錯字串加上k
48                 answer = max(present, answer)
49             if small>k: present = k #假如連續小寫大於k，超過的字元
               數不列入
50         #前一個字元是小寫,目前字元是大寫
51         elif (previous=='S' and
52                 strings[i].isupper()==True):
53             if small<k: present = 0 #假如連續小寫小於k，則目前交錯
               字串長度歸零
54             big = 1 #連續大寫設定爲1
55             small = 0 #連續小寫歸零
56             if k==1:
57                 present += 1 #目前交錯字串加1
58                 answer = max(present, answer)
59             previous = 'B'  #設定前一字元爲大寫
60
61     print("%d" %answer)
```

範例一執行結果：

```
1
aBBdaaa
2
```

範例二執行結果：

```
3
DDaasAAbbCC
3
```

範例三執行結果：

```
2
aafAXbbCDCCC
8
```

範例四執行結果：

```
3
DDaaAAbbCC
0
```

程式碼說明：

- 第1～2列：輸入的第一行是k，第二行是輸入字串。
- 第3列：目前交錯字串長度，預設值為0
- 第4列：最長交錯字串長度，預設值為0
- 第7～18列：處理字串第一個字元的程式碼。
- 第21～59列：處理字串第2個以後的字元的程式碼，此段程式會以迴圈方式逐一讀取第2個字元後的每一個字元，並依照前面談到四種情況分別處理。
- 第61列：輸出輸入字串中滿足k-交錯字串的要求的最長一段連續子字串的長度。

5-8-2 矩陣轉換

問題描述（105年3月實作題）

矩陣是將一群元素整齊的排列成一個矩形，在矩陣中的橫排稱爲列（row），直排稱爲行（column），其中以X_{ij}來表示矩陣X中的第i列第j行的元素。如圖一中，$X_{32} = 6$。

我們可以對矩陣定義兩種操作如下：

翻轉：即第一列與最後一列交換、第二列與倒數第二列交換、…依此類推。

旋轉：將矩陣以順時針方向轉90度。

例如：矩陣X翻轉後可得到Y，將矩陣Y再旋轉後可得到Z。

X

1	4
2	5
3	6

Y

3	6
2	5
1	4

Z

1	2	3
4	5	6

圖一

一個矩陣A可以經過一連串的旋轉與翻轉操作後，轉換成新矩陣B。如圖二中，A經過翻轉與兩次旋轉後，可以得到B。給定矩陣B和一連串的操作，請算出原始的矩陣A。

A →(翻轉)

1	1
1	3
2	1

→(旋轉)

2	1
1	3
1	1

→(旋轉)

1	1	2
1	3	1

B

1	1
3	1
1	2

圖二

輸入格式

第一行有三個介於1與10之間的正整數R、C、M。接下來有R行（line）是矩陣B的內容，每一行（line）都包含C個正整數，其中的第i行第j個數字代表矩陣B_{ij}的值。在矩陣內容後的一行有M個整數，表示對矩陣A進行的操作。第k個整數mk代表第k個操作，如果$mk = 0$則代表旋轉，$mk = 1$代表翻轉。同一行的數字之間都是以一個空白間格，且矩陣內容爲0～9的整數。

輸出格式

輸出包含兩個部分。第一個部分有一行，包含兩個正整數R'和C'，以一個空白隔開，分別代表矩陣A的列數和行數。接下來有R'行，每一行都包含C'個正整數，且每一行的整數之間以一個空白隔開，其中第i行的第j個數字代表矩陣A_{ij}的值。每一行的最後一個數字後並無空白。

範例一：輸入

```
3 2 3
1 1
3 1
1 2
1 0 0
```

範例一：正確輸出

```
3 2
1 1
1 3
2 1
```

範例二：輸入

```
3 2 2
3 3
2 1
1 2
0 1
```

範例二：正確輸出

```
2 3
2 1 3
1 2 3
```

（說明）

如圖二所示

（說明）

旋轉 → 翻轉 →

2	1	3
1	2	3

1	2
2	1
3	3

3	3
2	1
1	2

評分說明

輸入包含若干筆測試資料，每一筆測試資料的執行時間限制（time limit）均爲2秒，依正確通過測資筆數給分。其中：

第一子題組共30分，其每個操作都是翻轉。

第二子題組共70分，操作有翻轉也有旋轉。

題目重點分析

本題目是要從已知的矩陣，以反推的方式，找出原始的矩陣。在實作程式過程中，必須由這個已知矩陣B，根據最後的一行的操作指令，由後面的操作指令往前反向操作，如此一來就可以求取最原始的矩陣A。因此本例中設計的函數必須根據題目定義的翻轉及旋轉反向的方式去設計程式邏輯，以翻轉函數爲例，只要以反向操作再翻轉一次，就會回復到未翻轉前的矩陣，所以它的設計邏輯沒有改變。但是另一個操作指令旋轉：將矩陣以順時針方向轉90度。如果要從後面反向操作則必須在程式設計上以逆時針方向轉90度，才可以回復原先的矩陣內容。

有關翻轉的函數設計邏輯如下：

```
def turn(mat):
    temp_list = []
    for i in range(len(mat)-1, -1, -1):
        temp_list.append(mat[i])
    return temp_list #回傳反向翻轉的矩陣
```

有關反向旋轉的函數設計邏輯如下：

```
def rotate(mat):
    temp_list = []
    for i in range(len(mat[0])-1, -1, -1):
        temp = []
        for j in range(0, len(mat)):
            temp.append(mat[j][i])
        temp_list.append(temp)
    return temp_list #回傳反向旋轉的矩陣
```

參考解答程式碼：矩陣轉換.py

```
01  #以反向旋轉會回復未旋轉前的矩陣
02  def rotate(mat):
03      temp_list = []
04      for i in range(len(mat[0])-1, -1, -1):
05          temp = []
06          for j in range(0, len(mat)):
07              temp.append(mat[j][i])
08          temp_list.append(temp)
09      return temp_list #回傳反向旋轉的矩陣
```

```
10
11  #以反向翻轉會回復未翻轉前的矩陣
12  def turn(mat):
13      temp_list = []
14      for i in range(len(mat)-1, -1, -1):
15          temp_list.append(mat[i])
16      return temp_list #回傳反向翻轉的矩陣
17
18  R,C,M = input().split(' ')
19  mat = []
20  for i in range(0, int(R)):
21      temp_list = []
22      temp = input().split(' ')
23      for j in range(0, int(C)):
24          temp_list.append(int(temp[j]))
25      mat.append(temp_list)
26
27  operation = input().split(' ')
28  for i in range(int(M)-1,-1,-1): #從最後面往前操作
29      if operation[i] == '0':
30          tempmat = rotate(mat)
31      else:
32          tempmat = turn(mat)
33      mat = tempmat[:]  #將每次經運算後的矩陣複製給mat串列
34
35  print(len(mat), len(mat[0]))
36  for i in range(len(mat)):
37      for j in range(len(mat[0])):
38          print("%d" %(mat[i][j]), end=' ')
39      print()
```

範例一：執行結果

```
3 2 3
1 1
3 1
1 2
1 0 0
3 2
1 1
1 3
2 1
```

```
3 2 2
3 3
2 1
1 2
0 1
2 3
2 1 3
1 2 3
```

程式碼說明：

- 第2～9列：以反向旋轉會回復未旋轉前的矩陣。
- 第12～16列：以反向翻轉會回復未翻轉前的矩陣。
- 第18列：第一行有三個介於1與10之間的正整數*R*、*C*、*M*。
- 第19～25列：接下來有R行（line）是矩陣B的內容，其中的第i行第j個數字代表矩陣Bij的值。
- 第27列：題目給定的操作指令。
- 第28～33列：由後往前反向讀取操作指令，如果操作指令爲1，呼叫反向翻轉函數。如果操作指令爲0，呼叫反向旋轉函數。
- 第35～39列：輸出包含兩個部分。第一行包含兩個正整數，並以一個空白隔開，分別代表矩陣A的列數和行數。接下來則是矩陣A的內容。

5-8-3 秘密差

問題描述（106年3月實作題）

將一個十進位正整數的奇數位數的和稱為A，偶數位數的和稱為B，則A與B的絕對差值|A–B|稱為這個正整數的秘密差。

例如：263541的奇數位數的和A = 6+5+1 = 12，偶數位數的和B = 2+3+4 = 9，所以263541的秘密差是|12–9|= 3。

給定一個十進位正整數X，請找出X的秘密差。

輸入格式

輸入為一行含有一個十進位表示法的正整數X，之後是一個換行字元。

輸出格式

請輸出X的秘密差Y（以十進位表示法輸出），以換行字元結尾。

範例一：輸入	範例二：輸入
26351	131
範例一：正確輸出	範例二：正確輸出
3	1
（說明） 263541的A = 6+5+1 = 12，B = 2+3+4 = 9，|A–B|= |12–9|= 3。	（說明） 131的A = 1+1 = 2，B = 3，|A–B|= |2–3|= 1。

評分說明

輸入包含若干筆測試資料，每一筆測試資料的執行時間限制（time limit）均為1秒，依正確通過測資筆數給分。其中：

第1子題組20分：X一定恰好四位數。

第2子題組30分：X的位數不超過9。

第3子題組50分：X的位數不超過1000。

解題重點分析

題目一開始先要求使用者輸入的1000位以內的整數，並分別設定兩個變數分別記錄奇數位及偶數位的加總，其預設值都為0。要開始判斷奇數位及偶數位總和前，必須先判斷字串的長度，從字串長度是奇數或偶數，就可以推論出字串的第一個字元為奇數位或偶數位，再於程式中分別進行奇數位及偶數位加總，並儲存到變數odd及even，要計算秘密差只需要兩個變數間的差值取絕對值即可。

參考解答程式碼；秘密差.py

```
01  X=input()
02  odd = 0; even=0
03  if (len(X) % 2) ==0: #測試資料的位元數是偶數
04      for i in range(len(X)):
05          if i%2 ==0: even += (int)(X[i]); #偶數位加總
06          else: odd += (int)(X[i]); #奇數位加總
07  else: #測試資料的位元數是奇數
08      for i in range(len(X)):
09          if i%2 ==0: odd += (int)(X[i]);
10          else: even += (int)(X[i]);
11  print("%d" %abs(odd-even))
```

範例一執行結果：

```
263541
3
```

範例二執行結果：

```
131
1
```

程式碼說明：

- 第1列：輸入位數不超過1000位的正整數，並將結果值儲存在X變數。
- 第3～6列：若數字總長度能被2整除，表示第一個字元是偶位數。第5列偶數位數字加總，第6列奇數位數字加總。
- 第7～10列：若數字總長度不能被2整除，表示第一個字元是奇位數。第9列奇數位數字加總，第10列偶數位數字加總。
- 第11列：輸出X的秘密差Y。

5-8-4 數字龍捲風

問題描述（106年3月實作題）

給定一個N*N的二維陣列，其中N是奇數，我們可以從正中間的位置開始，以順時針旋轉的方式走訪每個陣列元素恰好一次。對於給定的陣列內容與起始方向，請輸出走訪順序之內容。下面的例子顯示了N=5且第一步往左的走訪順序：

3	4	2	1	4
4	2	3	8	9
2	1	9	5	6
4	2	3	7	8
1	2	6	4	3

依此順序輸出陣列內容則可以得到「9123857324243421496834621」。

類似地，如果是第一步向上，則走訪順序如下：

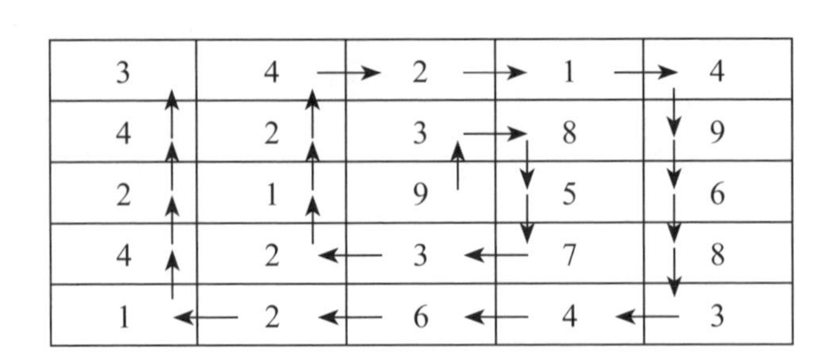

依此順序輸出陣列內容則可以得到「9385732124214968346214243」。

輸入格式

輸入第一行是整數N，N爲奇數且不小於3。第二行是一個0~3的整數代表起始方向，其中0代表左、1代表上、2代表右、3代表下。第三行開始N行是陣列內容，順序是由上而下，由左至右，陣列的內容爲0～9的整數，同一行數字中間以一個空白間隔。

輸出格式

請輸出走訪順序的陣列內容，該答案會是一連串的數字，數字之間不要輸出空白，結尾有換行符號。

範例一：輸入

```
5
0
3 4 2 1 4
4 2 3 8 9
2 1 9 5 6
4 2 3 7 8
1 2 6 4 3
```

範例一：正確輸出

```
912385732424342149683462 1
```

範例二：輸入

```
3
1
4 1 2
3 0 5
6 7 8
```

範例二：正確輸出

```
012587634
```

評分說明

輸入包含若干筆測試資料，每一筆測試資料的執行時間限制（time limit）均爲1秒，依正確通過測資筆數給分。其中：

(1) 1子題組20分，$3 \le N \le 5$，且起始方向均爲向左。

(2) 2子題組80分，$3 \le N \le 49$，起始方向無限定。

提示：本題有多種處理方式，其中之一是觀察每次轉向與走的步數。例如，起始方向是向左時，前幾步的走法是：左1、上1、右2、下2、左3、上3、……一直到出界爲止。

題目重點分析

本題目要求這個N*N的二維陣列，從正中間的位置開始，以順時針旋轉的方式走訪每個陣列的元素恰好一次。本實作題的程式設計重點在於觀察「每次走的方向」及「每次走的步數」，目前可以走的方向有四個，必須讀取測試資料的第二列數字，如果第二列數字是0代表向左移動，1代表向上移動，2代表向右移動，3代表向下移動。

例如假設起始方向爲向上移動（即第二列數字爲1）時，從最中間的位置開始走，前幾步的走法爲：向上走1步、向右走1步、向下走2步、向左走2步、向上走3步、向右走3步、向下走4步、向左走4步、向上走5步、向右走5步…一直到走出矩陣外面爲止。

以下爲本程式重要變數所代表的意義：

- array陣列用來記錄陣列內容。
- step用來控制同一個方向要持續走多少步。
- dir_step行進方向變化的計數器，每經歷兩個行進方向改變後，下一個方向向走的步數要累加1。
- num用來記錄已走訪的陣列元素個數。
- 變數direction是用來記錄中間位置的起始方向，每改變一個方向時，該變數值要累加1。同時每改變4次不同的方向，就必須回到原先的起始方向。在程式的作法如下：

```
direction=direction+1
direction=direction % 4
```

解題技巧必須先找出數列之間變化的規則性，摘要如下：

1. 先宣告一個方向向量的二維陣列，該陣列依索引位置0、1、2、3分別左、上、右、下的四個方向的橫向列及縱向行索引值的數值變化。例如以下的程式碼片段：

```
vector=[[0,-1],[-1,0],[0,1],[1,0]] #方向向量
```

2. 各位可以注意到每經歷兩個方向後，必須在下一個方向轉變時，走的步數要累加1步，接著再經歷兩個方向後，走的步數又會累加1步。同時每走完四個方向爲一循環，請看底下數列的變化說明：

1（向上）方向走1步
2（向右）方向走1步
3（向下）方向走2步（每經歷兩個方向後，走的步數要累加1）
0（向左）方向走2步
1（向上）方向走3步（每經歷兩個行進方向改變後，走的步數要累加1；方向爲每4個方向一循環）
2（向右）方向走3步
3（向下）方向走4步（每經歷兩個行進方向改變後，走的步數要累加1）
0（向左）方向走4步
1（向上）方向走5步（每經歷兩個行進方向改變後，走的步數要累加1；方向爲每4個方向一循環）
2（向右）方向走5步
....

參考解答程式碼；數字龍捲風.py

```
01  vector=[[0,-1],[-1,0],[0,1],[1,0]] #方向向量
02  array=[]
03  step = 1
04  dir_step = 0
05  num = 1
06
07  n=int(input()) #二維陣列的維數
08  direction=int(input())#起始方向
09  for i in range(n):
10      temp=[]
11      temp=input().split(' ')
12      array.append(temp)
13  R = n // 2
14  C = n // 2
15  print("%d" %int(array[R][C]),end='')
16  while num < n * n:
17      for i in range(step):
18          R += vector[direction][0]
19          C += vector[direction][1]
20          print("%d" %int(array[R][C]),end='')
21          num=num+1
22          if num==n*n:
23              break
24      if num==n*n:
25          break
26      dir_step=dir_step+1
27      if dir_step % 2 == 0:
28          step=step+1
29      direction=direction+1
30      direction=direction % 4
```

範例一執行結果：

```
5
0
3 4 2 1 4
4 2 3 8 9
2 1 9 5 6
4 2 3 7 8
1 2 6 4 3
9123857324243421496834621
```

範例二執行結果：

```
3
1
4 1 2
3 0 5
6 7 8
012587634
```

程式碼說明：

- 第1列：方向向量。
- 第2～5列：本程式相關的變數宣告及給予初始值。
- 第7列：輸入二維陣列的維數。
- 第8列：輸入起始方向，其中0代表左、1代表上、2代表右、3代表下。
- 第9～12列：讀取串列內容，其元素也是一個串列。
- 第13～14列：計算二維陣列正中間位置的橫向及縱向的索引值。
- 第16～30列：從最中間位置開始出發，每輸出一個位置的數字，就累加num計數器變數，當num等於n*n時，就跳離迴圈，另外每累積行走2個方向，下一個方向一次要走的步伐就要加1。

第六章

指標與串列結構

指標（Pointer）在C/C++的語法中，是初學者較難掌握的一個課題，因為它使用了「間接參考」的觀念，可以想像成指標就好比房間門口的指示牌，跟著指示牌中就能找到想要的資料。雖然Python語言中並無指標型態（pointer），但是在APCS觀念題中也有不少類似考題，因此我們特別在這裡用一些篇幅來說明。

6-1 C指標型態補充特別教學

指標其實就可以看成是一種變數，所不同的是指標並不儲存數值，而是記憶體的位址。也就是說，指標與記憶體有著相當密切的關係。現在請思考一個問題，變數是用來儲存數值，而這個數值到底儲存在記憶體的哪個位址上呢？相當簡單，如果要了解變數所在記憶體位址，只要透過 &

（取址運算子）就能求出變數所在的位址。語法格式如下：

```
&變數名稱；
```

在一般情況下，我們並不會直接處理記憶體位址的問題，因為變數就已經包括了記憶體位址的資訊，它會直接告訴程式，應該到記憶體中的何處取出數值。

6-2 認識指標

指標其實就可以看成是一種變數，不同的是指標並不儲存數值，而是記憶體的位址。也就是說，指標與記憶體有著相當密切的關係。在C中要儲存與操作記憶體的位址，最直接的方法就是使用指標變數，指標變數的作用類似於變數，但功能比一般變數更為強大，指標是專門用來儲存記憶體位址、進行與位址相關的運算、指定給另一個變數等動作。

6-2-1 宣告指標

由於指標也是一種變數，命名規則與一般我們常用的變數相同。所以宣告指標時，首先必須定義指標的資料型態，並於資料型態後加上「*」字號（稱為取值運算子或反參考運算子），再給予指標名稱，即可宣告一個指標變數。「*」的功用可取得指標所指向變數的內容。指標的宣告方式如下兩種：

```
資料型態 *指標名稱;
或
資料型態* 指標名稱;
```

以下是幾個指標變數的宣告方式：

```
int* x;
int *x, *y;
```

在指標宣告之後，如果沒有指定其初值，則指標所指向的記憶體位址將是未知的，因此不能對未初始化的指標進行存取，因爲它可能指向一個正在使用的記憶體位址。要指定指標的值，可以使用&取址運算子將變數所指向的記憶體位址指定給指標，如下所示：

```
資料型態 *指標變數;
指標變數=&變數名稱; /* 變數名稱已定義或宣告 */
```

例如：

```
int num1 = 10;
int *address1;
address1 = &num1;
```

此外，也不能直接將指標變數的初始值設定爲數值，這樣會造成指標變數指向不合法位址。例如：

```
int* piVal=10;  /* 不合法指令 */
```

以下是很經典的指標範例，主要是說明指標變數address1的儲存內容是num1的位址，*address1則是address1所指向的變數值（也就是num1的數值），而&address1則是指標變數本身的位址。下圖是用來表示數值、變數、記憶體與指標間的關係：

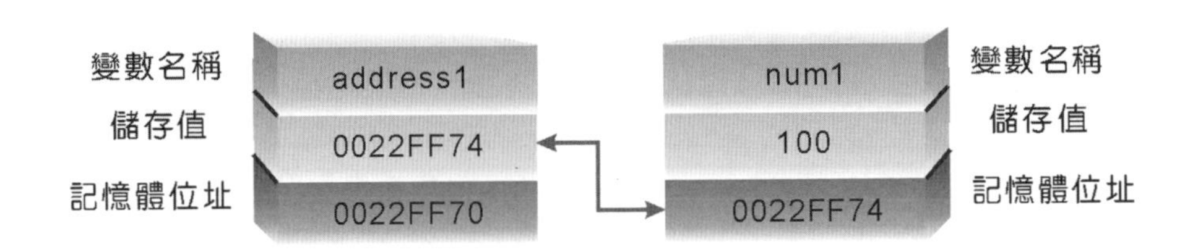

特別補充一點，當程式中一旦確定指標所指向的資料型態，就不能再更改了。另外指標變數也不能指向不同資料型態的指標變數，但在相同資料型態中可以重新設定所要指向目標。

6-2-2 指標運算

我們還要談到指標運算，當使用指標儲存變數的記憶體位址之後，就能針對指標進行運算。例如可以針對指標使用+運算子或-運算子，然而當各位對指標使用這兩個運算子時，並不是進行如數值般的加法或減法運算，而是向右或左移動一個單位的記憶體位址，而移動的單位則視宣告資料型態所占的位元組而定。

不過對於指標的加法或減法運算，只能針對常數值（如+1或-1）來進行，不可以直接做指標變數之間的相互運算。因爲指標變數內容只是存放位址，而位址間的運算並沒有任何意義，而且容易讓指標變數指向不合法的位址。例如對整數型態的指標來說每進行一次加法運算，記憶體位址就會向右移動4位元組，而對於字元型態的指標而言，加法運算則是每次向右移動1位元組。在此程式中於指標變數宣告之後，並沒有指定其初值，因此不能對未初始化的指標進行存取，而僅是用來輸出此指標目前所指向的位址。

6-2-3 多重指標

指標所儲存的是變數所指向的記憶體位址，透過這個位址就可存取該變數的內容。指標本身就是一個變數，其所占有的記憶體空間也擁有一個位址，我們可以宣告「指標的指標」（pointer of pointer），來儲存指標儲存資料時所使用到的記憶體位址，例如一個宣告雙重指標的例子：

```
int **ptr;
```

簡單來說。雙重指標變數所存放的就是某個指標變數在記憶體中的位址，也就是這個ptr就是一個指向指標的指標變數。例如我們宣告如下：

```
int num=100,*ptr1,**ptr2;
ptr1=&num;
ptr2=&ptr1;
```

由以上得知，ptr1是指向num的位址，則*ptr1=num=100;而ptr2是指向ptr的位址，則*ptr2=ptr1，經過兩次「取值運算子」運算後，可以得到**ptr2=num=100。依此類推，當然還可以更進一步宣告雙重以上的多重指標，例如三重指標只是「指向雙重指標」的指標，其他更多重的指標便可依此類推。以下則是一種四重指標：

```
int a1= 10;
int *ptr1 = &num;
int **ptr2 = &ptr1;
int ***ptr3 = &ptr2;
int ****ptr4 = &ptr3;
```

〔隨堂練習〕

右列程式片段中，假設a, a_ptr和a_ptrptr這三個變數都有被正確宣告，且呼叫G()函式時的參數爲a_ptr及a_ptrptr。G()函式的兩個參數型態該如何宣告？

```
void G ( (a) a_ptr, (b) a_ptrptr) {
 …
}
void main () {
  int a = 1;
  // 加入 a_ptr, a_ptrptr 變數的宣告
  …
  a_ptr = &a;
  a_ptrptr = &a_ptr;
  G (a_ptr, a_ptrptr);
}
```

(A) (a) *int, (b) *int

(B) (a) *int, (b) **int

(C) (a) int*, (b) int*

(D) (a) int*, (b) int**（105年10月觀念題）

解答：(D) (A) int*, (B) int**

這是單一指標及雙重指標的用法，指標其實就可以看成是一種變數，所不同的是指標並不儲存數値，而是記憶體的位址。

6-3 鏈結串列

什麼是鏈結串列（Linked List）？可以把它想像成一列火車，乘客多就多掛車廂，人少了就以少量車廂行駛。鏈結串列也是一樣，新資料加入就向系統要一塊新節點，資料刪除後，就把節點所占用的記憶體空間還給系統。因爲鏈結串列加入或刪除一個節點非常方便，不需要大幅搬動資料，只要改變鏈結的指標即可。如何定義鏈結串列（Linked List）？

- 由一組節點（node）所構成，各節點之間並不一定占用連續的記憶體空間。
- 各節點的型態不一定相同。
- 插入節點、刪除節點方便；可任意（動態）增加、清除記憶體空間。

➤ 要留意它支援循序存取，不支援隨機存取。

由於線性串列能藉由陣列來儲存資料，來到鍵結串列就稍有不同；除了儲存資料外，還要「鏈結」後續資料的儲存位址。所以，鍵結串列是由「節點」（Node）組成的有序串列集合；節點又稱為串列節點（List Node）。每一個節點至少包含一個「資料欄」（Data Field）和「鏈結欄」（Linked Field）。「資料欄」存放該節點的資料；鏈結欄存放著指向下一個元素的指標，由下圖做簡單示意。

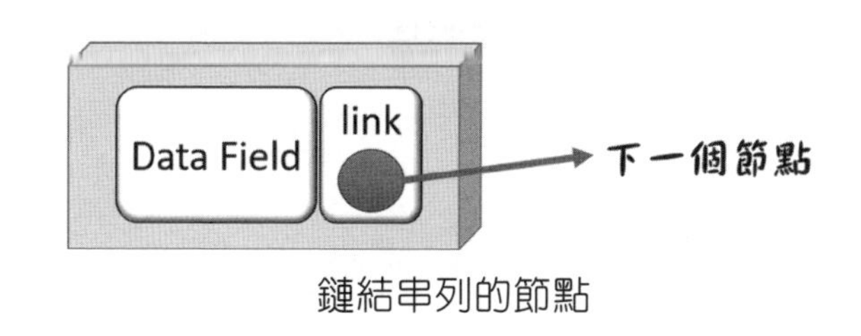

鏈結串列的節點

其實線性串列是有頭有尾；所以，可以把鏈結串列的第一個節點視為「首指標」，如同火車頭一般，後面會接連的車廂。那麼，問題來了，尾節點的鏈結欄究竟指向何處？當然是「空的」指標，我們會以NULL（Python以none）來表示。

6-3-1 定義與走訪單向鏈結串列

鏈結串列中最簡單的結構就是「單向鏈結串列」（Singly Linked List），可以把它想像如同一列火車，所有節點串成一列。它只能有單一方向，隨著火車頭前進；比較通俗的說法是尋找某筆資料時只能勇往直前，無法回頭另外查看。至於我們如何利用Python來定義一個單向鏈結串列？透過類別來自行產生。利用單向鏈結串列的結構，定義一個Score類別，初始化其分數和科目，指標會指向下一個節點，以None來表示它是尾節點。

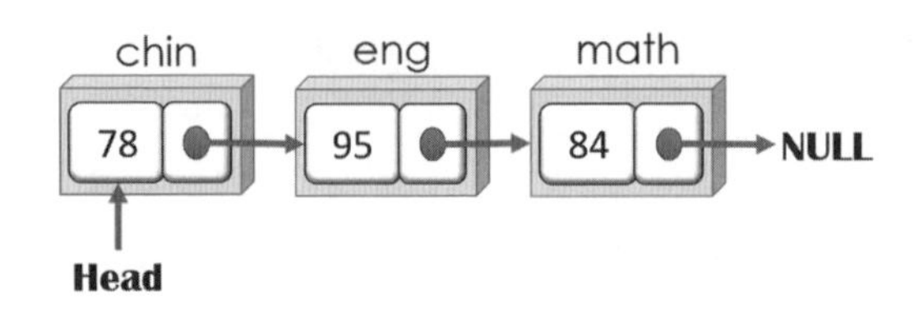

Python定義單向鏈結串列：

```
01  class Score :
02      #初始化Score類別
03      def __init__(self, value, subject) :
04          self.value = value
05          self.subject = subject
06
07  s1, s2, s3 = eval(input(
08      '請輸入國文、英文、數學分數，並以逗點分隔：\n'))
09  math = Score(s3, None)
10  eng = Score(s2, math)
11  chin = Score(s1, eng)
12  headNode = chin
13  print('[', chin.value, ']-> [', eng.value,
14      ']-> [', math.value, ']-> None')
```

程式說明

- 第1～5行：定義Score類別的，初始化分數和科目。
- 第9～11行：初始化Score類別的物件，先產生物件math並代入None來表示它是尾節點。

對於單向鏈結串列有了基本認識之後，還可以進一步走訪它們。如何走訪節點？依據指標來走訪每一個節點，輸出每個節點資料欄儲存的內容，當指標指向None表示完成走訪。

Step 1. 先設定一個「目前節點」來指向目前的節點，完成走訪就輸出此節點「78」，繼續把「目前節點」移向下一個節點。

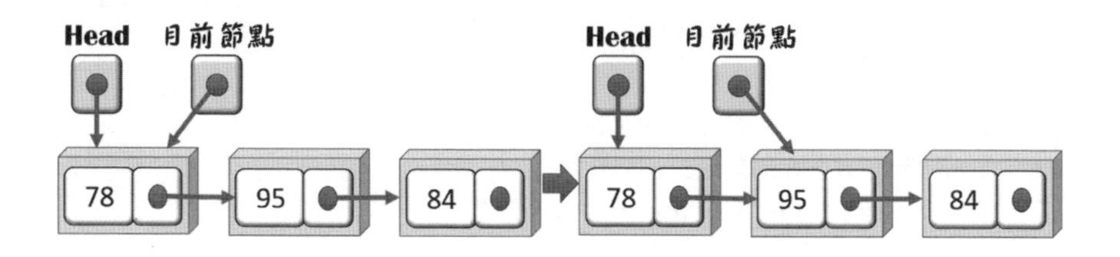

Step 2. 輸出節點「84」之後，若「目前節點」變成None表示它已走訪完畢。

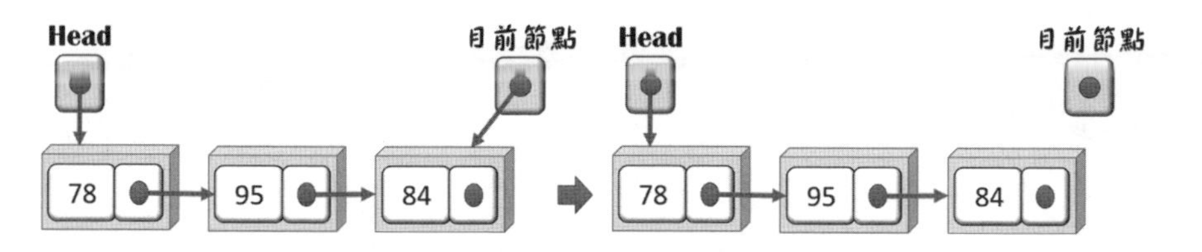

走訪單向鏈結串列：

```
01  class Score :
02      #初始化Score類別 – 程式碼跟範例「Score.py」相同
03
04      def TraversingNodes(self):
05          global headNode #全域變數
06          curNode = headNode #將首節點設為目前節點
07          fields = 0 #統計走訪的節點
08          if(curNode != None):
09              while(curNode.subject != None):
10                  print(format(
11                          curNode.value, '<4d'), end = '')
12                  curNode = curNode.subject
13                  fields += 1
14              fields += 1
15              print(curNode.value) #最後一個節點
16              print('走訪', fields, '節點')
17          else:
```

```
18              print('空白的節點')
19
20      #產生Score物件 chin, eng, math
21      grade = [78, 96, 65, 82]
22      ds = Score(grade[3], None)
23      math = Score(grade[2], ds)
24      eng = Score(grade[1], math)
25      chin = Score(grade[0], eng)
26      headNode = chin
27      chin.TraversingNodes()
```

程式說明

- 第4～18行：定義走訪節點的方法TraversingNodes()，以while迴圈走訪單向鏈結串列，被走訪過的單向鏈結串列就輸出「資料欄」的值並統計走訪過的節點。
- 第6、7行：設定一個變數「curNode」來取得走訪的節點；設定從首節點開始拜訪。設變數fields來統計走訪過的節點數。
- 第21行：產生List物件儲存成績。
- 第22～26行：設定成績所對應的科目並將科目chin設爲首節點。

6-3-2 新增節點

在單向鏈結串列中插入新的節點，有三種方式可供選擇：(1)從尾節點插入；(2)從首節點插入；(3)從中間的節點插入。不過，我們一定得知道，無論是哪一種方式都是把鏈結的指標指向新的節點。

(1) 從尾節點插入資料

Step 1. 從尾節點插入資料時，若設有「尾節點」，可以先把①最後一個節點的指標指向新節點，②再把尾節點的指標指向新節點。

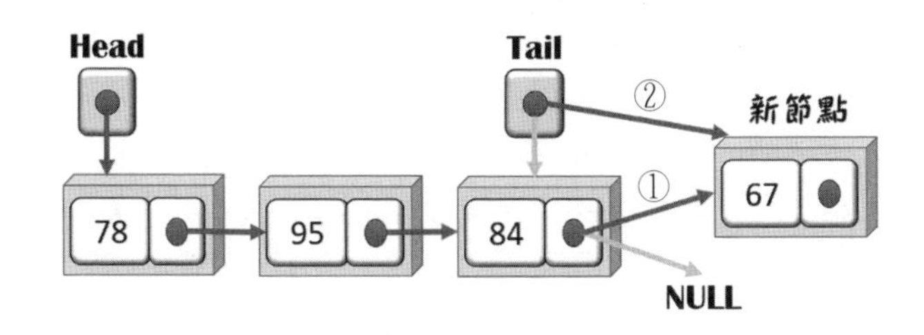

Step 2. 此時新節點「67」就加到鏈結串列的末端。

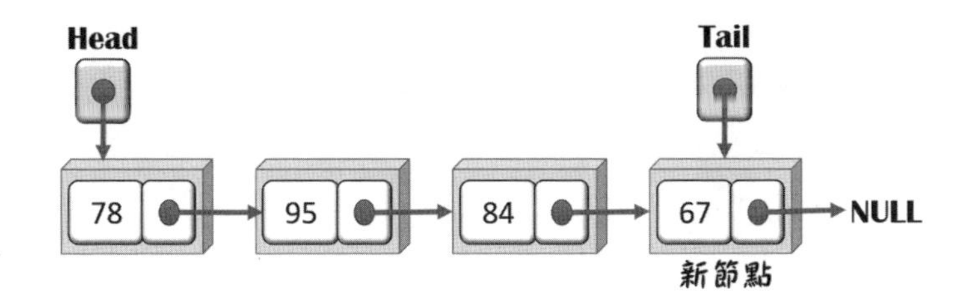

(2) 從首節點插入資料

如何從首節點插入資料？其實是把插入的項目設爲首節點即可。作法是把加入資料的新節點設爲首節點，先以暫存變數儲存，再把指標移向下一個節點即可。

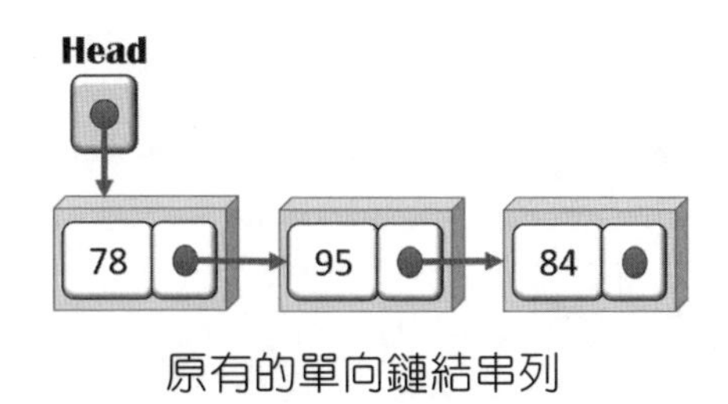

原有的單向鏈結串列

Step 1. ①將首節點指標指向要新加入的節點；②再把新節點的指標指向下一個節點。

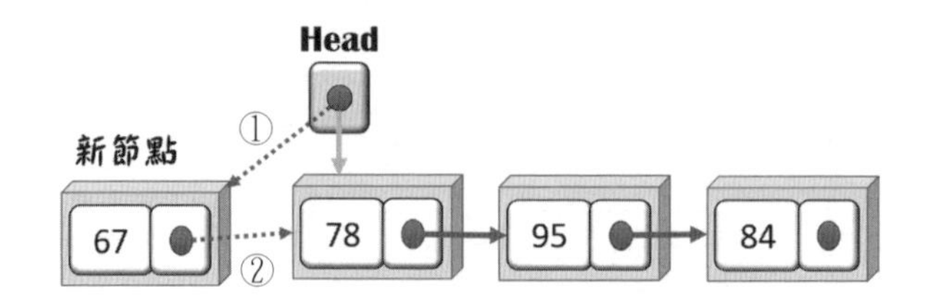

Step 2. 最後，新節點「67」加到節點「78」之前。

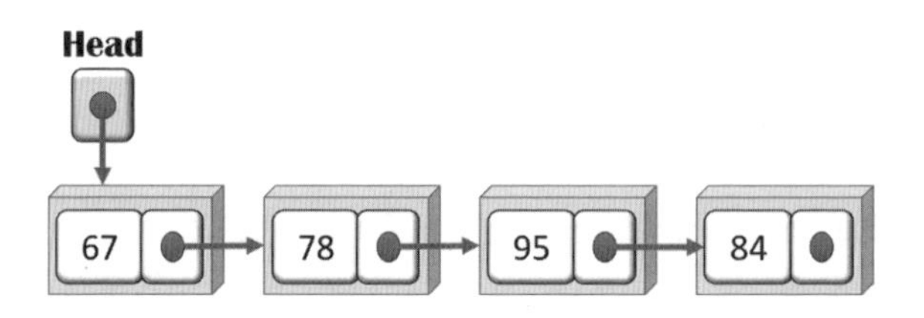

(3) 從中間的節點插入

從中間的節點插入新項目就是在兩個節點間插入新項目。如何做？當然要先找出欲插入節點的位置，然後移動指標。

Step 1. 依據指定位置加入新節點；也就是新節點會插入於節點「84」之前，將節點「95」的指標指向新節點；而新節點的指標指向節點「84」。

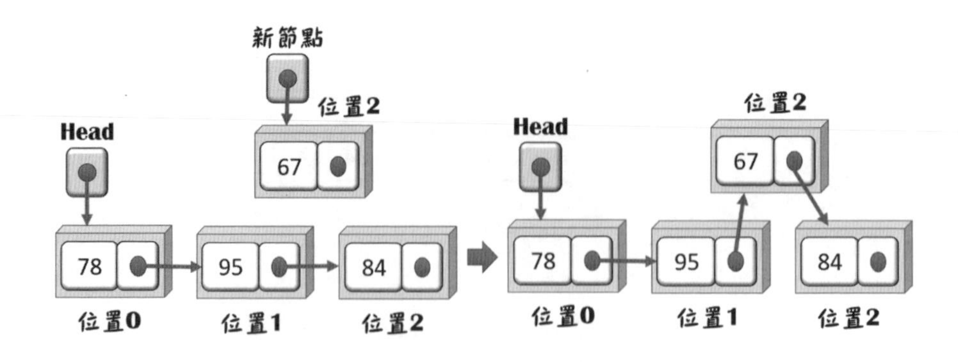

Step 2. 重新變更節點的索引，完成新節點的加人。

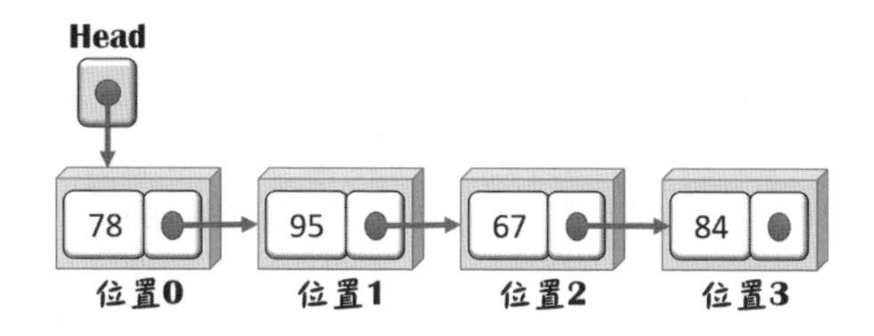

6-3-3 刪除節點

資料結構中，單向鏈結串列中刪除一個節點同樣有下述二種情況：①刪除串列的第一個節點：只要把串列首指標指向第二個節點即可。②刪除串列後的最後一個節點：只要指向最後一個節點的指標，直接指向None即可。③刪除鏈結串列的中間節點：將欲刪除節點的指標，直接指向None即可。

(1) 刪除串列的第一個節點

要刪除串列的第一個節點就是把鏈結串列的首節點予以刪除。

Step 1. 刪除首節點之前，①將第一個節點的指標變更爲Null，②把首節點指向下一個節點。

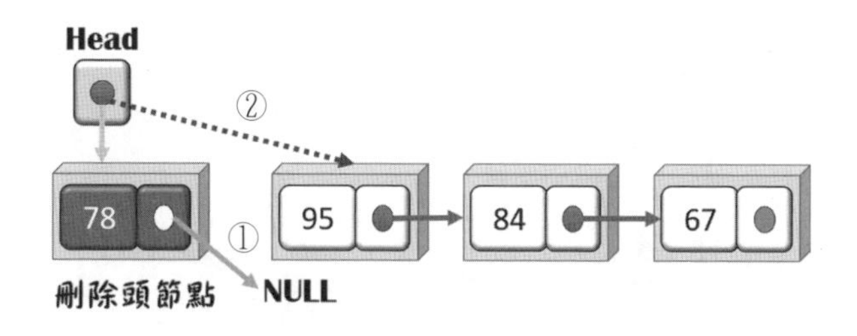

Step 2. 再把指標爲NULL的首節點刪除。

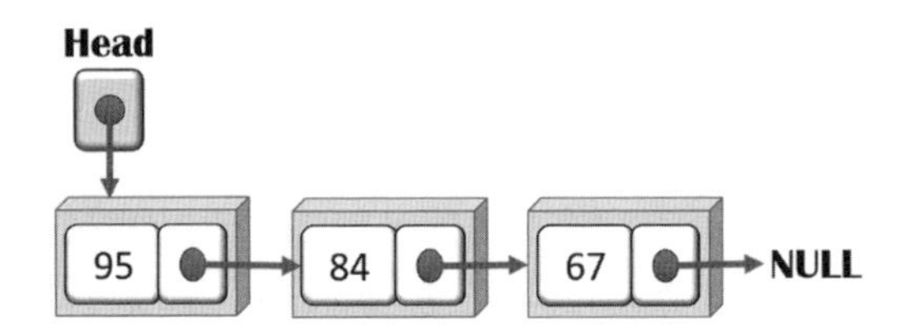

(2) 刪除最後一個節點

只要指向最後一個節點的指標，直接指向Null即可。作法跟刪除首節點雷同，只是把目標轉移到尾節點。

Step 1. 把鏈結串列中倒數的第二個節點設爲暫時節點，並把原來的暫時節點的指標設爲「None」，而尾節點的指標移向此暫時節點「84」。

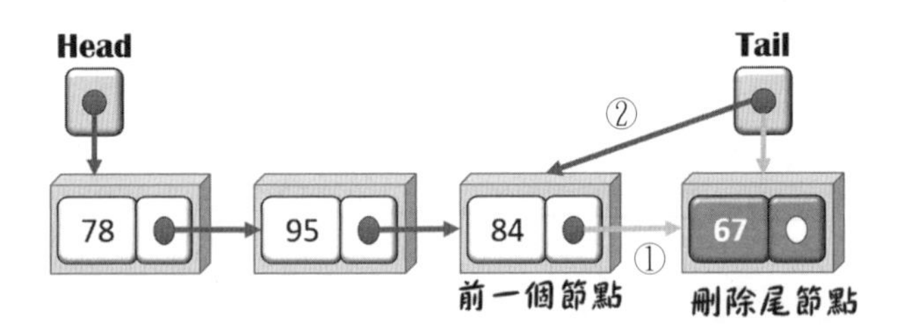

Step 2. 刪除尾頭節之後，原有的暫時節點就變成尾節點。

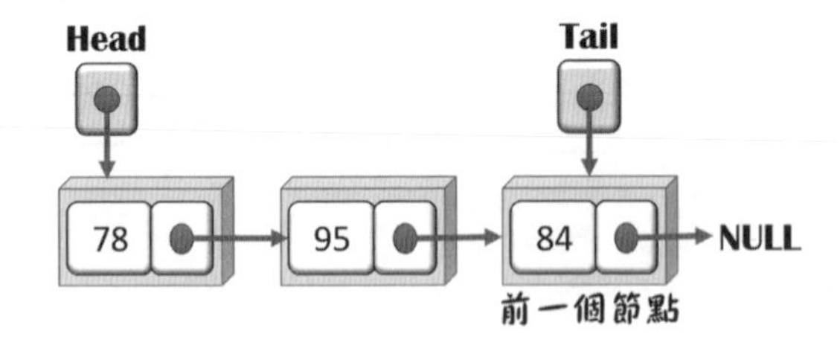

(3) 刪除鏈結串列的中間節點

單向鏈結串列，刪除指定節點如圖位置「1」的節點。要完成這樣的動作需要兩個步驟：

Step 1. 首先，將欲刪除節點的前一個節點「78」的指標，將它重新指向欲刪除節點的下一個節點「84」，並把欲刪除節點「95」的指標設爲None。

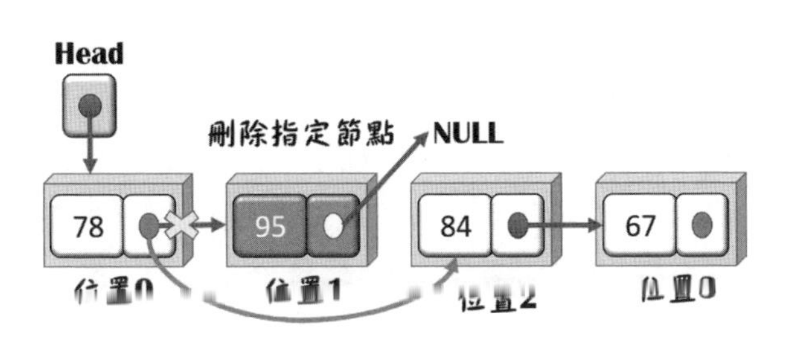

刪除指定節點

Step 2. 以指標建立前一個點和下一個節點的連接並調整其位置。

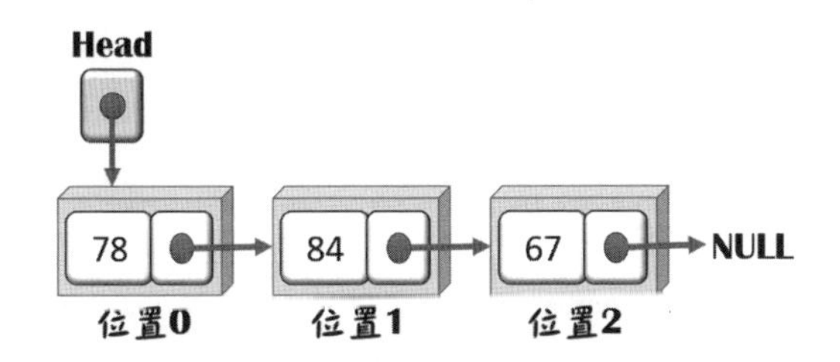

6-3-4 反轉鏈結串列

如何把單向鏈結反轉？由下圖來看，由於它具有方向性，走訪時只能向下一個節點移動。但它允許將新節點加到首節點。利用此特性（最先加入的節點會放到最後），把節點做逐一交換，最後取得的尾節點就把它改變成首節點，完成反轉過程。

Step 1. 原有的鏈結串列，同樣以while迴圈從首節點開始走訪。

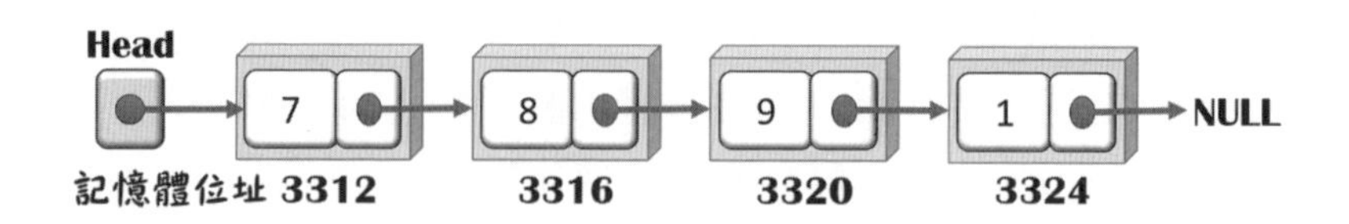

Step 2. ①將目前節點移向下一個節點，②原來的目前節點變更爲前一個節點，③將目前節點的指標指向前一個節點。

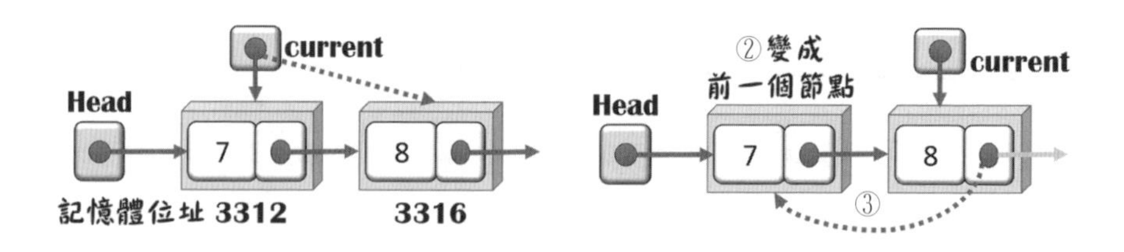

Step 3. 完成鏈結串列的反轉，原來的最後節點變成第一個節點。

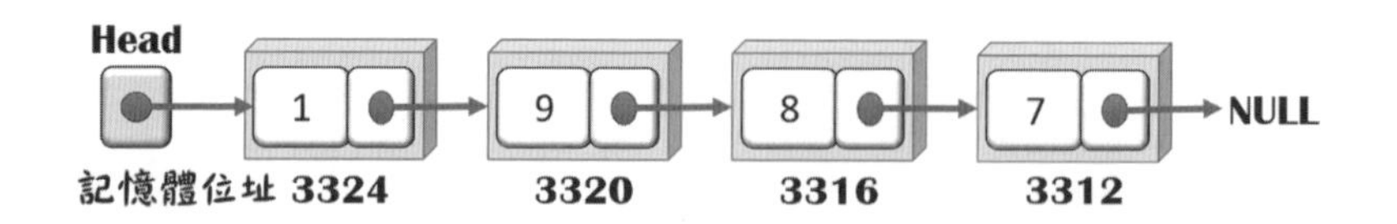

〔隨堂練習〕

List是一個陣列，裡面的元素是element，它的定義如右。List中的每一個element利用next這個整數變數來記錄下一個element在陣列中的位置，如果沒有下一個element，next就會記錄-1。所有的element串成了一個串列（linked list）。例如在list中有三筆資料：

1	2	3
data = ‘a’ next = 2	data = ‘b’ next = -1	data = ‘c’ next = 1

它所代表的串列如下圖：

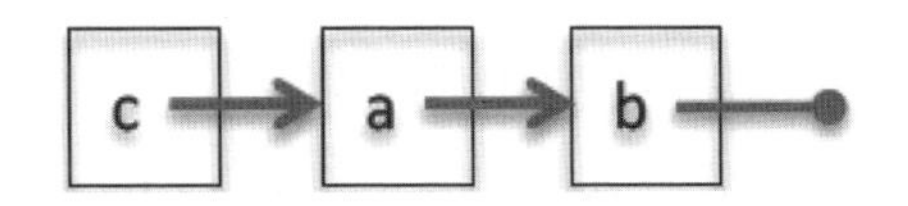

RemoveNextElement是一個程序，用來移除串列中current所指向的下一個元素，但是必須保持原始串列的順序。例如，若current爲3（對應到list[3]），呼叫完RemoveNextElement後，串列應爲

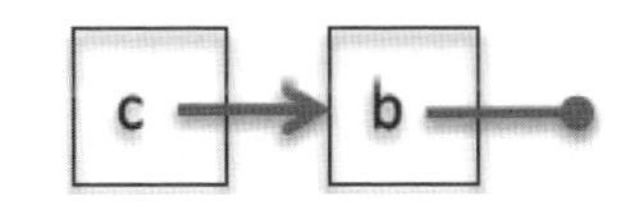


```
struct element {
    char data;
    int next;
}
void RemoveNextElement (element list[], int current) {
    if (list[current].next != -1) {
    /*移除current 的下一個element*/
    [                              ]
  }
}
```

請問在空格中應該填入的程式碼爲何？

(A) list[current].next = current ;

(B) list[current].next = list[list[current].next].next ;

(C) current = list[list[current].next].next ;

(D) list[list[current].next].next = list[current].next ;（105年3月觀念題）

解答：(B) list[current].next = list[list[current].next].next ;

6-4 環狀串列

從單向鏈結串列結構討論中，我們可以衍生出許多更為有趣的串列結構，本節所要討論的是「環狀串列」（Circular Linked List）結構，環狀串列的特點是在串列的任何一個節點，都可以達到此串列內的各節點，通常可做為記憶體工作區與輸出入緩衝區的處理及應用。

6-4-1 環狀串列的定義

環狀串列（Circular Linked List）會把串列的最後一個節點指標指向串列首，整個串列就成為單向的環狀結構。如此一來便不用擔心串列首遺失的問題了，因為每一個節點都可以是串列首，也可以從任一個節點來追縱其他節點。建立的過程與單向鏈結串列相似，唯一的不同點是必須要將最後一個節點指向第一個節點。

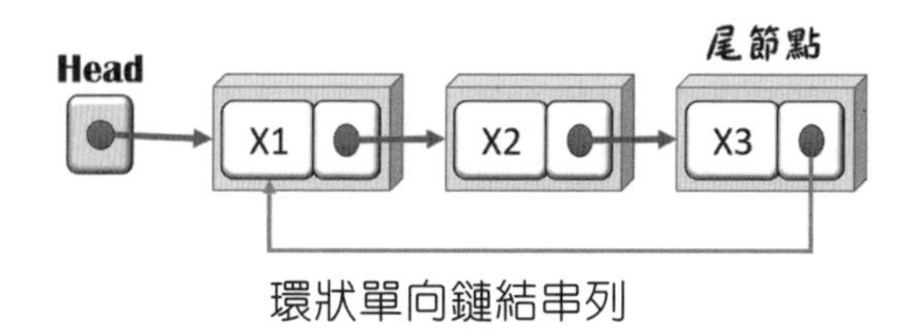

環狀單向鏈結串列

環狀串列可以從串列中任一節點來追蹤所有串列的其他節點，也無所謂哪一個節點是首節點，同時，在環狀串列中的任一節點，都可以輕易找到其前一個節點。關於環狀串列的特點，我們大致做出以下的優、缺點。

優點：

- 回收整個串列所需時間是固定的，與長度無關。
- 可以從任何一個節點追蹤所有節點。

缺點：

- ➢ 需要多一個鏈結空間。
- ➢ 插入一個節點需要改變兩個鏈結。
- ➢ 環狀串列讀取資料比較慢，因為必須多讀取一個鏈結指標。

6-4-2 節點的新增

對於環狀串列的節點插入，和單向串列的節點插入有一點不同，可以區分爲兩種情況：①將新節點插入於第一個節點之前；②將節點新增到最後，成爲最後一個節點。

首節點加入新資料

Step 1. 將新節點D直接插入原串列首節點之前，成爲新的首節點。

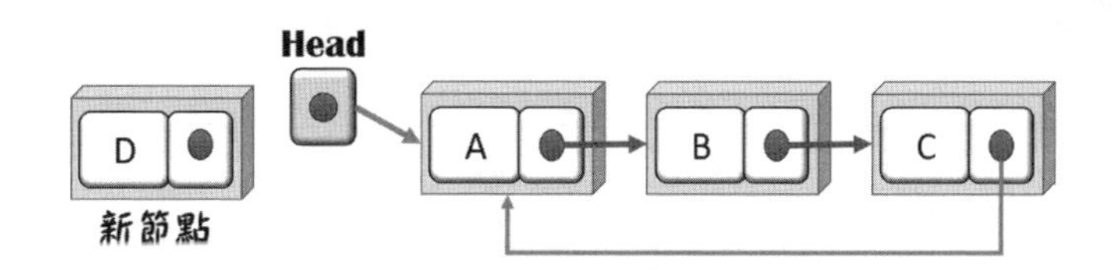

Step 2. ①將新節點D的指標指向原串列首節點；②移動整個串列；③將新節點設爲首節點。

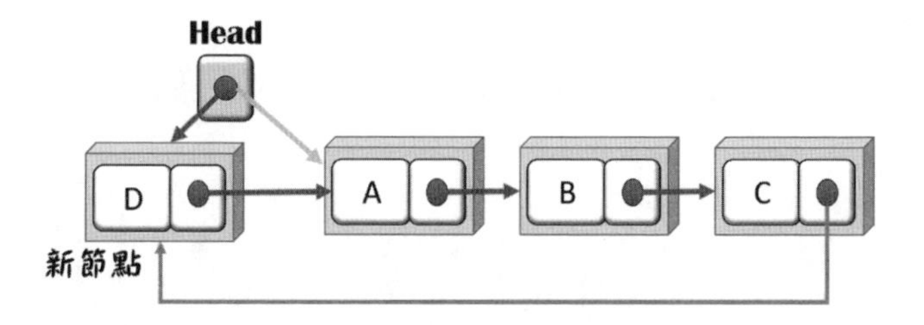

從首節點新增資料Python演算法：

```
01  class LinkedList:
02      def __init__(self):
03          self.head = None
04      def addHead(self, value):
05          '''加到首節點之前'''
06          newNode = Node(value) #取得新節點的值
07          current = self.head
08          newNode.next = self.head
09          if not self.head:
10              newNode.next = newNode
11          else:
12              while current.next != self.head:
13                  current = current.next
14              current.next = newNode
15          self.head = newNode #新節點變成首節點
```

程式說明

- 第4～15行：先產生類別CircularLinkedList，再定義方法add-Head()，讓新增的資料能由首節點加入。
- 第8行：新節點的鏈結指向原串列的首節點。
- 第9～15行：if/else敘述判斷首節點是否存在，有首節點的話，以while迴圈來移動指標，最後把新節點變更爲首節點。

新節點加到末端

Step 1. 新節點加入到鏈結串列末端，成為最後節點。

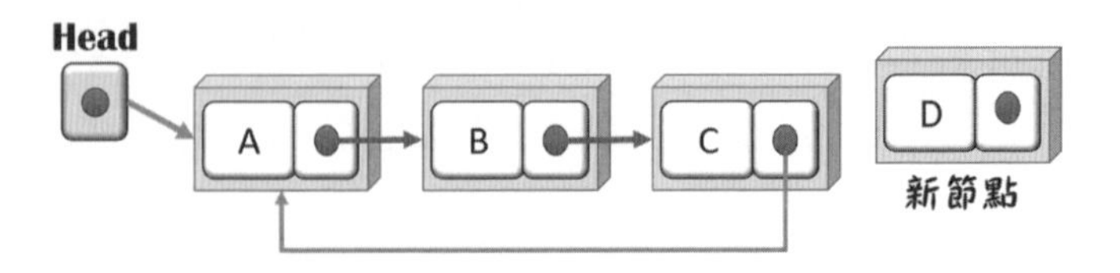

Step 2. ①將目前節點的指標指向新節點，②將新節點的指標指向第一個節點。

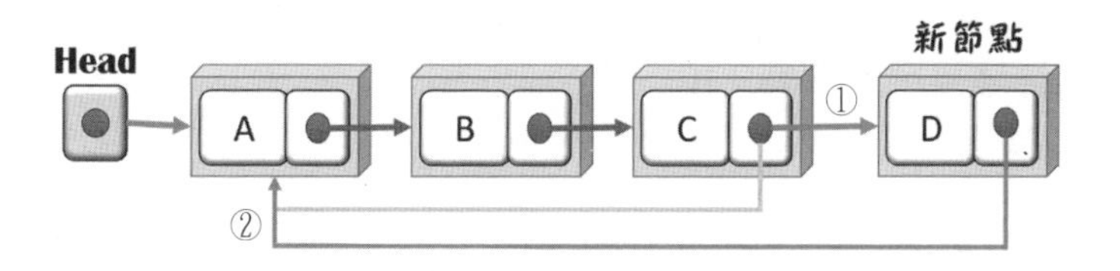

新增資料到最後節點的Python演算法：

```
01   class LinkedList:
02       //省略部分程式碼
03       def addTail(self, value):
04       if not self.head:
05           self.head = Node(value)
06           self.head.next = self.head
07       else:
08           newNode = Node(value)
09           current = self.head
10           #移動目前節點的指標
11           while current.next != self.head:
12               current = current.next
13           current.next = newNode
14           newNode.next = self.head
```

程式說明

- 第3～14行：定義函式addTail()將新節點加到鏈結串列末端。
- 第4～16行：if/else敘述判斷是否有首節點；有首節點的話就準備加入新節點。
- 第13、14行：將目前節點的指標指向新節點，將新節點的指標指向首節點。

CHAPTER 6

6-4-3 刪除節點

要刪除環狀鏈結串列的節點，先指定欲刪除節點。

欲將鏈結串列的節點「B」刪除。

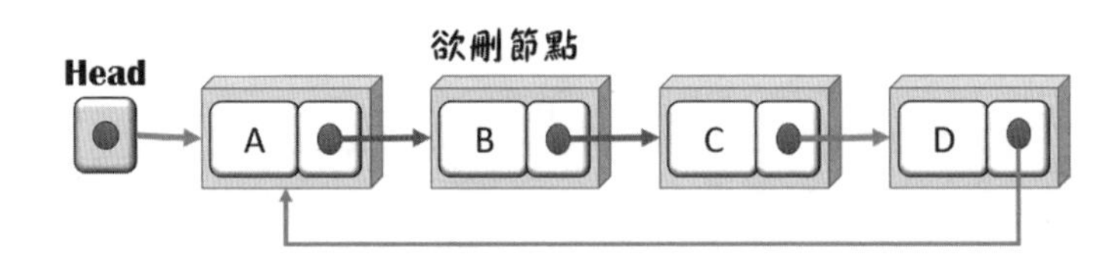

①找到欲刪除節點B；②將節點B的前一個節點的指標指向節點B的下一個節點。

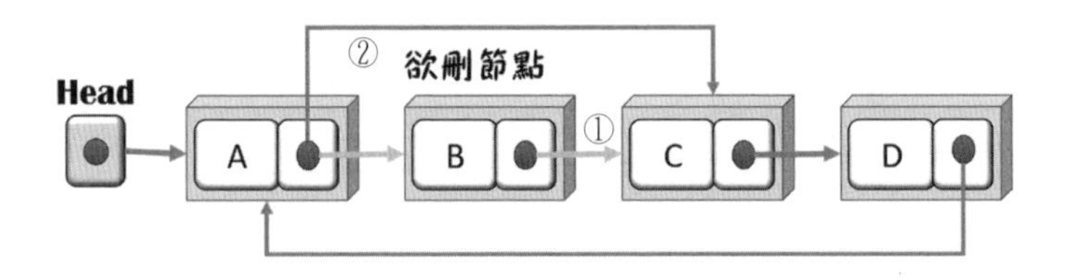

刪除節點的Python演算法：

```
01  class LinkedList:
02      //省略部分程式碼
03      def remove(self, key):
04          if self.head.value == key:
05              current = self.head
06              #移動指標
07              while current.next != self.head:
08              current = current.next
09          #將目前節點的指標指向首節點的下一個節點
10          current.next = self.head.next
11          #首節點變更爲下一個節點
12          self.head = self.head.next
13      else:
```

```
14          current = self.head
15          prev = None
16          while current.next != self.head:
17              prev = current
18              current = current.next
19              if current.value == key:
20                  prev.next = current.next
21                  current = current.next
```

程式說明

- 第3～21行：定義函式remove()藉由取得的「key」來刪除指定節點。
- 第4～21行：if/else敘述將刪除分成兩個方式來處理。情形一：若首節點的值等於key，則刪除對象爲首節點。情形二（else敘述）刪除對象是其他節點。
- 第13、14行：將目前節點的指標指向新節點，將新節點的指標指向首節點。
- 第16～21行：while迴圈移動指標找到欲刪除節點，前一個節點的指標指向目前節點的下一個節點。

6-5 全真綜合實作測驗

6-5-1 定時K彈

問題描述（105年10月實作題）

「定時K彈」是一個團康遊戲，N個人圍成一個圈，由1號依序到N號，從1號開始依序傳遞一枚玩具炸彈，炸彈每次到第M個人就會爆炸，此人即淘汰，被淘汰的人要離開圓圈，然後炸彈再從該淘汰者的下一個開始傳遞。遊戲之所以稱K彈是因爲這枚炸彈只會爆炸K次，在第K次爆炸後，遊戲即停止，而此時在第K個淘汰者的下一位遊戲者被稱爲幸運者，通常就會被要求表演節目。例如N=5，M=2，如果K=2，炸彈會爆炸兩次，被爆炸淘汰的順序依序是2與4（參見下圖），這時5號就是幸運者。如果K=3，剛才的遊戲會繼續，第三個淘汰的是1號，所以幸運者是3號。如果K=4，下一輪淘汰5號，所以3號是幸運者。給定N、M與K，請寫程式計算出誰是幸運者。

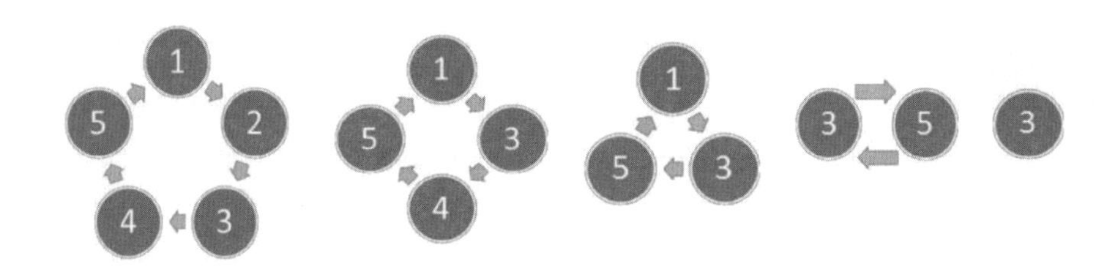

輸入格式

輸入只有一行包含三個正整數，依序爲N、M與K，兩數中間有一個空格分開。其中1 ≤ K<N。

輸出格式

請輸出幸運者的號碼，結尾有換行符號。

範例一：輸入	範例二：輸入
5 2 4	8 3 6
範例一：正確輸出	範例二：正確輸出
3	4
（說明） 被淘汰的順序是2、4、1、5，此時5的下一位是3，也是最後剩下的，所以幸運者是3。	（說明） 被淘汰的順序是3、6、1、5、2、8，此時8的下一位是4，所以幸運者是4。

評分說明

輸入包含若干筆測試資料，每一筆測試資料的執行時間限制（time limit）均為1秒，依正確通過測資筆數給分。其中：

第1子題組20分，$1 \le N \le 100$，且$1 \le M \le 10$，$K = N-1$。

第2子題組30分，$1 \le N \le 10{,}000$，且$1 \le M \le 1{,}000{,}000$，$K = N-1$。

第3子題組20分，$1 \le N \le 200{,}000$，且$1 \le M \le 1{,}000{,}000$，$K = N-1$。

第4子題組30分，$1 \le N \le 200{,}000$，且$1 \le M \le 1{,}000{,}000$，$1 \le K < N$。

題目重點分析

Python不支援結構資料型態，我們可以使用宣告一個class類別的方式來模擬。結構宣告後，只是告知編譯器產生一種新的類別型態，接著還必須宣告變數，才可以開始使用這個已宣告的變數來存取其成員。

```
class Struct(object):
    pass
node = Struct()
```

這個實作題會涉及大量的資料刪除的動作，較佳的作法是利用環狀串列來實作，簡單來說，環狀鏈結串列的特點是在串列中的任何一個節點，都可以達到此串列內的各節點，建立的過程與單向鏈結串列相似，唯一的不同點是必須要將最後一個節點指向第一個節點。下段程式碼就是建立本程式建立環狀串列的作法：

```
for i in range(n-1):
    temp=[]
    node.data=i+1
```

```
        node.next=i+1
        temp.append(node.data)
        temp.append(node.next)
        pos.append(temp)
temp=[]
node.data=n;
node.next=0;
temp.append(node.data)
temp.append(node.next)
pos.append(temp)
```

另外在環狀串列要刪除指定節點，就是將要刪除的節點的前一個位置的指標指向目前要刪除節點的指標欄所指向的節點，才可以將環狀串列中被刪除節點的前後節點串連起來。

參考解答程式碼：定時K彈.py

```
01  pos=[]
02  temp=input().split()
03  n=int(temp[0])
04  m=int(temp[1])
05  k=int(temp[2])
06
07  class Struct(object):
08      pass
09  node = Struct()
10
11  #環狀鏈結串列的建立要領是
12  #串列尾指向串列頭
13  for i in range(n-1):
14      temp=[]
```

```
15         node.data=i+1
16         node.next=i+1
17         temp.append(node.data)
18         temp.append(node.next)
19         pos.append(temp)
20     temp=[]
21     node.data=n;
22     node.next=0;
23     temp.append(node.data)
24     temp.append(node.next)
25     pos.append(temp)
26
27     explode=0  #爆炸次數事先歸零
28     pre=0
29     now=0
30     counter=0
31     while explode<k:
32             counter=counter+1 #記錄到第幾個人
33             if (counter==m):
34                     pos[pre][1]=pos[now][1]
35                     counter=0  #計數器歸零
36                     n=n-1         #遊戲人數少1
37                     explode=explode+1  #爆炸次數加1
38             pre=now
39             now=pos[now][1]
40     print("%d" %pos[now][0])
```

範例一執行結果：

```
5 2 4
3
```

範例二執行結果：

```
8 3 6
4
```

程式碼說明：

- 第7～8列：以類別宣告的方式來模擬環狀鏈結串列的節點宣告。
- 第13～25列：建立環狀鏈結串列。
- 第27列：紀錄爆炸次數的變數，並事先歸零。
- 第31～39列：當計數器累加到變數m次後，就從環狀串列中刪除目前這個號碼的位置，接著進行計數器歸零，並將剩下玩遊戲的人的總數少1，再將爆炸次數累加1。
- 第40列：輸出幸運者的號碼。

第七章

函數與遞迴演算法

模組化的概念是把程式由上而下逐一分析，並將大問題逐步分解成各個較小的問題，從程式設計實作的角度來看，就是函數（function）。函數可視為一種獨立的模組。當需要某項功能程式時，只須呼叫撰寫完成的函數來執行即可。函數簡單來說就是將特定功能或經常重複使用的程式獨立出來，並且給予一個名稱來代表此段程式碼，讓主程式可以呼叫。通常撰寫程式之前會先經過分析的過程，如果有現成的函數或模組可以使用，可以省去不少程式開發的時間；如果沒有，也盡可能將程式拆成獨立功能的模組或函數，日後就可以重複叫用。

7-1 認識函數

使用函數不僅可以省去重複撰寫相同程式碼，大幅縮短開發的時間，更有助於日後程式的除錯和維護。自訂函數則是使用者依照需求來設計的函數，這也是本章即將說明的重點所在，包括函數宣告、引數的使用、函數的主體與傳回值。以下來看看定義函數與呼叫函數的方法。

7-1-1 定義函數

Python的函數可分為內建函數（built-in）與自訂函數（user-defined）。Python本身就內建許多的函數，像help()、round()、len()都是內建的函數，直接可以呼叫使用。另外還有更多用途廣泛的函數，放在標準模組庫（Standard library），或是第三方開發模組庫，使用這類函數之前都必須在程式裡先載入模組庫，就可以呼叫使用。所謂模組（Module）就是指特定功能的函數組合。至於自訂函數（user-defined），需要先定義函數，然後才能呼叫函數。Python定義函數是使用關鍵字「def」，其後空一格接函數名稱，串接一對小括號，小括號可以填入傳入函數的參數，小括號之後再加上「:」，格式如下所示：

```
def 函數名稱(參數1, 參數2, …):
    程式指令區塊
    return 回傳值  #有回傳值時才需要
```

函數的程式指令區塊必須縮排，參數可有可無，如果有定義參數，呼叫函數時必須連帶傳入所需的引數（arguments）。也就是說，定義函數時要有「形式參數」（Formal parameter）來準備接收資料，而呼叫函數要有「實際引數」（Actual arguments）做進行資料的傳遞工作。

- 形式參數：定義函數時，用來接收實際引數所傳遞的資料，進入函數主體執行指令或運算。
- 實際引數：程式中呼叫函數時，將資料傳遞給自訂函數。

當函數執行結束後，會傳回結果（return value），也就是函數的回傳值。沒有回傳值時，函數會自動回傳None物件，例如以下函數有回傳值：

```
def func(a,b):
    x = a + b
    return x

print(func(5,6))
```

執行結果：11

如果沒有回傳值，則會返回None，例如下式：

```
def func(a,b):
    x = a + b
    print(x)

print(func(5,6))
```

執行結果：

11

None

7-1-2 呼叫函數

宣告函數之後，程式編譯時就會產生與函數同名的物件，呼叫函數時只要使用括號「( )」運算子就可以了，如下所示。

```
函數名稱(引數1, 引數2, …)
```

● 位置引數（Positional Argument）

Python函數的引數分爲位置引數（Positional Argument）與關鍵字引數（Keyword Argument），位置引數就是依照參數位置傳入引數，如果函數定義了3個參數，就要帶入3個引數，缺一不可，它具有順序性，不可錯亂。

或者採用預設引數的方式，當實際引數未傳遞時，以「預設參數 = 值」做接收。如下所示：

```
def func(a,b,c=0):
    x = a + b + c
    return x

print(func(1,2,3))  #輸出6
print(func(1,2))    #輸出3
```

上面指令func函數裡的參數c預設值爲0，因此呼叫函數時就可以只帶入2個引數。

呼叫函數時不想依序做一對一的引數傳遞時，關鍵字引數（Keyword Argument）就能派上用場。

● 關鍵字引數（Keyword Argument）

關鍵字引數就是藉由關鍵字來傳入引數，只要必要的參數都有指定，關鍵字引數的位置並不一定要依照參數順序，例如：

```
def func(a,b,c):
    x = a + b + c
```

```
    return x

print(func(c=2,b=3,a=1))  #輸出6
```

以下的呼叫都具有相同效果：

```
func(1, 2, 3)
func(a=1, b=2 , c=3)
func(1, c=3 , b=2)
```

如果位置引數與關鍵字引數混用要特別注意下列兩點：

1. 位置引數必須在關鍵字引數之前，例如下式會顯示SyntaxError: positional argument follows keyword argument的錯誤訊息：

```
func(a=1, 2 , c=3)
```

2. 每個參數只能對應一個引數，例如：

```
func(1, a=2 , c=3)
```

上式第一個位置引數是傳入給參數a，第2個引數又指定參數a，就會顯示「TypeError: func()got multiple values for argument 'a'」的錯誤訊息。

7-1-3 函數的回傳值

具有回傳值的函數，在函數程式指令內可以包含一個以上的return指令，當程式執行到return指令就終止，然後將值傳回，請參考以下指令：

```
def func(x):
    if x < 10:
        return x
    else:
        return "Over"

a = func(15)
print(a)  #輸出Over
print(type(a))  #輸出<class 'str'>
```

Python的函數也可以一次回傳多個值，只要以逗號（,）分隔回傳值，例如：

```
def func(a,b):
    n = a + b
    x = a * b
    return n, x

num1 ,num2 = func(10, 20)
print(num1)  #輸出30
print(num2)  #輸出200
```

7-2 Python引數傳遞的機制

以下是大多數程式語言常見的兩種參數傳遞方式：

- 傳值（Call by value）呼叫：表示在呼叫函數時，會將引數的值一一地複製給函數的參數，在函數中對參數值作任何修改，都不會影響到原來的引數值。
- 傳址（Pass-by-reference）呼叫：表示在呼叫函數時所傳遞給函數的參數值是變數的記憶體位址，如此一來函數的引數將與函數中的接收參數共享同一塊記憶體位址，因此對參數值的變動連帶著也會影響到原來的引數值。

但是Python的引數傳遞是利用不可變和可變物件來運作：

- 不可變物件（Immutable Object）（如數值、字串）傳遞引數時，接近於「傳值」。
- 可變物件（Mutable Object）（如串列），傳遞引數時以「傳址」處理。簡單來說，如果可變物件被修改內容值，因為占用同一位址，會連動影響函數外部的值。

7-3 變數的有效範圍

變數依其有效範圍分為全域變數與區域變數：

- **全域（Global）變數**：全域變數是宣告在程式區塊與函數之外，且在宣告指令以下的所有函數及程式區塊都可以使用到該變數。事實上，全域變數的使用應該相謹慎，以免某個函數不小心給予了錯誤的值，進而影響到整個程式的邏輯，其有效範圍適用於整個檔案（*.py）。
- **區域（Local）變數**：適用於所宣告的函數或流程控制的程式區塊，離開此範圍就會結束其生命週期。

如何判別變數的適用範圍呢？以第一次宣告時所在位置來表示其適用範圍。接著以下面的例子來說明全域變數和區域變數的不同。

```
score = [78, 65, 84, 91] # score爲全域變數
for item in score:
    total = 0 #區域變數，儲存加總結果
    total += item #每次total的值都從0開始，無法累計
print(total)
```

score儲存串列元素是全域變數，任何位置呼叫它皆可以。total宣告於for/in迴圈，離開迴圈區塊就結束其生命週期。print（total）時，此時total變數已離開迴圈，所以無法輸出加總結果。所以上述的程式必須修正如下，如此變數total爲全域變數時，才能累計儲存。

```
score = [78, 65, 84, 91] # score爲全域變數
total = 0 # 全域變數，儲存加總結果
for item in score:
    total += item #儲存累計值
print(total)
```

如果程式中有相同名稱的全域變數與區域變數，則會以區域變數優先，例如在函數內必須以區域變數優先，當離開函數外時，則會採用全域變數。

```
def global_local():
    num=100
    print('num=',num)


num=500
```

```
global_local()     #輸出區域變數100
print('num=',num)  #輸出全域變數500
```

但是如果要在函數內使用全域變數，則必須在函數中將該變數以global宣告。

```
def global_local():
    global num
    print('num=',num) #輸出全域變數500
    num=100 #全域變數值改變成100


num=500
global_local()     #在函數中輸出全域變數500
print('num=',num)  #輸出全域變數的新設定值100
```

〔隨堂練習〕

1. 給定下側程式，其中s有被宣告為全域變數，請問程式執行後輸出為何？

   (A) 1,6,7,7,8,8,9

   (B) 1,6,7,7,8,1,9

   (C) 1,6,7,8,9,9,9

   (D) 1,6,7,7,8,9,9（106年3月觀念題）

```
int s = 1; // 全域變數
void add (int a) {
  int s = 6;
```

```
  for( ; a>=0; a=a-1) {
    printf("%d,", s);
    s++;
    printf("%d,", s);
  }
}
int main () {
  printf("%d,", s);
  add(s);
  printf("%d,", s);
  s = 9;
  printf("%d", s);
  return 0;
}
```

解答：(B) 1,6,7,7,8,1,9，此題主要測驗全域變數與區域變數的觀念，請各位直接觀察主程式各行印出s值的變化。

2. 小藍寫了一段複雜的程式碼想考考你是否了解函式的執行流程。請回答程式最後輸出的數值爲何？

(A) 70

(B) 80

(C) 100

(D) 190（106年3月觀念題）

```
int g1 = 30, g2 = 20;
int f1(int v) {
  int g1 = 10;
  return g1+v;
}
int f2(int v) {
  int c = g2;
  v = v+c+g1;
```

```
  g1 = 10;
  c = 40;
  return v;
}
int main() {
  g2 = 0;
  g2 = f1(g2);
  printf("%d", f2(f2(g2)));
  return 0;
}
```

解答：(A) 70，本題也在測驗全域變數及區域變數的理解程度。在主程式中main()中，g2為全域變數，在f1()函式中g1為區域變數，在f2()函式中g1為全域變數，但是g2為區域變數。

3. 給定一陣列a[10]={ 1, 3, 9, 2, 5,8, 4, 9, 6, 7 }，i.e., a[0]=1, a[1]=3, …,a[8]=6, a[9]=7，以f(a, 10)呼叫執行以下函式後，回傳值為何？

(A) 1

(B) 2

(C) 7

(D) 9（105年3月觀念題）

```
int f (int a[], int n) {
    int index = 0;
    for (int i=1; i<=n-1; i=i+1) {
        if (a[i] >= a[index]) {
            index = i;
        }
    }
    return index;
}
```

解答：(C) 7

4. 下側程式執行後輸出為何？

(A) 0

(B) 10

(C) 25

(D) 50（105年10月觀念題）

```
int G (int B) {
  B = B * B;
  return B;
}
int main () {
  int A=0, m=5;
  A = G(m);
  if (m < 10)
     A = G(m) + A;
  else
     A = G(m);
  printf ("%d \n", A);
  return 0;
}
```

解答：(D) 50，直接從主程式下手，A=0, m=5

A = G (5) = 5 * 5 = 2 5 ， 因 為 m = 5 符 合 i f (m < 1 0) 條 件 式 ， 故 A=G(5)+A=G(5)+25=5*5+25=50

5. 給定函式A1()、A2()與F()如下，以下敘述何者有誤？

```
void A1 (int n) {
  F(n/5);
  F(4*n/5);
}
```

```
void A2 (int n) {
  F(2*n/5);
  F(3*n/5);
}
```

```
void F (int x) {
  int i;
  for (i=0; i<x; i=i+1)
     printf("*");
     if (x>1) {
        F(x/2);
        F(x/2);
  }
}
```

(A) A1(5)印的'*'個數比A2(5)多

(B) A1(13)印的'*'個數比A2(13)多

(C) A2(14)印的'*'個數比A1(14)多

(D) A2(15)印的'*'個數比A1(15)多（106年3月觀念題）

解答：(D) A2(15)印的'*'個數比A1(15)多

6. 若函式rand()的回傳值為一介於0和10000之間的亂數，下列哪個運算式可產生介於100和1000之間的任意數（包含100和1000）？

(A) rand()% 900 + 100

(B) rand()% 1000 + 1

(C) rand()% 899 + 101

(D) rand()% 901 + 100（106年3月觀念題）

解答：(D) rand()% 901 + 100

7-4 遞迴函數——分治演算法

分治演算法（Divide and conquer）是一種很重要的演算法，我們可以應用分治法來逐一拆解複雜的問題，核心精神是將一個難以直接解決的大問題依照不同的概念，分割成兩個或更多的子問題，以便各個擊破，分而治之。分治法和遞迴法很像一對孿生兄弟，都是將一個複雜的演算法問題，讓規模愈來愈小，最終使子問題容易求解，原理就是分治法的精神。

遞迴是種很特殊的函數，簡單來說，對程式設計師而言，函數不單純只是能夠被其它函數呼叫（或引用）的程式單元，在某些語言還提供了自身引用的功能，這種功用就是所謂的「遞迴」。遞迴在早期人工智慧所用的語言。如Lisp、Prolog幾乎都是整個語言運作的核心，遞迴的考題在APCS的歷年考題中占的比重更是相當高，當然在Python中也有提供這項功能，因為它們的繫結時間可以延遲至執行時才動態決定。

Tips

貪心法（Greed Method）又稱為貪婪演算法，方法是從某一起點開始，就是在每一個解決問題步驟使用貪心原則，都採取在當前狀態下最有利或最優化的選擇，不斷的改進該解答，持續在每一步驟中選擇最佳的方法，並且逐步逼近給定的目標，當達到某一步驟不能再繼續前進時，演算法停止，以盡可能快的地求得更好的解。貪心法的精神雖然是把求解的問題分成若干個子問題，不過不能保證求得的最後解是最佳的。貪心法容易過早做決定，只能求滿足某些約束條件的可行解的範圍，不過在有些問題卻可以得到最佳解。經常用在求圖形的最小生成樹（MST）、最短路徑與霍哈夫曼編碼等。

7-4-1 遞迴的定義

談到遞迴的定義，我們可以正式這樣形容，**假如一個函數或副程式，是由自身所定義或呼叫的，就稱為遞迴（Recursion）**，它至少要定義2種條件，包括一個可以反覆執行的遞迴過程，與一個跳出執行過程的出口。遞迴因為呼叫對象的不同，可以區分為以下兩種：

■ 直接遞迴（Direct Recursion）：指遞迴函數中，允許直接呼叫該函數本身，稱爲直接遞迴（Direct Recursion）。如下例：

```
int Fun(...)
{
  …
     if(...)
        Fun(...)
  …
}
```

■ 間接遞迴指遞迴函數中，如果呼叫其他遞迴函數，再從其他遞迴函數呼叫回原來的遞迴函數，我們就稱做間接遞迴（Indirect Recursion）。

```
int Fun1(...)            int Fun2(...)
{                        {
      .                        .
      .                        .
if(...)                  if(...)
  Fun2(...)                Fun1(...)
     …                        …
}                        }
```

許多人經常困惑的問題是：「何時才是使用遞迴的最好時機？」，是不是遞迴只能解決少數問題？事實上，任何可以用if-else和while指令編寫的函數，都可以用遞迴來表示和編寫。

Tips

「尾歸遞迴」（Tail Recursion）就是程式的最後一個指令爲遞迴呼叫，因爲每次呼叫後，再回到前一次呼叫的第一行指令就是return，所以不需要再進行任何計算工作。

例如我們知道階乘函數是數學上很有名的函數，對遞迴式而言，也可以看成是很典型的範例，我們一般以符號「！」來代表階乘。如4階乘可寫爲4!，n!可以寫成：

```
n!=n×(n-1)*(n-2)……*1
```

各位可以一步分解它的運算過程，觀察出一定的規律性：

```
5! = (5 * 4!)
   = 5 * (4 * 3!)
   = 5 * 4 * (3 * 2!)
   = 5 * 4 * 3 * (2 * 1)
   = 5 * 4 * (3 * 2)
   = 5 * (4 * 6)
   = (5 * 24)
   = 120
```

以下程式碼就是以遞迴演算法來計算所1～n!的函數值，請注意其間所應用的遞迴基本條件：一個反覆的過程，以及一個跳出執行的缺口。Python的遞迴函數演算法可以寫成如下：

```
def factorial(i):
    if i==0:
        return 1
    else:
        ans=i * factorial(i-1)  #反覆執行的遞迴過程
    return ans
```

以上遞迴應用的介紹是利用階乘函數的範例來說明遞迴式的運作。相信各位應該不會再對遞迴有陌生的感覺了吧！我們再來看一個很有名氣的費伯那序列（Fibonacci Polynomial），首先看看費伯那序列的基本定義：

$$F_n = \begin{cases} 0 & n=0 \\ 1 & n=1 \\ F_{n-1}+F_{n-2} & n=2,3,4,5,6\cdots\cdots(n\text{為正整}) \end{cases}$$

簡單來說，就是一序列的第零項是0、第一項是1，其它每一個序列中項目的值是由其本身前面兩項的值相加所得。從費伯那序列的定義，也可以嘗試把它轉成遞迴的形式：

```
def fib(n):  # 定義函數fib()
    if n==0 :
        return 0 # 如果n=0 則傳回 0
    elif n==1 or n==2:
        return 1
    else:  # 否則傳回 fib(n-1)+fib(n-2)
        return (fib(n-1)+fib(n-2))
```

〔隨堂練習〕

1. 函數f定義如下，如果呼叫f(1000)，指令sum=sum+i被執行的次數最接近下列何者？

```
int f (int n) {
    int sum=0;
    if (n<2) {
        return 0;
    }
    for (int i=1; i<=n; i=i+1) {
        sum = sum + i;
    }
    sum = sum + f(2*n/3);
    return sum;
}
```

(A) 1000

(B) 3000

(C) 5000

(D) 10000（105年3月觀念題）

解答：(B) 3000，這道題目是一種遞迴的問題，，這個題目在問如果如果呼叫f(1000)，指令sum=sum+i被執行的次數。

2. 請問以a(13,15)呼叫右側a()函式，函式執行完後其回傳值為何？

```
int a(int n, int m) {
    if (n < 10) {
        if (m < 10) {
            return n + m ;
        }
        else {
            return a(n, m-2) + m ;
```

```
        }
    }
    else {
        return a(n-1, m) + n ;
    }
}
```

(A) 90

(B) 103

(C) 93

(D) 60（105年3月觀念題）

解答：(B) 103，此題也是遞迴的問題。

3. 一個費式數列定義第一個數為0第二個數為1之後的每個數都等於前兩個數相加，如下所示：

   0、1、1、2、3、5、8、13、21、34、55、89⋯。

   下列的程式用以計算第N個（N≥2）費式數列的數值，請問(a)與(b)兩個空格的敘述（statement）應該為何？

   (A) (a) f[i]=f[i-1]+f[i-2]　　(b) f[N]

   (B) (a) a = a + b　　(b) a

   (C) (a) b = a + b　　(b) b

   (D) (a) f[i]=f[i-1]+f[i-2]　　(b) f[i]（105年3月觀念題）

```
int a=0;
int b=1;
int i, temp, N;
…
for (i=2; i<=N; i=i+1) {
    temp = b;
        (a) ;
    a = temp;
        printf ("%d\n", (b) );
}
```

解答：請參考本節內容，(C) (a) b = a + b (b) b

4.給定右側g()函式，g(13)回傳值為何？

```
int g(int a) {
  if (a > 1) {
    return g(a - 2) + 3;
  }
  return a;
}
```

(A) 16

(B) 18

(C) 19

(D) 22（105年3月觀念題）

解答：(C) 19

直接帶入遞迴寫出過程：g(13)=g(11)+3=g(9)+3+3=g(7)+3+6=g(5)+3+9=g(3)+3+12=g(1)+3+15=19

5.給定下側函式f1()及f2()。f1(1)運算過程中，以下敘述何者為錯？

(A) 印出的數字最大的是4

(B) f1一共被呼叫二次

(C) f2一共被呼叫三次

(D) 數字2被印出兩次（105年3月觀念題）

```
void f1 (int m) {
  if (m > 3) {
    printf ("%d\n", m);
  return;
  }
  else {
    printf ("%d\n", m);
    f2(m+2);
    printf ("%d\n", m);
  }
}
void f2 (int n) {
  if (n > 3) {
    printf ("%d\n", n);
  return;
  }
```

```
  else {
     printf ("%d\n", n);
     f1(n-1);
     printf ("%d\n", n);
  }
}
```

解答：(C) f2一共被呼叫三次

6. 下側程式輸出爲何？

(A) bar: 6 bar: 1 bar: 8

(B) bar: 6 foo: 1 bar: 3

(C) bar: 1 foo: 1 bar: 8

(D) bar: 6 foo: 1 foo: 3（105年3月觀念題）

```
void foo (int i) {
  if (i <= 5) {
  printf ("foo: %d\n", i);
  }
  else {
     bar(i - 10);
  }
}
void bar (int i) {
  if (i <= 10) {
     printf ("bar: %d\n", i);
  }
  else {
     foo(i - 5);
  }
}
void main() {
  foo(15106);
  bar(3091);
  foo(6693);
}
```

解答：(A) bar: 6　bar: 1

bar: 8，本題的數字太大，建議先行由小字數開始尋找規律性，這個例子主要考各位兩個函數間的遞迴呼叫。

7. 右側爲一個計算n階層的函式，請問該如何修改才會得到正確的結果？

```
1. int fun (int n) {
2.   int fac = 1;
3.   if (n >= 0) {
4.      fac = n * fun(n - 1);
5.   }
6.   return fac;
7. }
```

(A) 第2行，改爲int fac = n;

(B) 第3行，改爲if(n > 0){

(C) 第4行，改爲fac = n * fun(n+1);

(D) 第4行，改爲fac = fac * fun(n-1);

（105年3月觀念題）

解答：(B) 第3行，改爲if(n > 0){

8. 下側g(4)函式呼叫執行後，回傳值爲何？

(A) 6

(B) 11

(C) 13

(D) 14

```
int f (int n) {
  if (n > 3) {
     return 1;
  }
  else if (n == 2) {
     return (3 + f(n+1));
  }
  else {
     return (1 + f(n+1));
  }
}
int g(int n) {
  int j = 0;
```

```
  for (int i=1; i<=n-1; i=i+1) {
    j = j + f(i);
  }
  return j;
}
```

解答：(C) 13

由g()函式內的for迴圈可以看出：

g(4)=f(1)+f(2)+f(3)

=(1+f(2))+(3+f(3))+(1+f(4))

=(1+3+f(3))+(3+1+f(4))+(1+1))

=(1+3+1+f(4))+(3+1+1)+(1+1)

=(1+3+1+1)+(3+1+1)+(1+1)

=6+5+2

=13

9. 右側Mystery()函式else部分運算式應為何，才能使得Mystery(9) 的回傳值為34。

```
int Mystery (int x) {
  if (x <= 1) {
    return x;
  }
  else {
    return ________ ;
  }
}
```

(A) x + Mystery(x-1)

(B) x * Mystery(x-1)

(C) Mystery(x-2) + Mystery(x+2)

(D) Mystery(x-2) + Mystery(x-1)（105年3月觀念題）

解答：(D) Mystery(x-2) + Mystery(x-1)

此題在考費氏數列的問題，因此，Mystery(9)= Mystery(7)+ Mystery(8)=13+21=34。

10. 給定下側G(), K()兩函式，執行G(3)後所回傳的值為何？

(A) 5

(B) 12

(C) 14

(D) 15（105年10月觀念題）

```
int K(int a[], int n) {
  if (n >= 0)
     return (K(a, n-1) + a[n]);
  else
     return 0;
}
int G(int n){
  int a[] = {5,4,3,2,1};
  return K(a, n);
}
```

解答：(C) 14

11. 右側函式以F(7) 呼叫後回傳值爲12，則<condition>應爲何？

```
int F(int a) {
  if ( <condition> )
     return 1;
  else
     return F(a-2) + F(a-3);
}
```

(A) a < 3

(B) a < 2

(C) a < 1

(D) a < 0（105年10月觀念題）

解答：(D) a < 0

以選項(A)爲例，當函數的參數a小於3則回傳數值1。

12. 下側主程式執行完三次G()的呼叫後，p陣列中有幾個元素的值爲0？

(A) 1

(B) 2

(C) 3

(D) 4（105年10月觀念題）

解答：(C) 3，陣列p的內容爲{0,0,0,3,2}

```
int K (int p[], int v) {
  if (p[v]!=v) {
     p[v] = K(p, p[v]);
  }
  return p[v];
}
void G (int p[], int l, int r) {
  int a=K(p, l), b=K(p, r);
  if (a!=b) {
     p[b] = a;
  }
}
int main (void) {
  int p[5]={0, 1, 2, 3, 4};
  G(p, 0, 1);
  G(p, 2, 4);
  G(p, 0, 4);
  return 0;
}
```

13. 右側G()應爲一支遞迴函式，已知當a固定爲2，不同的變數x值會有不同的回傳值如下表所示。請找出G()函式中(a)處的計算式該爲何？

```
int G (int a, int x) {
if (x == 0)
   return 1;
else
   return (a) ;
}
```

a值	x值	G(a, x)回傳值
2	0	1
2	1	6
2	2	36
2	3	216

a值	x值	G(a, x)回傳值
2	4	1296
2	5	7776

(A) ((2*a)+2) * G(a, x - 1)

(B) (a+5) * G(a-1, x - 1)

(C) ((3*a)-1) * G(a, x - 1)

(D) (a+6) * G(a, x - 1)（105年10月觀念題）

解答：(A) ((2*a)+2) * G(a, x - 1)，本題建議從表格中的a,x值逐一帶入選項(A)到選項(D)，去驗證所求的G(a,x)的值是否和表格中的值相符，就可以推算出答案。

14. 右側G()為遞迴函式，G(3, 7)執行後回傳值為何？

```
int G (int a, int x) {
  if (x == 0)
    return 1;
  else
    return (a * G(a, x - 1));
}
```

(A) 128

(B) 2187

(C) 6561

(D) 1024（105年10月觀念題）

解答：(B) 2187，直接帶入值求解

15. 右側函式若以search(1, 10, 3)呼叫時，search函式總共會被執行幾次？

```
void search (int x, int y, int z) {
  if (x < y) {
    t = ceiling ((x + y)/2);
    if (z >= t)
      search(t, y, z);
    else
      search(x, t - 1, z);
  }
}
```

註：ceiling()為無條件進位至整數位。例如ceiling(3.1)=4, ceiling(3.9)=4。

(A) 2

(B) 3

(C) 4

(D) 5（105年10月觀念題）

解答：(C) 4，提示當「x>=y」

時，就不會執行遞迴函數的呼叫，因此，當x值大於或等於y值時，就會結束遞迴。

16. 若以B(5,2)呼叫右側B()函式，總共會印出幾次"base case"？
    (A) 1
    (B) 5
    (C) 10
    (D) 19（106年3月觀念題）

```
int B (int n, int k) {
  if (k == 0 || k == n){
     printf ("base case\n");
  return 1;
  }
  return B(n-1,k-1) + B(n-1,k);
}
```

解答：(C) 10，也是遞迴式的應用，當第二個參數k爲0時或兩個參數n及k相同時，則會印出一次"base case"。

17. 若以G(100)呼叫右側函式後，n的值爲何？
    (A) 25
    (B) 75
    (C) 150
    (D) 250（106年3月觀念題）

```
int n = 0;
void K (int b) {
  n = n + 1;
  if (b % 4)
     K(b+1);
}
void G (int m) {
  for (int i=0; i<m; i=i+1) {
     K(i);
  }
}
```

解答：(D) 250，K函式爲一種遞迴函式，其遞迴出口條件爲參數b爲的4的倍數。

18. 若以F(15)呼叫右側F()函式，總共會印出幾行數字？
    (A) 16行
    (B) 22行
    (C) 11行
    (D) 15行
    （106年3月觀念題）

```
void F (int n) {
  printf ("%d\n" , n);
  if ((n%2 == 1) && (n > 1)){
     return F(5*n+1);
  }
  else {
  if (n%2 == 0)
     return F(n/2);
  }
}
```

解答：(D) 15行，解題提示必須先

行判斷遞迴函式的出口條件，也就是(n%2 == 1)&&(n > 1)這個條件不能成立，而且n%2 == 0這個條件也不能成立。

19. 若以F（5,2）呼叫右側F()函式，執行完畢後回傳值為何？

```
int F (int x,int y) {
   if (x<1)
      return 1;
   else
      return F(x-y,y)+F(x-2*y,y);
}
```

(A) 1
(B) 3
(C) 5
(D) 8（106年3月觀念題）

解答：(C) 5，本遞迴函式的出口條件為x<1，當x值小於1時就回傳1。

20. 右側F()函式回傳運算式該如何寫，才會使得F(14)的回傳值為40？

```
int F (int n) {
   if (n < 4)
      return n;
   else
      return ___?___ ;
}
```

(A) n * F(n-1)
(B) n + F(n-3)
(C) n - F(n-2)
(D) F(3n+1)（106年3月觀念題）

解答：(B) n + F(n-3)，當n<4時，為F()函式的出口條件。

21. 右側函式兩個回傳式分別該如何撰寫，才能正確計算並回傳兩參數a, b之最大公因數（Greatest Common Divisor）？

```
int GCD (int a, int b) {
int r;
   r = a % b;
   if (r == 0)
      return _________;
      return _________;
}
```

(A) a, GCD（b,r）
(B) b, GCD（b,r）
(C) a, GCD（a,r）
(D) b, GCD（a,r）
（106年3月觀念題）

解答：(B) b, GCD(b,r)

輾轉相除法，是求最大公約數的一種方法。它的做法是用較小數除較大數，再用出現的餘數（第一餘數）去除除數，再用出現的餘數（第二餘數）去除第一餘數，如此反覆，直到最後餘數是0爲止。

7-5 回溯法——老鼠走迷宮問題

回溯法（Backtracking）也算是枚舉法中的一種，對於某些問題而言，回溯法是一種可以找出所有（或一部分）解的一般性演算法，是隨時避免枚舉不正確的數值，一旦發現不正確的數值，就不遞迴至下一層，而是回溯至上一層，節省時間，這種走不通就退回再走的方式。主要是在搜尋過程中尋找問題的解，當發現已不滿足求解條件時，就回溯返回，嘗試別的路徑，避免無效搜索。

例如老鼠走迷宮就是一種回溯法（Backtracking）的應用。老鼠走迷宮問題的陳述是假設把一隻大老鼠被放在一個沒有蓋子的大迷宮盒的入口處，盒中有許多牆使得大部分的路徑都被擋住而無法前進。老鼠可以依照嘗試錯誤的方法找到出口。不過這老鼠必須具備走錯路時就會重來一次並把走過的路記起來，避免重複走同樣的路，就這樣直到找到出口爲止。簡單說來，老鼠行進時，必須遵守以下三個原則：

①一次只能走一格。
②遇到牆無法往前走時，則退回一步找找看是否有其他的路可以走。
③走過的路不會再走第二次。

我們之所以對這個問題感興趣，就是它可以提供一種典型堆疊應用的思考方向，國內許多大學曾舉辦所謂「電腦鼠」走迷宮的比賽，就是要設計這種利用堆疊技巧走迷宮的程式。在建立走迷宮程式前，我們先來了解如何在電腦中表現一個模擬迷宮的方式。這時可以利用二維陣列MAZE[row][col]，並符合以下規則：

MAZE[i][j]=1　表示[i][j]處有牆，無法通過
=0　表示[i][j]處無牆，可通行
MAZE[1][1]是入口，MAZE[m][n]是出口

下圖就是一個使用10x12二維陣列的模擬迷宮地圖表示圖：

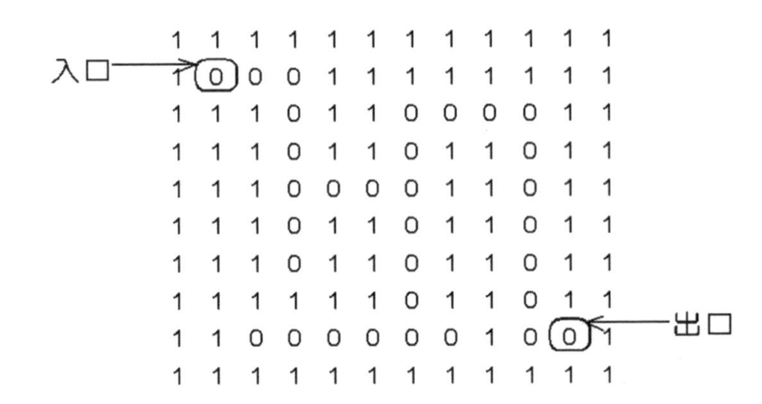

我們可以利用鏈結串列來記錄走過的位置，並且將走過的位置的陣列元素內容標示爲2，然後將這個位置放入堆疊再進行下一次的選擇。如果走到死巷子並且還沒有抵達終點，那麼就必退出上一個位置，並退回去直到回到上一個叉路後再選擇其他的路。由於每次新加入的位置必定會在堆疊的最末端，因此堆疊末端指標所指的方格編號便是目前搜尋迷宮出口的老鼠所在的位置。如此一直重覆這些動作直到走到出口爲止。

上面這樣的一個迷宮搜尋的概念，底下利用Python演算法來加以描述：

```
if 上一格可走:
    加入方格編號到堆疊
    往上走
    判斷是否為出口
elif 下一格可走:
    加入方格編號到堆疊
    往下走
    判斷是否為出口
elif 左一格可走:
    加入方格編號到堆疊
    往左走
    判斷是否為出口
elif 右一格可走:
    加入方格編號到堆疊
    往右走
    判斷是否為出口
else:
    從堆疊刪除一方格編號
    從堆疊中取出一方格編號
    往回走
```

上面的演算法是每次進行移動時所執行的內容，其主要是判斷目前所在位置的上、下、左、右是否有可以前進的方格，若找到可移動的方格，便將該方格的編號加入到記錄移動路徑的堆疊中，並往該方格移動，而當四周沒有可走的方格時，也就是目前所在的方格無法走出迷宮，必須退回前一格重新再來檢查是否有其它可走的路徑。

〔隨堂練習〕

1. 下列程式片段執行後，count的值為何？

(A) 36　(B) 20　(C) 12　(D) 3（105年10月觀念題）

```
int maze[5][5]= {{1, 1, 1, 1, 1}, {1, 0, 1, 0, 1},{1, 1, 0, 0, 1},{1, 0, 0, 1,
1},{1, 1, 1, 1, 1} };
int count=0;
for (int i=1; i<=3; i=i+1) {
  for (int j=1; j<=3; j=j+1) {
    int dir[4][2] = {{-1,0}, {0,1}, {1,0}, {0,-1}};
    for (int d=0; d<4; d=d+1) {
      if (maze[i+dir[d][0]][j+dir[d][1]]==1) {
        count = count + 1;
      }
    }
  }
}
```

解答：(B) 20

這個題目是一個迷宮矩陣。前兩個迴圈的i值是迷宮二維陣列maze的列，j值是迷宮二維陣列maze的行，dir為左(-1,0)、上(0,1)、右(1,0)、下(0,-1)四個方向的移動量，這個程式主要計算每一個位置的可能行徑的總數。

7-6 全真綜合實作測驗

7-6-1 線段覆蓋長度

問題描述（105年3月實作題）

給定一維座標上一些線段，求這些線段所覆蓋的長度，注意，重疊的部分只能算一次。例如給定三個線段：(5, 6)、(1, 2)、(4, 8)和(7, 9)，如下圖，線段覆蓋長度為6。

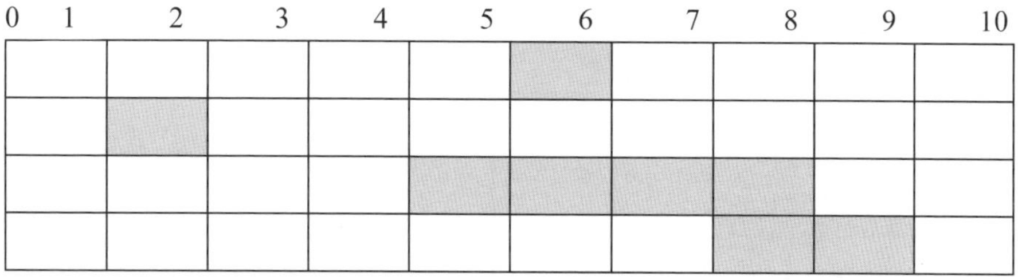

0 1 2 3 4 5 6 7 8 9 10

輸入格式

第一列是一個正整數N，表示此測試案例有N個線段。

接著的N列每一列是一個線段的開始端點座標和結束端點座標整數值，開始端點座標值小於等於結束端點座標值，兩者之間以一個空格區隔。

輸出格式

輸出其總覆蓋的長度。

範例一：輸入

```
5
160 180
150 200
280 300
300 330
190 210
```

（說明）

此測試案例有5個線段

開始端點座標值與結束端點座標

開始端點座標值與結束端點座標

開始端點座標值與結束端點座標

開始端點座標值與結束端點座標

開始端點座標值與結束端點座標

範例二：輸入

```
1
120 120
```

（說明）

測試案例的結果

範例一：輸出

```
110
```

（說明）
此測試案例有1個線段
開始端點座標值與結束端點座標值

範例二：輸出

```
0
```

（說明）
測試案例的結果

評分說明

輸入包含若干筆測試資料，每一筆測試資料的執行時間限制（time limit）均爲2秒，依正確通過測資筆數給分。每一個端點座標是一個介於0～M之間的整數，每筆測試案例線段個數上限爲N。其中：

第一子題組共30分，M<1000，N<100，線段沒有重疊。

第二子題組共40分，M<1000，N<100，線段可能重疊。

第三子題組共30分，M<10000000，N<10000，線段可能重疊。

題目重點分析

此題可設計一個函數，該函數會傳入一個由布林值資料型態組成的串列，並有兩個參數start及end，代表線段的起點與終點，並在該函數紀錄線段資訊。接著先取第一個線段的資料，再以迴圈的方式依序取出下一個新線段，每取出一個新線段就與原線段進行or運算，如果兩個線段的相同索引所紀錄的字元串列值，只要其中一個爲「True」就將該索引位置的設定爲「True」。完成上述工作後，再以迴圈去找出各串列索引位置等於爲「True」的總數，就是所有線段的總覆蓋的長度。

參考解答程式碼：線段覆蓋長度.py

```
01    list1=[False]*100000
02    list2=[False]*100000
```

```
03  M=100000
04  index=0
05  counter=0
06  def segment(a,start,end):
07      for i in range(start,end):
08          list1[i]=True
09  num=int(input())#共有多少個線段
10  temp=input().split(' ')#讀取第一個線段的起點與終點
11  start=int(temp[0])
12  end=int(temp[1])
13  segment(list1,start,end) #標示第一個線段的覆蓋資訊
14  for i in range(1,num):
15      temp=input().split(' ')#讀取新線段的起點與終點
16      start=int(temp[0])
17      end=int(temp[1])
18      segment(list2,start,end)#標示下一個線段的覆蓋資訊
19      for j in range(M): #兩線段進行OR運算
20          if list1[j]==True or list2[j]==True:
21              list1[j]=True
22  while index<M:
23      if list1[index]==True: counter=counter+1
24      index=index+1
25  print("%d" %(counter))
```

範例一執行結果：

```
5
160 180
150 200
280 300
300 330
190 210
110
```

範例二執行結果：

```
1
120 120
0
```

程式碼說明：

- 第1列：定義各線段的串列。
- 第2列：爲了方便兩線段間進行or運算所以宣告此串列可以紀錄新線段的內容值。
- 第5列：計數器歸零，用來紀錄線段的總覆蓋長度。
- 第6～8列：用來紀錄線段的函數。
- 第9列：第一列是一個正整數num，表示此測試案例有num個線段。
- 第10～13列：接著的N列每一列是一個線段的開始端點座標和結束端點座標整數值，開始端點座標值小於等於結束端點座標值，兩者之間以一個空格區隔。第13列先取第一個線段資料。
- 第14～21列：以迴圈方式依序取出下一個新線段，再將新線段與原線段進行OR運算。
- 第22～24列：累加被填滿的線段。
- 第25列：輸出其總覆蓋的長度。

第八章 

檔案、排序與搜尋演算法

檔案（File）是電腦中數位資料的集合，也是處理資料的重要單位，這些資料以位元組的方式儲存。可以是一份報告、一張圖片或一個執行程式，並且包括了資料檔、程式檔與可執行檔等格式。檔案依照不同的屬性可分爲多種類型，例如文字檔、執行檔、HTML檔、文件檔等，而且每一個檔案都會以「檔名.副檔名」格式來表示。其中「檔名」說明了此檔案的用途或功能，而「副檔名」則表示檔案的類型。

8-1 認識檔案

檔案如果依儲存方式來分類，有文字檔（text file）與二進位檔（binary file）兩種。分別說明如下：

● 文字檔

文字檔是以字元編碼的方式進行儲存，在Windows作業系統的記事本程式中則預設以ASCII編碼來儲存文字檔，每個字元占有1位元組。例如在文字檔中存入10位數整數1234567890，由於是以字元循序存入，所以總共需要10位元組來儲存。

● 二進位檔

所謂二進位檔，就是以二進位格式儲存，也就是說將記憶體中資料原封不動儲存至檔案之中，這種儲存方式適用於非字元爲主的資料。如果以Windows作業系統的記事本開啓，只會看到一堆亂碼。其實除了以字元爲主的文字檔外，所有的資料都可以說是二進位檔，例如編譯後的程式檔案、圖片或影片等。二進位檔的最大優點在於存取速度快、占用空間小以及可隨機存取，在資料庫應用上較文字檔案來得適合。

8-1-1 檔案的寫入

Python在處理檔案的讀取與寫入都是透過檔案物件，無論是進行檔案的寫入或讀取工作，第一項工作就是利用Python的open()內建函式建立檔案物件，所謂檔案物件（File Object）就是一個提供存取的介面，它並非實際的檔案。當開啓檔案後，就必須透過「檔案物件」做讀（Read）或寫（Write）的動作。

open()函式語法如下：

```
open(file, mode)
```

● file：以字串來指定想要開啓檔案的路徑和檔案名稱。

● mode：以字串指定開啓檔案的存取模式，下表爲可以設定的存取模式：

mode	說明
"r"	讀取模式（預設值）
"w"	寫入模式，建立新檔或覆蓋舊檔（覆蓋舊有資料）

mode	說明
"a"	附加（寫入）模式，建立新檔或附加於舊檔尾端
"x"	寫入模式，檔案不存在建立新檔，檔案存在則有錯誤
"t"	文字模式（預設）
"b"	二進位模式
"r+"	更新模式，可讀可寫，檔案必須存在，從檔案開頭做讀寫
"w+"	更新模式，可讀可寫，建新檔或覆蓋舊檔內容，從檔案開頭做讀寫
a+	更新模式，可讀可寫，建立新檔或從舊檔尾端做讀寫

如果利用open()建立檔案物件的工作成功，就會傳回檔案物件；但是如果建立失敗，就會發生錯誤。例如當以讀取模式"r"開啓檔案，如果該檔案不存在，就會發生錯誤。

例如底下的程式敘述是以讀取模式開啓一個名稱爲「C:\test.txt」檔案，如果檔案的路徑找不到這個檔案，就會發生FileNotFoundError的錯誤訊息，這個訊息告知使用者所開啓的檔案或目錄不存在：

```
file1=open("C:\\test.txt","r")
FileNotFoundError: [Errno 2] No such file or directory: 'C:\\test.txt'
```

前面是指以讀取模式開啓檔案，當檔案不存在時會發生錯誤，但是如果以寫入模式開啓檔案，第一次開啓該檔案，該檔案並不會存在，此時系統就會自動以該名稱建立新檔。例如以下程式是以寫入模式開啓名稱爲C:\test.txt的檔案，如果在指定路徑找不到這個檔案，就會以該名稱建立檔案，並會建立一個檔案物件，再指派給變數file1：

```
file1=open("C:\\test.txt","w")
```

請各位要特別留意，使用open()函式開啓檔案時，檔案路徑必須以跳脫字元\\來表示\，例如：

```
>>> file1=open("C:\\lab\\test.txt"."r")
```

各位也可以在絕對路徑前面加r，來告知編譯器系統接著所使用路徑的字串是原始字串，如此一來，原先用\\來表示\的表示方式，就可以簡化如下：

```
>>> file1=open(r"C:\lab\test.txt"."r")
```

簡單做個結論，對於文字檔案而言，要將資料寫入檔案中必須事先以open()方法建立新檔，再使用write()方法將文字寫入檔案，最後再以close()方法關閉檔案。

請注意！寫入檔案時會從目前檔案指標的所在位置開始，所謂檔案指標是用來紀錄目前檔案寫入或讀取到哪一個位置。所以寫入檔案時，必須指定存取模式。

8-1-2 檔案的讀取

至於讀取檔案的步驟，必須先以open()方法開啓指定的檔案，接著使用read()、readline()或readlilnes()方法從檔案讀取資料，最後再以close()方法關閉檔案。

前面曾提醒各位，讀取檔案和寫入檔案有點不同，如果以讀取模式開啓檔案，當檔案不存在時，會發生找不到檔案的錯誤。爲了避免這類錯誤，可以在開啓檔案之前，以os.path模組所提供的isfile（file）函式來檢查檔案是否存在。如果檔案存在則傳回True，否則傳回False。

8-2 排序演算法

排序（Sorting）演算法幾乎可以形容是最常使用到的一種演算法，目的是將一串不規則的數值資料依照遞增或是遞減的方式重新編排。所謂「排序」（Sorting）是將一群資料按照某一個特定規則重新排列，使其具有遞增或遞減的次序關係。針對某一欄位按照特定規則用以排序的依據，稱為「鍵」（Key），它所含的值就稱為「鍵值」（Value）。資料在經過排序後，會有下列三點好處：

- 資料較容易閱讀。
- 資料較利於統計及整理。
- 可大幅減少資料搜尋的時間。

8-2-1 氣泡排序法

氣泡排序法（Bubble Sort）可說是最簡單的排序法之一，它屬於交換排序（Swap sort）的一種，由觀察水中氣泡變化構思而成，氣泡隨著水深壓力而改變。氣泡在水底時，水壓最大，氣泡最小；當慢慢浮上水面時，發現氣泡由小漸漸變大。由此可知，氣泡排序法是把陣列中相鄰兩元素之鍵值做比較，若兩元素之次序不對，則將兩元素值交換。氣泡排序法的比較方式是由第一個元素開始，比較相鄰元素大小，若大小順序有誤，則對調後再進行下一個元素的比較，其步驟如下。

Step 1. 相鄰之兩資料項X(i)與X(i - 1)互相比較。

Step 2. 若次序不對則將兩資料項對調，直到不產生對調為止。

Step 3. 重複以上動作，直到N-1次或互換動作停止。

以下排序我們利用數列「25、33、11、78、65、57」來說明排序過程。

Step 1. 一開始資料都放在同一陣列中，比較相鄰的陣列元素大小，依照順序來決定是否要做交換。

Step 2. 從輸入陣列的第一個元素開始「25」，它小於33不互換，33比11大，得互換。所以較大的元素會逐漸地往下方移動，所以找到最大值「78」，結束第一回合的結果。

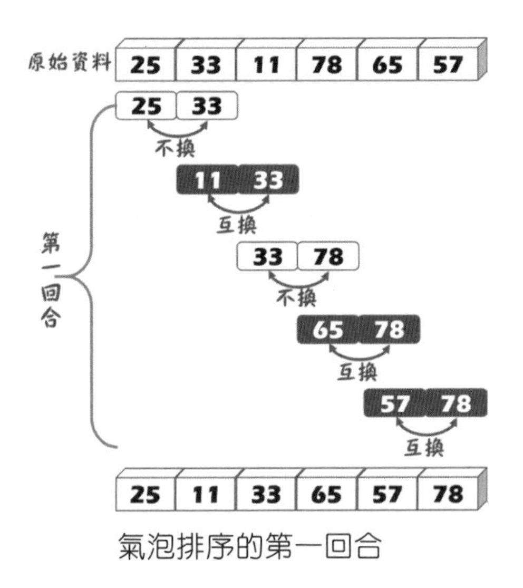

氣泡排序的第一回合

Step 3. 第二回合，以「6 – 1 = 5」做排序。

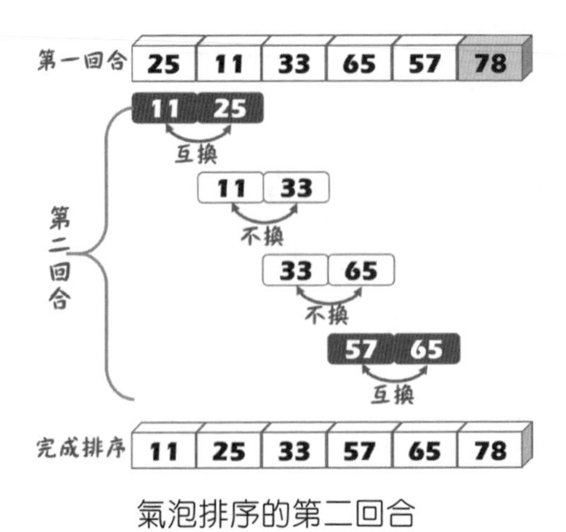

氣泡排序的第二回合

將範圍內最大的元素排到定位的過程稱爲「回合」（pass），從步驟2中可以得知「第一回合」範圍是從「A[0]～A[n - 1]」，其中的最大元素會定位到「A[n - 1]」，可以得到的結論如下：

- 第一回合的範圍中數列中有6個項目，比較了5次，進行了3次交換。所以「比較次數 = 數列項目 - 1」。
- 每一回之後至少會有一個項目排到正確位置。

Python的氣泡排序演算法：

```
01  def sortButtle(data, long):
02      for k in range(long - 1, 0, -1):
03        for item in range(k):
04          if data[item] > data[item + 1]:
05            data[item], data[item + 1] = \
06            data[item + 1], data[item]
07            print(data)
08      return data
11  data = [25, 33, 11, 78, 65, 57]
12  long = len(data)
13  print('未排序', data)
14  print('氣泡排序', sortButtle(data, long))
```

程式說明

- 第1～8行：定義函式sortBubble()，傳入List物件的元素和其長度來執行氣泡排序的動作。
- 第2～7行：外層for迴圈以記錄指標方式來移動。
- 第3～7行：將陣列元素兩兩比較，並以if配合條件判斷，若前一個項目比後一個項目的值大就互換位置。

◈ 第5～6行：項目進行交換時，Python能直接互奐而不用借助其他的暫存變數。

氣泡法分析

➢ 最壞情況及平均情況均需要比較：

$$(n-1) + (n-2) + (n-3) + \cdots + 3 + 2 + 1 = n(n-1)/2 \text{ 次}$$

➢ 時間複雜度為$\theta(n^2)$，最好情況只需完成一次掃瞄，發現沒有做交換的動作則表示已經排序完成，所以只做了n-1次比較，時間複雜度為$\Omega(n)$。

➢ 由於氣泡排序為相鄰兩者相互比較對調，並不會更改其原本排列的順序，是穩定排序法。

➢ 只需一個額外的空間，所以空間複雜度為最佳。

➢ 此排序法適用於資料量小或有部份資料已經過排序。

8-2-2 快速排序法

「快速排序法」（Quick Sort）是一種分而治之（Divide and Conquer）的排序法，所以也稱爲分割交換排序法，是目前公認最佳的排序法，平均表現是我們所介紹的排序法中最好的，目前爲止至少快兩倍以上。它的運作方式和氣泡排序法類似，利用交換達成排序。它的原理是以遞迴方式，將陣列分成兩部分：不過它會先在資料中找到一個虛擬的中間值，把小於中間值的資料放在左邊而大於中間值的資料放在右邊，再以同樣的方式分別處理左右兩邊的資料，直到完成爲止。

假設有n筆記錄R_1、R_2、$R_3 \cdots R_n$，其鍵值爲K_1、K_2、K_3、⋯、K_n。快速排序法的步驟如下：

Step 4. 取K爲第一筆鍵值。

Step 5. 由左向向找出一個鍵值K_i使得$K_i > K$。

Step 6. 由右向左找出一個鍵值K_j使得$K_j < K$。

Step 7. 若$i < j$則Ki與K_j交換，並繼續步驟2的執行。

Step 8. 若$i \geqq j$則將K與K_j交換，並以j爲基準點將資料分爲左右兩部分，再以遞迴方式分別爲左右兩半進行排序，直至完成排序。

將原始資料「45、21、10、18、65、33」以謝身排序法進行由小而大的排序。

Step 1. 將變數pivot設爲數列的第一個數值，first指標指向數列的第二個數值，而last指標指向數列最後一個數值。

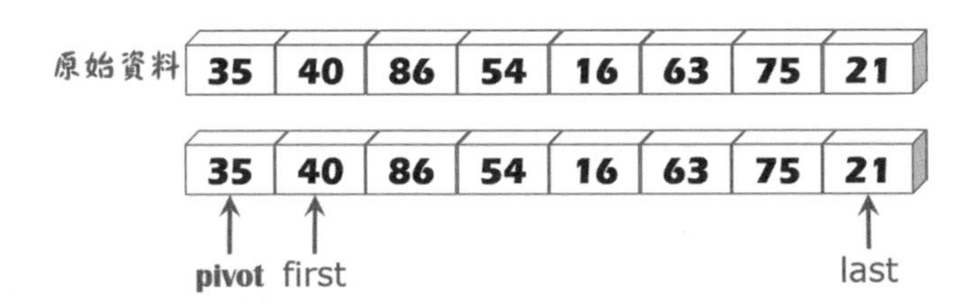

Step 2. first指標向右移動，而last指標則向左移動；由於「first > pivot」（40 > 35）而「last < pivot」（21 < 35），把40、21指標指向的值對調。

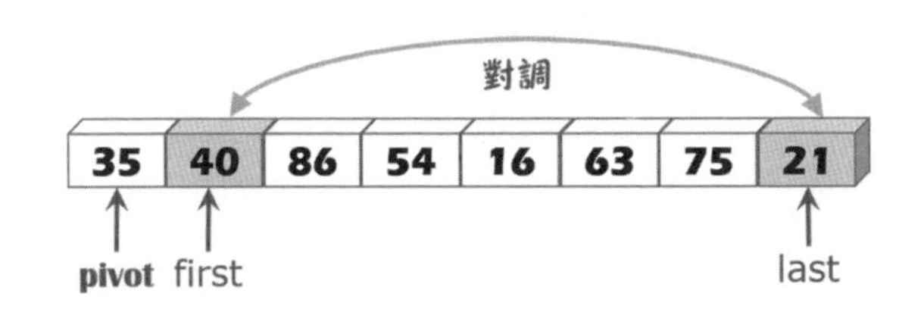

Step 3. first指標繼續向右移動，而last指標則向左移動；由於「86 > 35」，first比pivot大，「16 < 35」表示last小於pivot；把first、last指標指向的值對調。

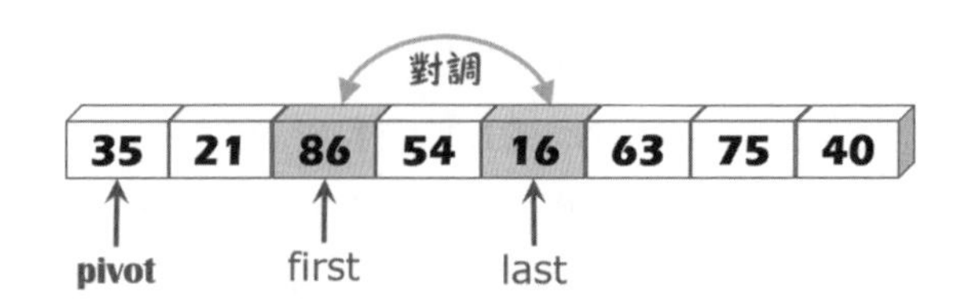

Step 4. first指標繼續向右移動到「54」，而last指標則向左移動到「16」；此時「first > last」，將last指標指向的值「16」與pivot「35」對調。

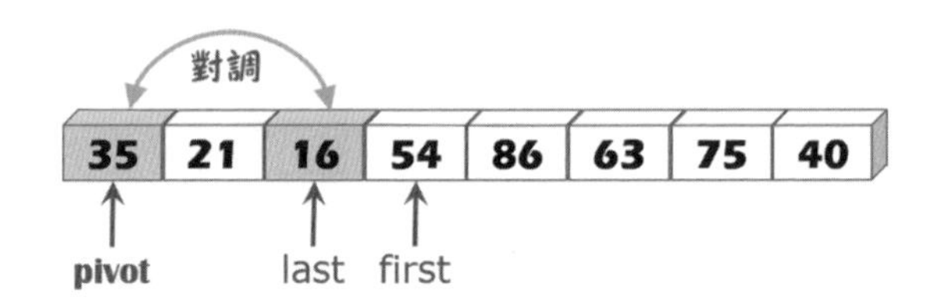

Step 5. 經過步驟1～4已將數列分割成兩組，左側的子集合比基準點「35」小，右側的子集合比pivot「35」大。由於左側子集合已完成排序，所以依照步驟1～4繼續右側子集合的排序動作。

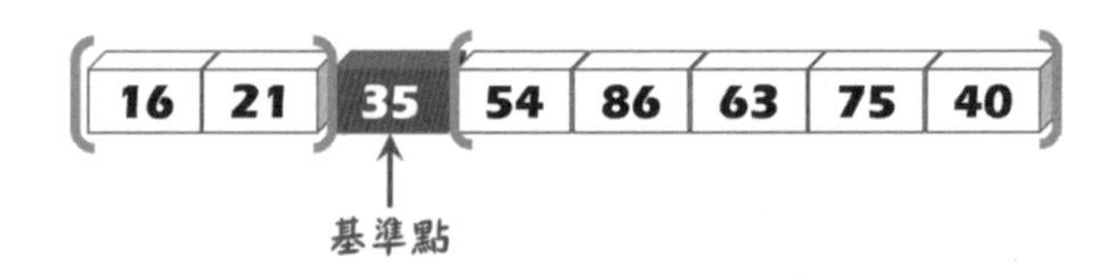

Step 6. 繼續數列中的右側子集合，設pivot「54」，由於符合規則，將first的值「86」和last的值「40」對調。

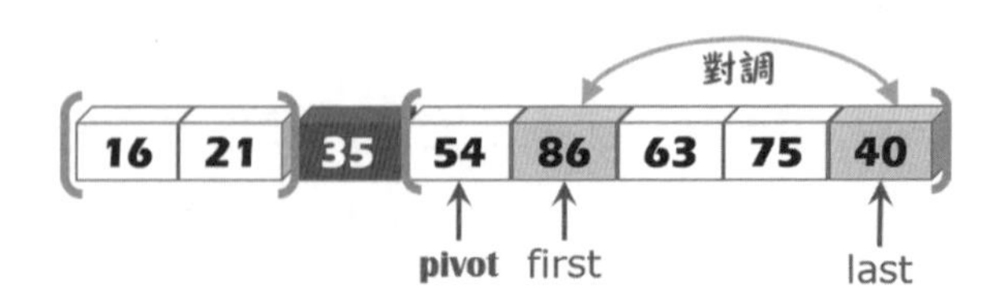

Step 7. 最後，將54和40互換，完成排序。

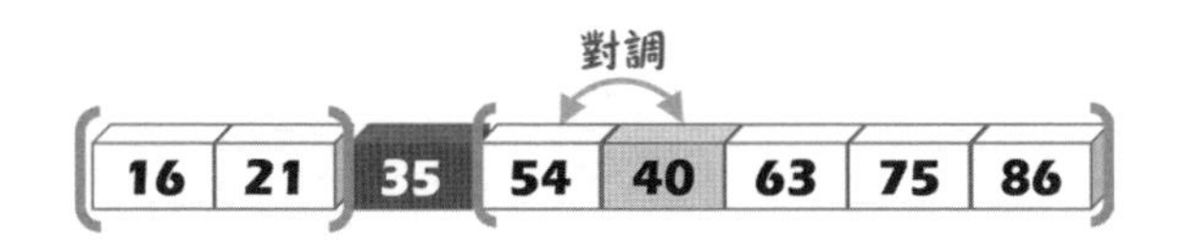

Python的快速排序演算法：

```
01   def sortQuick(Ary, first = 0, last = None):
02   if last == None: #初值爲None，設hing = len(Ary)
03      last = len(Ary) - 1 #設hign, index的值
04   if first < last:
05      pivotIndex = Division(Ary, first, last) #呼叫分割函式
06      sortQuick(Ary, first, pivotIndex - 1) #左邊
07      sortQuick(Ary, pivotIndex + 1, last) #右邊
08   return Ary
09
10   def Division(Ary, first, last): #將陣列分割
11      index = first #取得向左移動的索引
12      pivot = Ary[first]#設List第一個元素爲pivot
13      for k in range(first + 1, last + 1):
14         if Ary[k] <= pivot: #與pivot做比較，若小於pivot
15            index += 1
16            #將目前的值與pivot做對調
17            Ary[k], Ary[index] = Ary[index], Ary[k]
18   left = Ary[first] #最後pivot的值與分割後的值對調
19   Ary[first] = Ary[index]
20   Ary[index] = left #pivot值與分割後的值對調
21   return index
```

程式說明

◈ 第1～8行：定義函式sortQuick()來執行排序，以陣列爲參數，兩個指標first和last在數列中分別向左、向右移動。

- ◈ 第4～7行：以遞迴呼叫本身的函式，分別處理左邊和右邊的元素。
- ◈ 第10～21行：定義函式Division()來執行快速排序法的分割動作。設第一個元素為pivot，依據兩個指標first和last指向的值和pivot做比較來決定是否要互換位置：當first指向的值大於last指向的值，就將pivot、first的值互換，直到最後完成排序。

快速排序法分析：

- ➢ 在最快及平均情況下，時間複雜度為O(n $\log_2$(n))。最壞情況就是每次挑中的中間值不是最大就是最小，其時間複雜度為O(n_2)。
- ➢ 快速排序法不是穩定排序法。
- ➢ 在最差的情況下，空間複雜度為O(n)，而最佳情況為O(n log(n))。
- ➢ 快速排序法是平均執行時間最快的排序法。

8-3 搜尋演算法

搜尋這件事可大可小。例如從自己的手機上找出同學的電話號碼，或者從資料庫裡找出某個指定的資料（可能需要一些技巧）。或者更簡單地說，只要開啓電腦，搜尋就無處不在；以視窗作業系統來說，檔案總管配有搜尋窗格，方便我們搜尋電腦中的檔案。

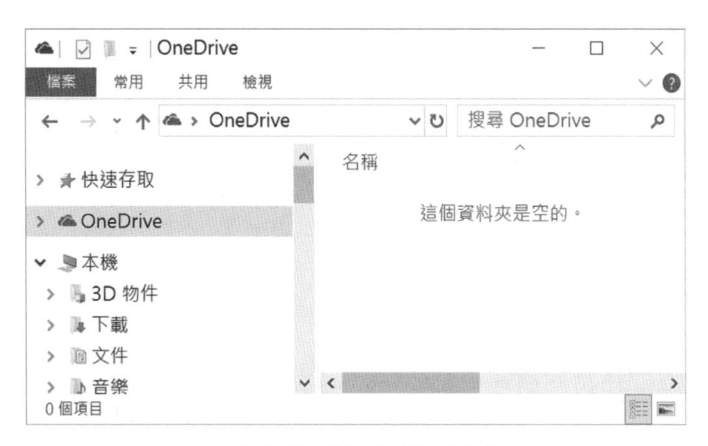

視窗作業系統的搜尋窗格

使用瀏覽器輸入「關鍵字」（Key）擊點搜尋按鈕後，類似蜘蛛網的搜尋會把網路上「登錄有案」的伺服器，配合網頁技術檢索相關資料再以搜尋熱度進行排序，最後以網頁呈現在我們面前。以下圖來說，輸入「資料結構」關鍵字後，谷歌大神會告訴我們，它只花「0.32」秒就給了我們搜尋結果。

搜尋引擎能快速取得搜尋結果

這樣的過程可稱它為「資料搜尋」；搜尋時要有「關鍵字」（Key）或稱「鍵值」，利用它來識別某個資料項目的值，而搜尋所取得的集合可能儲存以資料表、網頁形式呈現。不過我們要探討的重點是以某個特定資料為對象，一窺搜尋的運作方式。

8-3-1 循序搜尋法

生活中，翻箱倒櫃找一件東西的經驗一定是有的；例如找一本不知放在哪裡的書，可能從書架上一一查找，或者從抽屜逐層翻動。這種簡易的搜尋方式就是「循序搜尋法」（Sequential search），又稱為線性搜尋（Linear Searching）。一般而言，會把欲搜尋的值設成「Key」，欲搜尋的對象是事先未按鍵值排序的數列；所以，欲尋找的Key若是存放在第一個位置（索引為零），第一次就會找到；若Key是存放在數列的最後一個位置，就得依照資料儲存的順序從第一個項目逐一比對到最後一個項目，從頭到尾走訪過一次。

循序搜尋法的優點是資料在搜尋前不需要作任何的處理與排序，缺點是搜尋速度較慢。假設已存在數列「117、325、54、19、63、749、41、213」，若欲搜尋63需要比較5次；搜尋117僅需比較1次；搜尋749則需搜尋6次。

當資料量很大時，就不適合用循序搜尋法，但可估計每一筆資料所要搜尋的機率，將機率高的放在檔案的前端，以減少搜尋的時間。如果資料沒有重覆，找到資料就可中止搜尋的話，最差狀況是未找到資料，需作n次比較，最好狀況則是一次就找到，只需1次比較。

```
def searchLinear(Ary, target):
  index = 0  #取得欲搜尋項目的位置
  found = False #找到了搜尋元素就變更旗標
  #逐一比較，index < len(Ary)表示未找到
  while index < len(Ary) and not found:
    #找到Key回傳True，未找到就依據索引繼續往下找
    if Ary[index] == target:
      found = True
    else:
      index += 1
    return found
number = [117, 325, 54, 19, 63, 749, 41, 213]
print('數值63', searchLinear(number, 63))
```

◈ 定義函式searchLinear()是從List物件中搜尋指定的值；設變數found爲旗標，找到Key（變數target）就回傳True，沒有此項目就以False回傳。

循序法分析

- 時間複雜度：如果資料沒有重覆，找到資料就可中止搜尋的話，在最差狀況是未找到資料，逐一比對後沒有找到資料，則必須花費n次，其最壞狀況（Worst Case）的時間複雜度為O(n)。
- 以N筆資料為例，利用循序搜尋法來找尋資料，有可能在第1筆就找到，如果資料在第2筆、第3筆…第n筆，則其需要的比較次數分別為2、3、4…n次的比較動作。平均狀況下，假設資料出現的機率相等，則需(n + 1)/2次比較，例如有10萬個鍵值，則需要做50000次的比較。
- 循序搜尋法優點是檔案或資料事前是不需經過任何處理與排序，在應用上適合於各種情況，當資料量很大時，不適合使用循序搜尋法。但如果預估所搜尋的資料在檔案前端則可以減少搜尋的時間。

8-3-2 二元搜尋法

假如資料本身是已排序後的一串資料，搜尋時可以把資料分成一分為二的方法，然後從其中的一半展開搜尋，這種方法叫做「二元搜尋」（Binary search）或稱「折半搜尋」法。二元搜尋法的原理是將欲進行搜尋的Key，與所有資料的中間值做比對，然後利用二等分的法則，將資料分割成兩等份，再比較鍵值、中間值兩者的大小。如果鍵值小於中間值，可確定要找的資料在前半段的元素，否則在後半部。

使用二元搜尋法的查找對象必須是一個依照鍵值完成排序的資料，搜尋時是由中間開始查找，不斷地把資料分割直到找到或確定不存在為止。既然是利用鍵值「K」與中間項「Km」做比對，會有三種比較結果可得：

- 若「K < Km」，表示所要搜尋的項目位於數列前半部。
- 若「K = Km」表示即為所求。
- 若「K > Km」，則所要搜尋的項目位於數列後半部。

假設存在已排序數列5、13、18、24、35、56、89、101、118、123、157，若搜尋值為101，要如何搜尋？

Step 1. 首先利用公式「mid = (low + high) // 2」求得數列的中間項為「(0 + 10) // 2 = 5」（取得整數商），也就是串列的第6筆記錄「Ary[5] = 56」；由於搜尋值101大於56，因此向數列的右邊繼續搜尋。

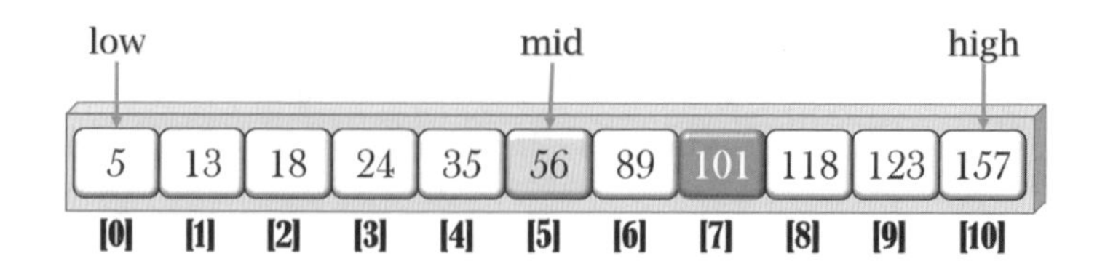

Step 2. 繼續把數列右邊做分割；同樣算出「mid = (6 + 10) // 2 = 8」，爲「Ary[8] = 118」；由於搜尋值101小於118，「high = 8 – 1 = 7」，繼續往數列的左邊查找。

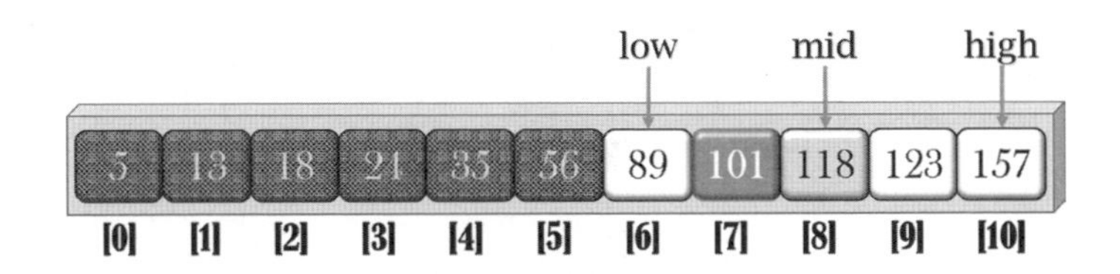

Step 3. 第三次搜尋，算出中間項「(6 + 7) // 2 = 6」，得到「Ary[6] = 89」，中間項等於「low」；搜尋值101大於89，繼續向右查找。

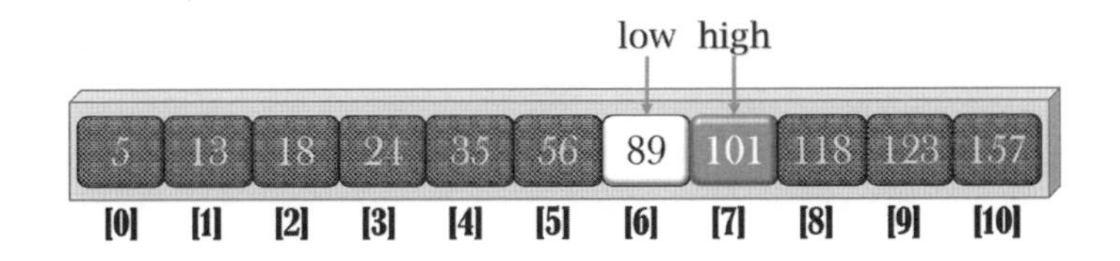

Step 4. 「low = 6 + 1 = 7」，中間項「(7 + 7)// 2 = 7」，中間項等於「low」也等於「high」，表示找到搜尋值101了。

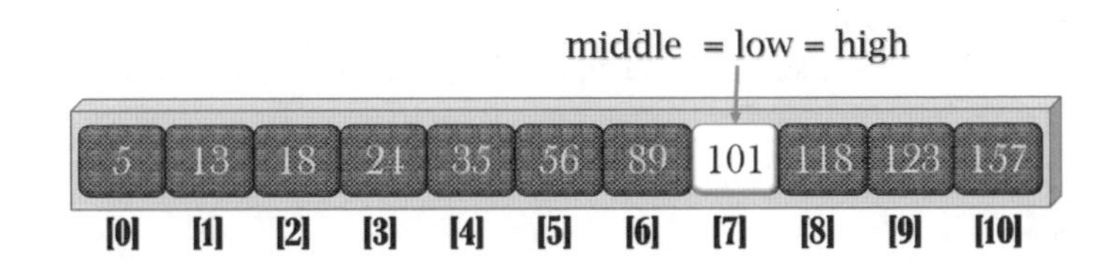

二元搜尋法的搜尋過程把它轉換爲二元搜尋樹會更清楚。

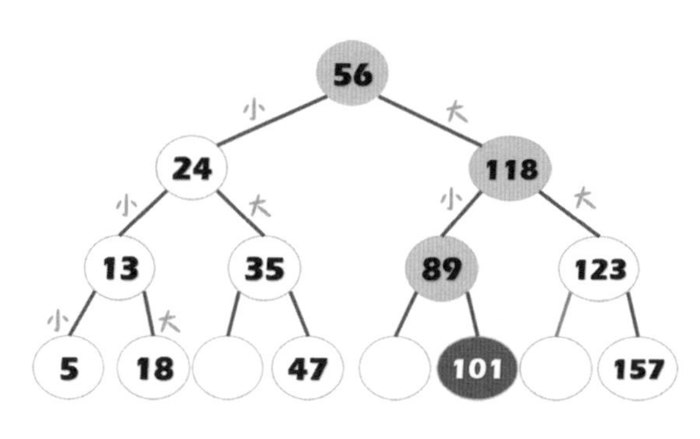

二元搜尋樹查找key

Python的二元搜尋法：

```
01    def searchBinary(target, Ary, low, high):
02        mid = (low + high) // 2
03        if target == Ary[mid]:
04          return mid
05        elif target < Ary[mid]:
06          return searchBinary(target, Ary, low, mid - 1)
07        else:
08          return searchBinary(target, Ary, mid + 1, high)
11    number = [157, 5, 13, 118, 89, 123, 18, 101, 56, 21, 35]
12    length = len(number) - 1
13    sortedItem = sorted(number)   #呼叫sorted()函式做遞增排序
14    print(sortedItem)
15    print('索引值：', searchBinary(101, sortedItem, 0, length))
```

程式說明

- ◈ 定義函式searchBinary()，傳入4個參數：搜尋值（target）、List物件（Ary）、設定搜尋的開頭（log）和結尾（high），並以遞迴呼叫本身來繼續搜尋。
- ◈ 第3～8行：當取出的中間項等於欲搜尋Key，表示找到了；第二種情形「key < 中間項」，搜尋的值小於中間項，向左邊移動，遞迴呼叫本身函式；第三種情形「key > 中間項」，搜尋的值大於中間項，向右邊移動，遞迴呼叫本身函式。

二元搜尋法分析

- 時間複雜度：二分搜尋法每次搜尋時，都會將搜尋區間分為一半，若是有N筆資料，最差情況下，下一次搜尋範圍就可以縮減為前一次搜尋範圍的一半，二分搜尋法總共需要比較$[\log_2 n]+1$次，時間複雜度為O(log n)。
- 二分法必須事先經過排序，且資料量必須能直接在記憶體中執行，此法較適合不會再進行插入與刪除動作的靜態資料。

〔隨堂測驗〕

1. 哪組資料若依序存入陣列中，將無法直接使用二分搜尋法搜尋資料？

(A) a, e, i, o, u

(B) 3, 1, 4, 5, 9

(C) 10000, 0, -10000

(D) 1, 10, 10, 10, 100（105年10月觀念題）

解答：(B) 3, 1, 4, 5, 9，二分搜尋法的特性必須資料事先排序，不論是由小到大或由大到小，選項(B)資料沒有按照一定的方式進行排序。

2. 一個1×8的陣列A，A = {0, 2, 4, 6, 8, 10, 12, 14}。下側函式Search(x)真正目的是找到A之中大於x的最小值。然而，這個函式有誤。請問下列哪個函式呼叫可測出函式有誤？

(A) Search(-1)

(B) Search(0)

(C) Search(10)

(D) Search(16)（106年3月觀念題）

```
int A[8]={0, 2, 4, 6, 8, 10, 12, 14};
int Search (int x) {
  int high = 7;
  int low = 0;
  while (high > low) {
    int mid = (high + low)/2;
    if (A[mid] <= x) {
      low = mid + 1;
    }
    else {
      high = mid;
    }
  }
  return A[high];
}
```

解答：(D) Search(16)，這個函式Search(x)的主要功能是找到A之中大於x的最小值。從程式碼中可以看出此函式主要利用二分搜尋法來找尋答案。

8-4 全真綜合實作測驗

8-4-1 最大和

問題描述（105年10月實作題）

給定N群數字，每群都恰有M個正整數。若從每群數字中各選擇一個數字（假設第65群所選出數字爲ti），將所選出的N個數字加總即可得總和S = t1+t2+⋯+tN。請寫程式計算S的最大值（最大總和），並判斷各群所選出的數字是否可以整除S。

輸入格式

第一行有二個正整數N和M， 1≦ N ≦ 20，1≦ M ≦ 20。

接下來的N行，每一行各有M個正整數xi，代表一群整數，數字與數字間有一個空格，且1≦ i ≦M，以及1≦ xi ≦256。

輸出格式

第一行輸出最大總和S。

第二行按照被選擇數字所屬群的順序，輸出可以整除S的被選擇數字，數字與數字間以一個空格隔開，最後一個數字後無空白；若N個被選擇數字都不能整除S，就輸出-1。

範例一：輸入

```
3 2
1 5
6 4
1 1
```

範例一：正確輸出

```
12
6 1
```

（說明）

挑選的數字依序是5, 6, 1，總和S=12。而此三數中可整除S的是6與1，6在第二群，1在第3群所以先輸出6再輸出1。注意，1雖然也出現在第一群，但她不是第一群中挑出的數字，所以順序是先6後1。

範例二：輸入

```
4 3
6 3 2
2 7 9
4 7 1
9 5 3
```

範例二：正確輸出

```
31
-1
```

（說明）

挑選的數字依序是6, 9, 7, 9，總和S=31。而此四數中沒有可整除S的，所以第二行輸出-1。

評分說明

輸入包含若干筆測試資料，每一筆測試資料的執行時間限制（time limit）均爲1秒，依正確通過測資筆數給分。其中：

65 1子題組20分：1≦ N ≦ 20，M = 1。

66 2子題組30分：1≦ N ≦ 20，M = 2。

67 3子題組50分：1≦ N ≦ 20，1≦ M ≦ 20。

題目重點分析

首先從檔案中第一行讀取變數N及M的數值，表示N群數字，每群都恰有M個正整數。接下來由檔案中讀取N群數字。資料讀取完畢後，利用陣列maximum串列來紀錄每群數字中的最大數字，然後將各群的最大數字進行加總，並將其輸出。

接著使用迴圈依序找出最大值總和能被各群組最大值整除者。但是如果找不到則輸出-1。

參考解答程式碼：最大和.py

```
01    fp=open("data2.txt","r");
02    temp=fp.readline().split()
03    N=int(temp[0]) #N群數字
04    M=int(temp[1]) #每群有M個正整數
05
06    group=[]
07    for i in range(0, N):
08          tem = fp.readline().split(' ')
09          tem1 = []
10          for j in range(0, M):
11                tem1.append(int(tem[j]))
12          group.append(tem1)
13
14    maximum=[None]*N
15    for i in range(0, N):
```

```
16          maximum[i]=int(group[i][0])
17          for j in range(0, M):
18              if int(group[i][j])>maximum[i]:
19                  maximum[i]=int(group[i][j])
20      all_sum=0
21      for i in range(0, N): #計算各群數字中最大值總和
22          all_sum=all_sum+maximum[i]
23      print(all_sum)
24
25      #找出最大值總和能被各群組最大值整除者
26      divisible=False #預設值
27      for i in range(0, N):
28          if all_sum % maximum[i]==0:
29              divisible=True
30              print(maximum[i],end=' ')
31      if divisible==False: #如果找不到則輸出-1
32          print("-1")
```

範例一執行結果：

```
12
6 1
```

範例二執行結果：

```
31
-1
```

程式碼說明：

- 第1～4列：從檔案中讀取變數N及M的值。
- 第6～12列：檔案中讀取N群數字。
- 第14～19列：找出每個字群的取大數字並存入maximum陣列中。
- 第20～23列：計算各群數字中最大值總和。

●第26～30列：使用迴圈依序找出最大值總和能被各群組最大值整除者。

●第31～32列：如果找不到整除者，則輸出-1。

8-4-2 棒球遊戲

問題描述（105年10月實作題）

謙謙最近迷上棒球，他想自己寫一個簡化的棒球遊戲計分程式。這個程式會讀入球隊中每位球員的打擊結果，然後計算出球隊的得分。

這是個簡化版的模擬，假設擊球員的打擊結果只有以下情況：

(1) 安打：以1B、2B、3B和HR分別代表一壘打、二壘打、三壘打和全壘打。

(2) 出局：以FO、GO和SO表示。

這個簡化版的規則如下：

(1) 球場上有四個壘包，稱為本壘、一壘、二壘和三壘。

(2) 站在本壘握著球棒打球的稱為「擊球員」，站在另外三個壘包的稱為「跑壘員」。

(3) 當擊球員的打擊結果為「安打」時，場上球員（擊球員與跑壘員）可以移動；結果為「出局」時，跑壘員不動，擊球員離場，換下一位擊球員。

(4) 球隊總共有九位球員，依序排列。比賽開始由第1位開始打擊，當第i位球員打擊完畢後，由第(i+1)位球員擔任擊球員。當第九位球員完畢後，則輪回第一位球員。

(5) 當打出K壘打時，場上球員（擊球員和跑壘員）會前進K個壘包。從本壘前進一個壘包會移動到一壘，接著是二壘、三壘，最後回到本壘。

(6) 每位球員回到本壘時可得1分。

(7) 每達到三個出局數時，一、二和三壘就會清空（跑壘員都得離

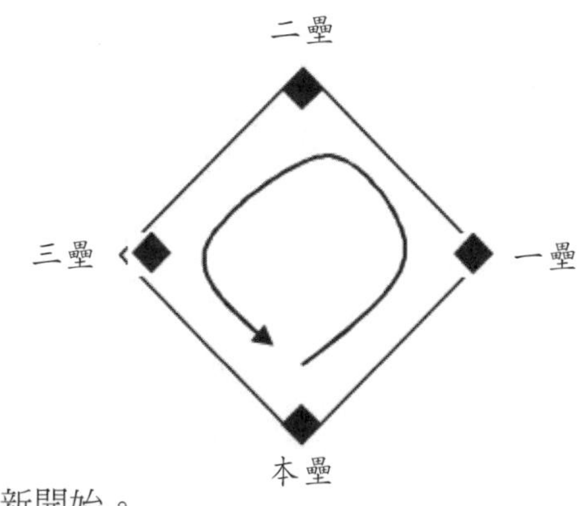

開），重新開始。

請寫出具備這樣功能的程式，計算球隊的總得分。

輸入格式

1. 每組測試資料固定有十行。
2. 第一到九行，依照球員順序，每一行代表一位球員的打擊資訊。每一行開始有一個正整數a（$1 \le a \le 5$），代表球員總共打了a次。接下來有a個字串（均為兩個字元），依序代表每次打擊的結果。資料之間均以一個空白字元隔開。球員的打擊資訊不會有錯誤也不會缺漏。
3. 第十行有一個正整數b（$1 \le b \le 27$），表示我們想要計算當總出局數累計到b時，該球隊的得分。輸入的打擊資訊中至少包含b個出局。

輸出格式

計算在總計第b個出局數發生時的總得分，並將此得分輸出於一行。

範例一：輸入	範例二：輸入
5 1B 1B FO GO 1B	5 1B 1B FO GO 1B
5 1B 2B FO FO SO	5 1B 2B FO FO SO

```
4 SO HR SO 1B
4 FO FO FO HR
4 1B 1B 1B 1B
4 GO GO 3B GO
4 1B GO GO SO
4 SO GO 2B 2B
4 3B GO GO FO
3
```

範例一：正確輸出

```
0
```

（說明）

1B：一壘有跑壘員。

1B：一、二壘有跑壘員。

SO：一、二壘有跑壘員，一出局。

FO：一、二壘有跑壘員，兩出局。

1B：一、二、三壘有跑壘員，兩出局。

GO：一、二、三壘有跑壘員，三出局。

```
4 SO HR SO 1B
4 FO FO FO HR
4 1B 1B 1B 1B
4 GO GO 3B GO
4 1B GO GO SO
4 SO GO 2B 2B
4 3B GO GO FO
6
```

範例二：正確輸出

```
5
```

（說明）

接續範例一，達到第三個出局數時未得分，壘上清空。

1B：一壘有跑壘員。

SO：一壘有跑壘員，一出局。

3B：三壘有跑壘員，一出局，得一分。

1B：一壘有跑壘員，一出局，得兩分。

2B：二、三壘有跑壘員，一出局，得兩分。

HR：一出局，得五分。

FO：兩出局，得五分。

1B：一壘有跑壘員，兩出局，得五分。

GO：一壘有跑壘員，三出局，得五分。

達到第三個出局數時，一、二、三壘均有跑壘員，但無法得分。因為b = 3，代表三個出局就結束比賽，因此得到0分。

因為b = 6，代表要計算的是累積六個出局時的得分，因此在前3個出局數時得0分，第4～6個出局數得到5分，因此總得分是0+5=5分。

評分說明

輸入包含若干筆測試資料，每一筆測試資料的執行時間限制（time limit）均為1秒，依正確通過測資筆數給分。其中：

第1子題組20分，打擊表現只有HR和SO兩種。

第2子題組20分，安打表現只有1B，而且*b*固定為3。

第3子題組20分，*b*固定為3。

第4子題組40分，無特別限制。

題目重點分析

首先從檔案中讀存每一位打擊者的資訊，並依序將檔案中讀取以字串表示的打擊資訊，轉換成各打種打序的上壘結果，如果打擊結果的字串'HR'即全壘打則記錄為4。如果打擊結果的字串'3B'則記錄為3，如果打擊結果的字串'2B'則記錄為2，如果打擊結果的字串'1B'則記錄為1，如果都不是上述情況則記錄為0。

參考解答程式碼：棒球遊戲.py

```
01  order=[None]*100
02  base=[False]*3  #各壘包是否有人
03  index=0 #讀到第幾筆
04  inn=0   #本局的已出局人數
05  outs=0  #整個比賽的總出局數
06  score=0 #球隊的得分
07
08  fp=open("data2.txt","r")
09  for i in range(9):
```

```
10          temp=fp.readline().split()
11          for j in range(1,int(temp[0])+1):
12              if temp[j]=='HR':
13                  order[(j-1)*9+i]=4 #全壘打
14              elif temp[j]=='3B':
15                  order[(j-1)*9+i]=3 #3壘安打
16              elif temp[j]=='2B':
17                  order[(j-1)*9+i]=2 #2壘安打
18              elif temp[j]=='1B':
19                  order[(j-1)*9+i]=1 #1壘安打
20              else:
21                  order[(j-1)*9+i]=0 #出局
22
23  outs=int(fp.readline())
24  while outs>0:
25      if(order[index]==0):
26          inn+=1#本局的出局人數加1
27          if(inn==3): #如果三出局就清空壘包
28              base[0]=False
29              base[1]=False
30              base[2]=False
31              inn=0
32          outs-=1
33      else:
34          if order[index]==4: #全壘打
35              for k in range(3):
36                  #壘上每有一人加一分，並清空壘包
37                  if(base[k]==True):
38                      score+=1
39                      base[k]=False
40              #打擊者加一分
41              score+=1
42          elif order[index]==1: #一壘打
43              #如果三壘有人加一分，並推進一壘
44              if(base[2]==True):score+=1
45              base[2]=base[1]
46              base[1]=base[0]
```

```
47                  base[0]=True #打擊者上一壘
48              elif order[index]==2: #二壘打
49                  #如果二三壘有人加一分
50                  if(base[2]==True):score+=1
51                  if(base[1]==True):score+=1
52                  base[2]=base[0] #一壘有人推進到三壘
53                  base[0]=False
54                  base[1]=True #打擊者上二壘
55              elif order[index]==3: #三壘打
56                  #一二三壘上有人加分
57                  if(base[2]==True):score+=1
58                  if(base[1]==True):score+=1
59                  if(base[0]==True):score+=1
60                  base[1]=False
61                  base[0]=False
62                  base[2]=True #打擊者三壘
63          index+=1
64      print("%d" %score)
```

範例一：輸入

```
5 1B 1B FO GO 1B
5 1B 2B FO FO SO
4 SO HR SO 1B
4 FO FO FO HR
4 1B 1B 1B 1B
4 GO GO 3B GO
4 1B GO GO SO
4 SO GO 2B 2B
4 3B GO GO FO
3
```

範例一：正確輸出

```
0
```

範例二：輸入

```
5 1B 1B FO GO 1B
5 1B 2B FO FO SO
4 SO HR SO 1B
4 FO FO FO HR
4 1B 1B 1B 1B
4 GO GO 3B GO
4 1B GO GO SO
4 SO GO 2B 2B
4 3B GO GO FO
6
```

範例二：正確輸出

```
5
```

達到第三個出局數時，一、二、三壘均有跑壘員，但無法得分。因為b = 3，代表三個出局就結束比賽，因此得到0分。

接續範例一，達到第三個出局數時未得分，壘上清空。因為b = 6，代表要計算的是累積六個出局時的得分，因此在前3個出局數時得0分，第4～6個出局數得到5分，因此總得分是0+5=5分。

程式碼說明：

● 第1～6列：各種變數的功能及初值設定如下：
  - base=[False]*3 #各壘包是否有人
  - index=0 #讀到第幾筆
  - inn=0 #本局的已出局人數
  - outs=0 #整個比賽的總出局數
  - score=0 #球隊的得分

● 第9～21列：從檔案中讀取第一列到第九列的，並根據所讀入的球員的打擊資訊所提供的字串進行判斷，再分別視球員的打擊情況轉換成記錄打擊資訊的所對應打序的值。

● 第23～64列：為本程式的核心處理工作，程式會依序讀取各打擊順序的打擊資訊。
  - 如果出局，則本局的出局人數加1，且整個比賽的總出局數少1。接著判斷如果三出局就清空壘包。
  - 如果是全壘打，壘上每有一人加一分，並清空壘包，打擊者加一分。
  - 如果是一壘打，如果三壘有人加一分，並且每一壘推移一壘，打擊者上1壘。
  - 如果是二壘打，如果一二壘有人加一分，一壘人推移到三壘，打擊手上二壘。
  - 如果是三壘打，一二三壘上有人加分，打擊手上三壘。
  - 第63列now表示讀取到第幾筆資訊，每讀取一筆資訊就必須累加1。
  - 第64列：輸出總得分。

8-4-3 成績指標

問題描述（105年3月實作題）

一次考試中，於所有及格學生中獲取最低分數者最爲幸運，反之，於所有不及格同學中，獲取最高分數者，可以說是最爲不幸，而此二種分數，可以視爲成績指標。

請你設計一支程式，讀入全班成績（人數不固定），請對所有分數進行排序，並分別找出不及格中最高分數，以及及格中最低分數。

當找不到最低及格分數，表示對於本次考試而言，這是一個不幸之班級，此時請你印出：「worst case」；反之，當找不到最高不及格分數時，請你印出「best case」。註：假設及格分數爲60，每筆測資皆爲0～100間整數，且筆數未定。

輸入格式

第一行輸入學生人數，第二行爲各學生分數（0～100間），分數與分數之間以一個空白間格。每一筆測資的學生人數爲1～20的整數。

輸出格式

每筆測資輸出三行。

第一行由小而大印出所有成績，兩數字之間以一個空白間格，最後一個數字後無空白；

第二行印出最高不及格分數，如果全數及格時，於此行印出best case；第三行印出最低及格分數，當全數不及格時，於此行印出worst case。

範例一：輸入	範例二：輸入	範例三：輸入
10	1	2
0 11 22 33 55	13	73 65
66 77 99 88 44		

範例一：正確輸出	範例二：正確輸出	範例三：正確輸出
0 11 22 33 44 55 66 77 88 99 55 66	13 13 worst case	66 7 3 best case 68
（說明）不及格分數最高為55，及格分數最低為66。	（說明）由於找不到最低及格分，因此第三行須印出「worst case」。	（說明）由於找不到不及格分，因此第二行須印出「best case」。

評分說明

輸入包含若干筆測試資料，每一筆測試資料的執行時間限制（time limit）均為2秒，依正確通過測資筆數給分。

題目重點分析

本題目的輸出有三列：

1. 第一列只要將所輸入的資料以串列由小到大排序，接著再將排序後的陣列內容輸出即可。相關程式碼如下：

```
n=int(input())
score = []
in2=input()
temp = in2.split(' ')
for i in range(0, n):
    score.append(int(temp[i]))
```

```
score.sort()#將成績排序
for i in range(n):
    print("%d " %score[i], end='')
print()
```

2. 第二列及第三列的輸出則有底下三種情況：

- 如果所有成績都及格，則第二列輸出「best case」，第三行則輸出陣列的第一個元素，印出最低及格分數。
- 如果所有成績都不及格，則第二列輸出陣列的最後一個元素，印出印出最高不及格分數，第三列輸出「worst case」。
- 以迴圈從陣列最大的元素由後往前找，直到第一個不及格分數，則在第二列輸出該分數，即印出最高不及格分數。第三列則是陣列最小的元素由前往後找，直到第一個及格分數，則在第三列輸出該分數，即印出最低及格分數。

參考解答程式碼：成績指標.py

```
01  n=int(input())
02  score = []
03  in2=input()
04  temp = in2.split(' ')
05  for i in range(0, n):
06          score.append(int(temp[i]))
07  score.sort()#將成績排序
08  for i in range(n):
09          print("%d " %score[i], end='')
10  print()
11  if score[0]>=60:
12          print("best case ")#最佳狀況
13          print("%d " %score[0])#印出最低及格分數
14  elif score[n-1]<60:
```

```
15          print("%d " %score[n-1])#印出最高不及格分數
16          print("worst case ") #最差狀況
17    else :
18          for i in range(n-1,-1,-1):
19                if score[i] <60:
20                      print("%d" %score[i])
21                      break
22          for i in range(n):
23                if score[i] >=60:
24                      print("%d" %score[i])
25                      break
```

範例一執行結果：

```
10
0 11 22 33 55 66 77 99 88 44
0 11 22 33 44 55 66 77 88 99
55
66
```

範例二執行結果：

```
1
13
13
13
worst case
```

範例三執行結果：

```
2
73 65
65 73
best case
65
```

程式碼說明：

- 第2～6列：輸入學生人數及學生成績。
- 第7列：將成績進行排序。
- 第8～10列：將排序後的成績由小到大印出。
- 第11～13列：如果全部分數都大於60，表示最佳狀況，先印出"best case"，再印出最低及格分數。
- 第14～16列：如果全部分數都小於60，表示最差狀況，先印出最高不及格分數，再印出"worst case"。
- 第17～25列：從陣列最大的元素由後往前找，直到第一個不及格分數，則在第二列輸出該分數，即印出最高不及格分數。第三列則是陣列最小的元素由前往後找，直到第一個及格分數，則在第三列輸出該分數，即印出最低及格分數。

8-4-4 基地台

問題描述（106年3月實作題）

爲因應資訊化與數位化的發展趨勢，某市長想要在城市的一些服務點上提供無線網路服務，因此他委託電信公司架設無線基地台。某電信公司負責其中N個服務點，這N個服務點位在一條筆直的大道上，它們的位置（座標）係以與該大道一端的距離P[i]來表示，其中i=0～N-1。由於設備訂製與維護的因素，每個基地台的服務範圍必須都一樣，當基地台架設後，與此基地台距離不超過R（稱爲基地台的半徑）的服務點都可以使用無線網路服務，也就是說每一個基地台可以服務的範圍是D=2R（稱爲基地台的直徑）。現在電信公司想要計算，如果要架設K個基地台，那麼基地台的最小直徑是多少才能使每個服務點都可以得到服務。

基地台架設的地點不一定要在服務點上，最佳的架設地點也不唯一，但本題只需要求最小直徑即可。以下是一個N=5的例子，五個服務點的座標分別是1、2、5、7、8。

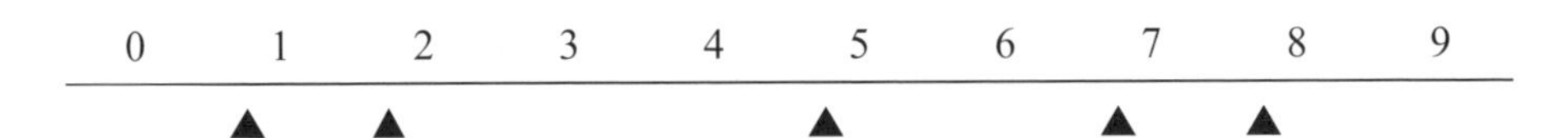

假設K=1，最小的直徑是7，基地台架設在座標4.5的位置，所有點與基地台的距離都在半徑3.5以內。假設K=2，最小的直徑是3，一個基地台服務座標1與2的點，另一個基地台服務另外三點。在K=3時，直徑只要1就足夠了。

輸入格式

輸入有兩行。第一行是兩個正整數N與K，以一個空白間格。第二行N個非負整數P[0]，P[1]，….，P[N-1]表示N個服務點的位置，這些位置彼此之間以一個空白間格。

請注意，這N個位置並不保證相異也未經過排序。本題中，K<N且所有座標是整數，因此，所求最小直徑必然是不小於1的整數。

輸出格式

輸出最小直徑，不要有任何多餘的字或空白並以換行結尾。

範例一：輸入

```
5 2
5 1 2 8 7
```

範例一：正確輸出

```
3
```

（說明）如題目中之說明。

範例二：輸入

```
5 1
7 5 1 2 8
```

範例二：正確輸出

```
7
```

（說明）如題目中之說明。

評分說明

輸入包含若干筆測試資料，每一筆測試資料的執行時間限制（time limit）均為2秒，依正確通過測資筆數給分。其中：

1. 1子題組10分，座標範圍不超過100，$1 \le K \le 2$，$K < N \le 10$。
2. 2子題組20分，座標範圍不超過1,000，$1 \le K < N \le 100$。
3. 3子題組20分，座標範圍不超過1,000,000,000，$1 \le K < N \le 500$。
4. 4子題組50分，座標範圍不超過1,000,000,000，$1 \le K < N \le 50{,}000$。

題目重點分析

首先宣告一個取得的位置資訊的P串列（List），接著撰寫可以傳入直徑參數的函數，該函數的主要功能是測試K個基地台直徑為D可否覆蓋所有據點。即在題目給定的K個基地台前題下，如果所傳入的直徑，可以覆蓋所有給定的N個服務點，則回傳True，表示此直徑符合條件。但如果所傳入的直徑參數，無法覆蓋所有服務點，則回傳False，表示此直徑不符合條件。有了這樣的基本理解後，接著就必須由小到大逐一判斷，在所有給定的直徑中，找出能覆蓋所有服務點的最小直徑，本實作題採用的搜尋法是二分搜尋法。底下為函數程式碼：

```
#自訂函式 service
#功能:測試K個基地台直徑為D可否覆蓋所有據點。
def service(D):
    global N
    global K
    global P
    scope =0 #覆蓋範圍
    num = 0 #基地台數量計數器
```

```
pos = 0 #服務點索引編號
for i in range(N): #服務點從前面找起
    scope = P[pos] + D;#下一個涵蓋範圍
    num=num+1
    if num>K: #基地台數量大於K
        return False
    if P[N-1]<=scope and num<=K: #涵蓋全部範圍
        return True
    pos=pos+1
    while P[pos]<=scope:
        pos=pos+1 #跳到下一個沒被涵蓋的服務點
```

主程式一開始先讀入服務點及基地台數量，接著再讀取各個服務點位置，二分搜尋法的先決條件是所搜尋的資料序列必須先行排序。底下爲主程式中二分搜尋演算法的程式碼片段：

```
left = 1 #最小直徑爲1
right = floor((P[N-1]-P[0])/K) + 1 #最大直徑
while left <= right:
    center = floor((left + right) / 2)#二分搜尋法
    if(service(center)==True):
        right = center
    else:
        left = center + 1
    if left == right:
        break
```

參考解答程式碼；基地台.py

```
01  from math import floor
02  P=[] #服務點的距離資訊
03  #自訂函式 service
04  #功能:測試K個基地台直徑為D可否覆蓋所有據點。
05  def service(D):
06      global N
07      global K
08      global P
09      scope =0 #覆蓋範圍
10      num = 0 #基地台數量計數器
11      pos = 0 #服務點索引編號
12      for i in range(N): #服務點從前面找起
13          scope = P[pos] + D;#下一個涵蓋範圍
14          num=num+1
15          if num>K: #基地台數量大於K
16              return False
17          if P[N-1]<=scope and num<=K: #涵蓋全部範圍
18              return True
19          pos=pos+1
20          while P[pos]<=scope:
21              pos=pos+1 #跳到下一個沒被涵蓋的服務點
22
23  fp=open("data2.txt","r")
24  temp=fp.readline().split(' ')
25  N=int(temp[0]) #服務點數目
26  K=int(temp[1]) #基地台數目
27  temp=fp.readline().split(' ')
28  for i in range(N):
29      P.append(int(temp[i])) #服務點位置
30  P.sort() #由小到大排序
31
32  left = 1 #最小直徑為1
33  right = floor((P[N-1]-P[0])/K) + 1 #最大直徑
34  while left <= right:
35      center = floor((left + right) / 2)#二分搜尋法
```

```
36          if(service(center)==True):
37              right = center
38          else:
39              left = center + 1
40          if left == right:
41              break
42  print("%d" %right)
```

範例一執行結果：

```
5 2
5 1 2 8 7
```

```
3
```

範例二執行結果：

```
5 1
7 5 1 2 8
```

```
7
```

程式碼說明：

- 第5～21列：自訂函式，測試所傳入的基地台直徑參數，可否覆蓋所有據服務點。
- 第25～29列：讀入服務點及基地台數量，接著再讀取各個服務點位置，並將取得的位置資訊存入一維串列P。
- 第30列：將P所記錄服務點的距離資訊由小到大排序。

● 第32～41列：使用二分搜尋法找出符合題意的最小直徑。

● 第42列：輸出最小直徑。

第九章

必考資料結構與 Python

資料結構是資料的表示法，包括可加諸於資料的操作，可以把資料結構視爲是最佳化程式設計的方法論，資料結構最主要目的就是將蒐集到的資料有系統、組織地安排，建立資料與資料間的關係，它不僅討論儲存與處理的資料，也考慮到彼此之間的關係與演算法。一個程式能否快速而有效率的完成預定的任務，取決於是否選對了資料結構，而程式是否能清楚而正確的把問題解決，則取決於演算法。所以各位可以直接這麼認爲：「資料結構加上演算法等於有效率的可執行的程式。」下表是常見的資料結構：

資料結構	說明
陣列	最常用到的資料結構，給予名稱之後能存放較多量資料
鏈結串列	比陣列更有彈性，使用時不必事先設定其大小
堆疊	具有先進後出的特性，如同疊盤子般，資料的取出和放入要在同一邊
佇列	具有先進先出的特性，就像排隊一樣，讓出入口可設在不同邊
遞迴	了解程式撰寫中常用的遞迴函式，並介紹遞迴可解決的問題
樹狀結構	具有階層關係，類似於族譜的資料型別，屬於非線性集合
圖形結構	跟地圖很相像的資料型別，含有目標地與路徑，爲非線性組合

這些資料結構乍看之下好像很抽像，但是在日常生活中，卻是隨處可見。像學校的教室座位屬於「二維陣列」；火車把車廂串連成一列來載運乘客的方式可視爲「串列」（List）；從底部向上疊起的碗盤則是「堆疊」（Stack）；排隊買票，先到先買的作法就是「佇列」（Queen）；正準備如火如塗展開的世足賽，其淘汰制就是「樹狀」結構。不同種類的資料結構適合於不同種類的應用，選擇適當的資料結構是讓程式發揮最大效能的主要考慮因素，接下來我們要介紹APCS必考的重要資料結構。

9-1 堆疊

堆疊（Stack）是一種資料結構，它也是有序串列的一種。那麼堆疊是什麼？可以把它想像成一堆盤子或者一個單向開口的紙箱，只能從頂部放進物品，拿出物品；堆放於最頂端的物品，可以最先被取出，具有「後進先出」（Last In，First Out：LIFO）的特性。日常生活中也隨處可以看到，例如大樓電梯、貨架上的貨品等等，都是類似堆疊的資料結構原理。

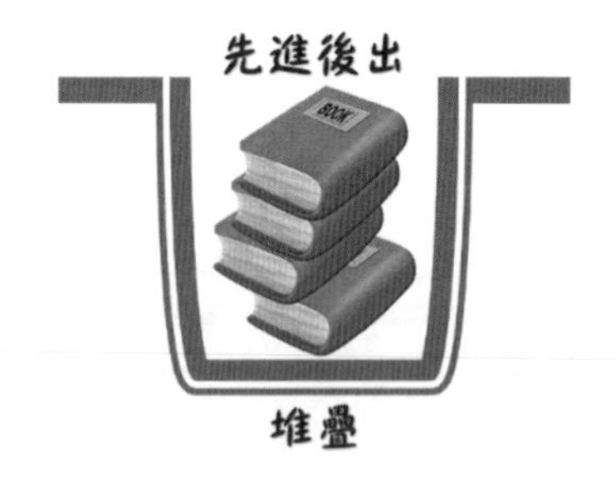

對於堆疊有了初步認識之後，順道了解與它有關的名詞。堆疊允許新增和移除的一端稱爲堆疊「頂端」（Top），而閉合的一端就是堆疊「底端」（Bottom）。「空堆疊」裡通常不會有任何資料元素。從堆疊頂端加入元素稱爲「推入」（push）；反之，從堆疊頂端移除元素稱爲「彈出」（pop）。

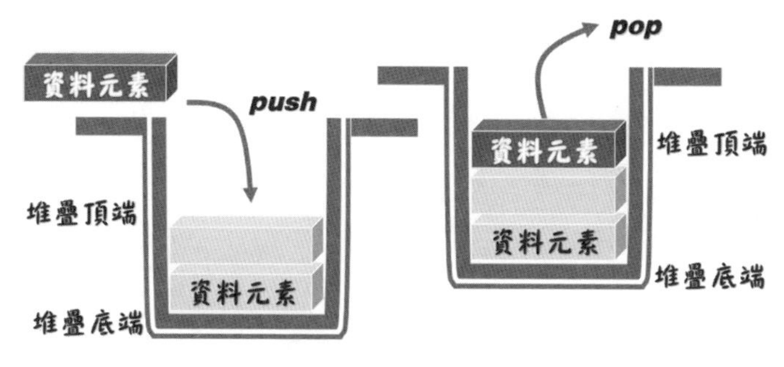

堆疊的push和pop

堆疊結構的相關操作，包括新增一個堆疊、將資料加入堆疊的頂、刪除資料、傳回堆疊頂端的資料及判斷堆疊是否是空堆疊；其抽象型資料結構（Abstract Data Type, ADT）如下：

只能從堆疊的頂端存取資料 資料的存取符合「後進先出」（Last In First Out, LIFO）的原則 CREATE：建立一個空堆疊 PUSH()：從頂端推入資料，並傳回新堆疊 POP()：刪除頂端資料，並傳回新堆疊 PEEK()：查看堆疊項目，回傳其值 IsEmpty()：判斷堆疊是否爲空堆疊，是則傳回true，不是則傳回false

9-1-1 使用List實做堆疊

如何以Python的List來實做堆疊？首先以List來存放元素時得配合堆疊結構來確認堆疊的頂、底端。雖然List物件具有存放順序，呼叫append()方法是從尾部加入元素，而pop()方法未指定位置（索引）的情形下，能移除末端元素。那麼該如何指定堆疊結構的頂端和底端？做法很簡單，直接指定List物件的尾部爲堆疊的頂端，而List物件的頭部就變成堆疊的底端。

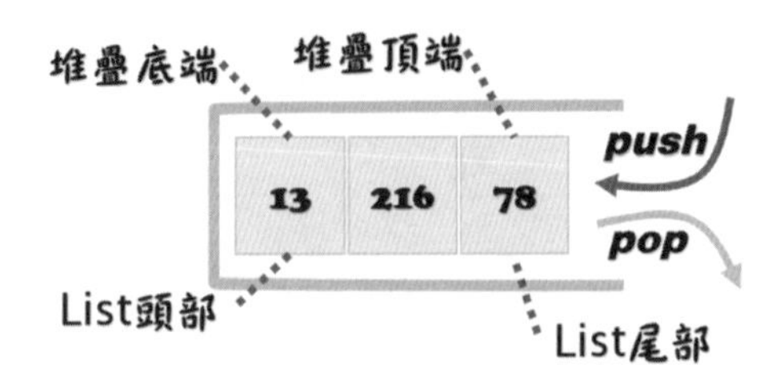

設List尾部為堆疊頂端

堆疊的運作如下：

程式碼	儲存	輸出
print('空的堆疊',myStack.isEmpty())	[]	空的堆疊True
print('Push:', myStack.push(13))	[13]	Push: 13
print('Push:', myStack.push(216))	[13, 216]	Push: 216
print('Push:', myStack.push(78))	[13, 216, 78]	Push: 78
print('Push:', myStack.push(175))	[13, 216, 78, 175]	Push: 175
print('Pop:', myStack.pop())	[13, 216, 78]	Pop: 175
print('Peek:', myStack.peek())	[13, 216, 78]	Peek: 78
print('Length:', myStack.size())	[13, 216, 78]	Length: 3
print('空的堆疊',myStack.isEmpty())	[13, 216, 78]	空的堆疊False

List實做堆疊

```
01    class Stack():
02        def __init__(self):
```

```
03          self.items = []
04        def isEmpty(self):
05          if len(self.items) == 0:
06              return True
07        def size(self):     #呼叫BIF len()函式來取得堆疊長度
08          return len(self.items)
09
10        def peek(self):
11          assert not self.isEmpty(),\
12              '無法以peek()方法查看空白堆疊'
13          return self.items[-1]
14        def pop(self):
15          assert not self.isEmpty(),\
16              '無法以pop()方法查看空白堆疊'
17          return self.items.pop()
18        #將項目推入堆疊頂端-呼叫List的append()方法加到末端
19        def push(self, data):
20          self.items.append(data)
21    msg = 'Input int number(Or -1 quit)->'
22    myStack = Stack() #產生Stack物件
23    value = int(input(msg))
24    while value >= 0:
25        myStack.push(value)
26        value = int(input(msg))
27    while not myStack.isEmpty() :
28        value = myStack.pop()
29        print(format(value, '<3d'), end = '')
```

程式說明

- 第2～3行：初始化Stack物件時，以空的List物件來存放。
- 第4～6行：isEmpty()方法用來判斷堆疊是否爲空白；若爲空的堆疊，則以True來回傳。
- 第10～13行：peek()方法查看堆疊頂端項目並回傳其值，指定List

物件的最後一個元素爲堆疊頂端的項目。

◈ 第14～17行：pop()方法彈出堆疊頂端的項目；它會進一步呼叫List物件的pop()方法移除最後一個元素。

◈ 第24～29行：第一個while迴圈讀取「大於等於零」的輸入值，按下「-1」結束迴圈，再以第二個while迴圈來刪除最後一個元素「-1」並輸出堆疊所存放的項目。也就是輸入「11, 12, 13, -1」會輸出「13, 12, 11」。

9-1-2 串列實作堆疊

對於Python的List而言，每次操作中呼叫的方法append()和pop()次數頻繁且具有大量元素時，可能讓List做重新分配而降低其效能。因此實做堆疊的第二個方式就是採用單向鏈結串列（Linked List）。

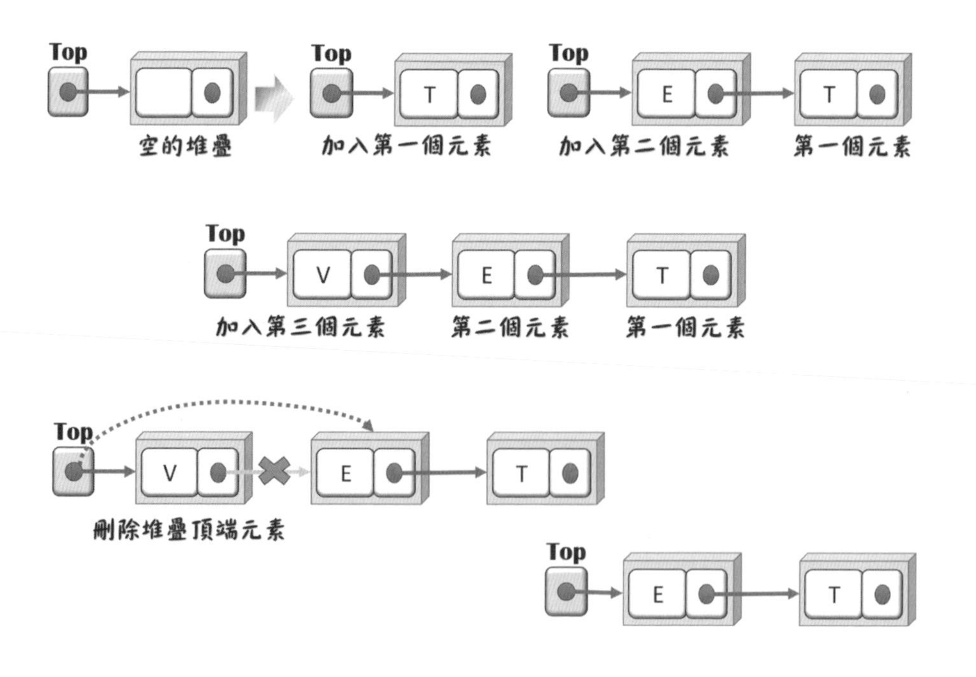

以串列實作堆疊的**Python**演算法：

```
01  class Stack:
02      def __init__(self):
03          self.top = None #維護Linked List頭節點
04          self.size = 0   #追蹤堆疊的項目數(長度)
05      def push(self, item):
06          node = Nodes(item)
07          if self.top:
08            node.next = self.top
09            self.top = node
10          else:
11            self.top = node
12          self.size += 1
13          return item
14      def pop(self):
15          if self.top:
16            item = self.top.item
17            self.size -= 1
18            if self.top.next:  #將移除元素的下一個變成頂端元素
19               self.top = self.top.next
20            else:
21               self.top = None
22            return item
23          else:
24            return None
25      def peek(self):
26          '''回傳頂端元素'''
27          if self.top:
28            return self.top.item
29          else:
30            return None
31  name = ['Tom', 'Eric', 'Vicky', 'Peter', 'Charles']
32  st = Stack()
33  for pern in name:
34          print(st.push(pern), end = ' ')
35  print(st.pop())
36  print(st.peek())
```

程式說明

- 定義類別Stack，以單向鏈結串列來表現。
- 第5～13行：定義方法push()，從堆疊頂端來新增節點；if/else敘述判斷有無首節點，有首節點就把指標指向它，若無則以新節點爲首節點。
- 第14～24行：定義方法pop()，從堆疊頂端移除元素，同樣若有節點的話就移除它並回傳，沒有就以None回傳。
- 第25～30行：定義方法peek()，只回傳堆疊頂端的元素。
- 第31～36行：產生堆疊物件，而以List來儲存名稱，利用for迴圈再呼叫堆疊的push()方法把它們新增到鏈結串列中。

9-2 佇列

佇列（Queue）和堆疊一樣，都屬於有序串列，也提供抽象型資料型態（ADT），它的所有加入、刪除動作發生在不同的兩端，並且符合「First In, First Out」（先進先出）的特性。佇列的觀念就好比去好市多大賣場排隊結帳，先到的人當然優先結帳，付完錢後就從前端離去，而隊伍的後端又陸續有新的顧客加入排隊。佇列在電腦領域的應用也相當廣泛，例如計算機的模擬（simulation）、CPU的工作排程（Job Scheduling）、線上同時周邊作業系統的應用與圖形走訪的先廣後深搜尋法（BFS）。堆疊只需一個top指標指向堆疊頂，而佇列則必須使用front和rear兩個指標分別指向前端和尾端。佇列結構的相關操作，透過抽象型資料結構（Abstract Data Type, ADT）表示如下：

資料的存取符合「先進先出」（First In First Out, FIFO）的原則
佇列的前端（Front）移除資料

佇列的後端（Rear）加入資料
CREATE：建立一個空堆疊
ENQUEUE()：將資料從佇列的後端加入，並傳回所加入資料
DEQUEUE()：把資料從佇列前端刪除
FRONT()：查看佇列前端項目，回傳其值
REAR()：查看佇列後端項目，回傳其值

9-2-1 以List實作佇列

與堆疊的實作一樣，各位也同樣可以使用陣列或串列來建立一個佇列。不過堆疊只需一個Top指標指向堆疊頂，而佇列則必須使用Front和Rear兩個指標分別指向前端和尾端，如下圖所示。

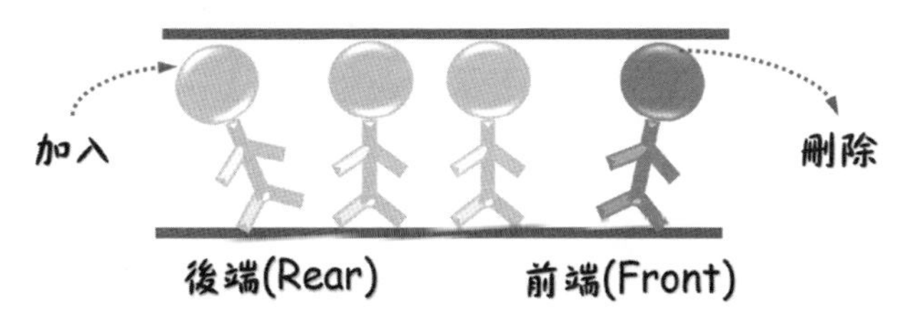

佇列有前、後端

佇列中的項目如何以List物件來新增、刪除元素？同樣是取用Python List物件的兩個方法：append()和pop()方法。那麼新增的元素如何存放？利用下圖做簡單說明。

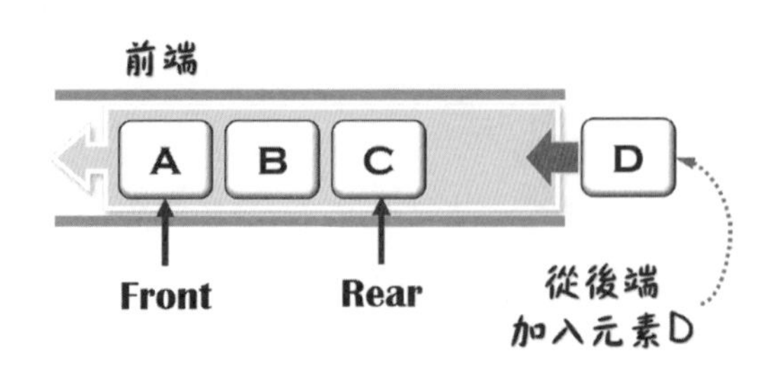

以List來實作佇列

佇列的雙重指標front、rear

通常front指標會指向第一個元素，而rear指標則指向最後一個元素。新增元素時rear指標會隨著新增元素來變更位置，以上圖來說，rear指標原本指向元素C（最後一個元素）；加入元素D之後，它會改變位置，重新指向元素D。所以rear指標是隨元素的新增來改變指標的指向。

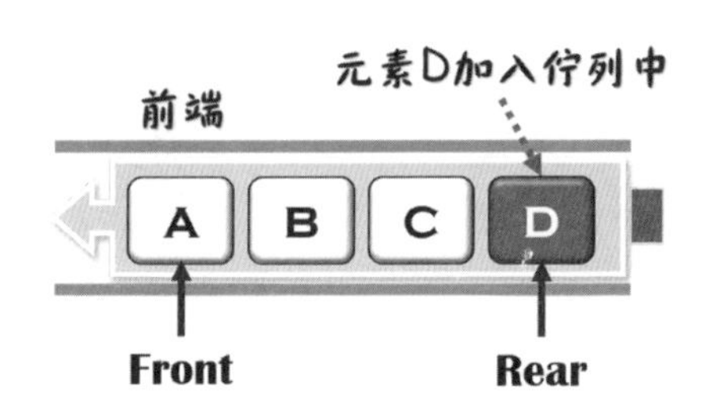

rear指標指向最後一個元素

指標front都是指向第一個元素。從佇列前端刪除第一個元素A時，但隨著元素的刪除而調整指向，指標front原本指向A而改變位置指向B。所以，指標front恰好與rear指標相反，它會隨著前端元素的移除向後方移動。因此，當元素被刪除時，只是把front指標移動並非元素改變位置。

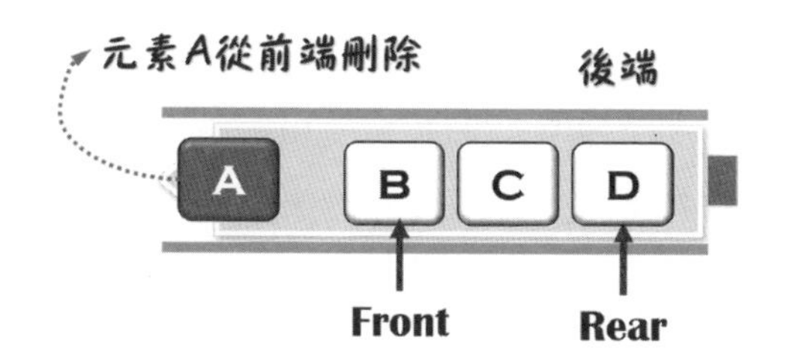

front指標指向佇列的第一個元素

撰寫程式碼時，可以定義兩個方法front()、rear()來分別取得第一個、最後一個元素。簡例如下：

```
def front(self):
    print('前端', self.items[0])
def rear(self):
    print('末端', self.items[-1])
```

◈ 方法rear()中，索引[-1]能取得原來List物件的最後一個元素，也就順帶提供佇列後端儲存的元素。

以List實作佇列的Python演算法：

```
01  class Queue: #以List 實做Queue
02      def __init__(self):
03          self.items = []
04      def dequeue(self):
05          if len(self.items) == 0:
06              raise ValueError('佇列是空的')
07          else:
08              value = self.items.pop(0)
09              print('\n刪除佇列項目', value)
10      def enqueue(self, data):
11          self.items.append(data)
12      //省略部分程式碼
```

程式說明

◈ 以List實作佇列，初始化時以空的List存放佇列項目。

◈ 第4～9行：定義方法dequeue()來刪除佇列的項目，它呼叫了Python的List物件的pop()方法來移除佇列的第一個項目。

◈ 第10～11行：定義方法enqueue()將項目新增到佇列中，它呼叫了Python的List物件的append()方法來從後端加入新的項目。

9-2-2 使用串列實作佇列

實作佇列的第二種方式就是透過鏈結串列，先從單向鏈結串列來進行。當佇列由後端新增節點，可以把它想像成單向鏈結串列，藉由尾節點，直接把新加入的項目變成最後一個節點，再更新Rear指標。

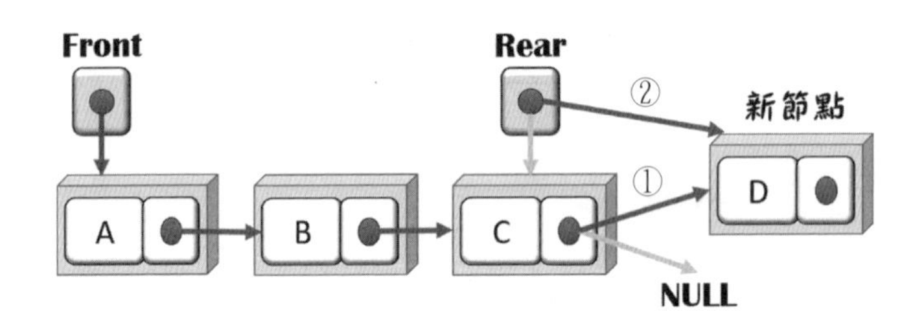

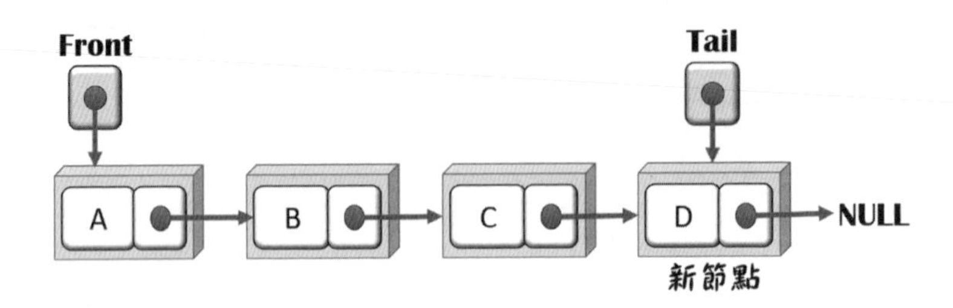

刪除佇列的項目是從前端移除，如同在鏈結串列中移除首節點，然後把指標指向下一個節點。

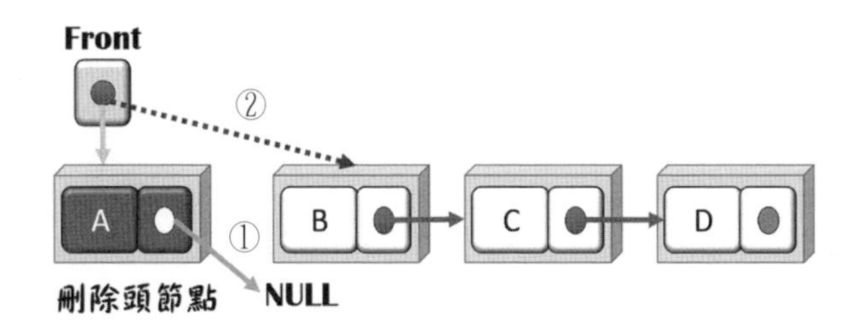

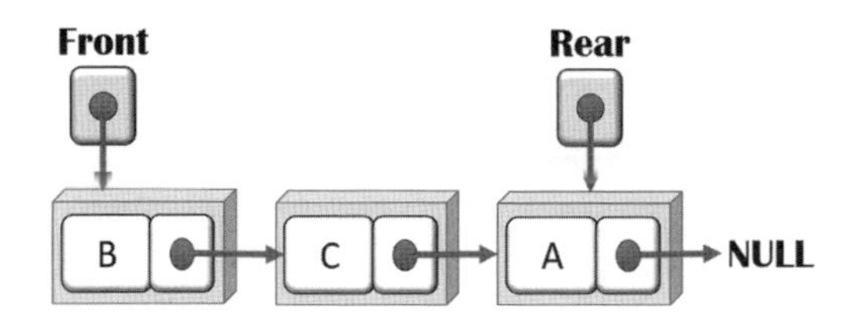

以串列實作佇列的**Python**演算法：

```
01 class Node: #單向鏈結串列的節點
02     def __init__(self, item):
03         self.item = item
04         self.next = None
05
06 class Queue:   #建立Queue類別
07     def __init__(self):
08         self.qhead = None
09         self.qtail = None
10     def enqueue(self, item):
11         newNode = Node(item)
12         if self.isEmpty():
13             self.qhead = newNode
14         else:
15             self.qtail.next = newNode
16         self.qtail = newNode
17     def dequeue(self):
18         if self.qhead is not None:
19             current = self.qhead
```

```
20            self.qhead = current.next
21        print('刪除項目', current.item)
22    def fornt(self):
23        if self.qhead is None:
24            print('佇列是空的')
25        else:
26            print('前端', self.qhead.item)
27    def rear(self):
28        current = self.head
29        while current:
30            if current.next is None:
31                print('後端', current.item)
32            current = current.next
33    def show(self):
34        current = self.head
35        print('佇列：', end = '')
36        while current:
37            print(current.item, end = ' ')
38            if current.next is None:
39                break
40            current = current.next
41        print()
```

程式說明

- 第1～4行：定義單向鏈結串列節點。
- 定義類別Queue並設定操作佇列的基本方法。
- 第10～16行：定義方法enqueue()，從佇列後端加入新節點，設佇列尾端指標指向新節點，從佇列後端新增節點。
- 第17～21行：定義方法dequeue()，從佇列前端刪除節點；當佇列有首節點的情形下，目前指標指向首節點，刪除節點前，首節點指標指向下一個節點。
- 第22～32行：定義兩個方法；front()來取得第一個節點，rear()方法則是回傳最後一個節點。

9-2-3 環狀佇列

若以Python List物件來實作佇列，由於佇列後進首出的特色，當前端移出元素之後，指標front和rear都是往同一個方向遞增。如果rear指標到達一維陣列的邊界MAXQUEUE-1，就算佇列尚有一些空間，也需要位移佇列元素，才有空間存入其它佇列元素。為了改善Python List實作佇列的問題，就有了「環狀佇列」（Circular Queue）的作法。事實上，環狀佇列同樣使用了一維陣列來實作的有限元素數佇列，可以將陣列視為一個環狀結構，讓它的後端和前端接在一起；佇列的索引指標周而復始的在陣列中環狀的移動，解決佇列空間無法再使用的問題。

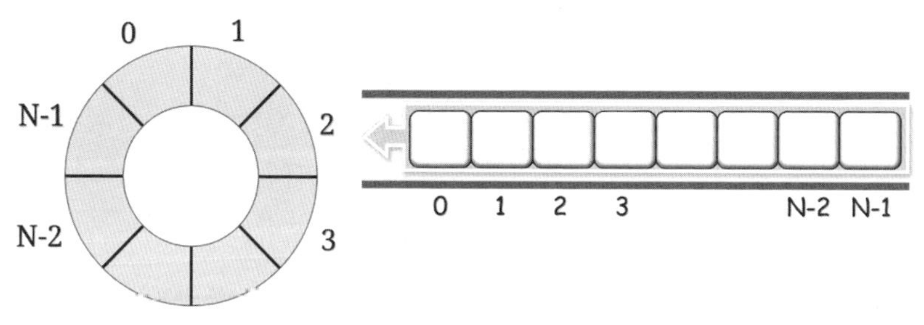

環狀佇列

環狀佇列有幾個主要特徵：

- 環狀佇列使用「陣列」模式來實作，能存放N個元素，對記憶體做更有效之應用。
- 環狀佇列不須搬移資料，它有「Q[0 : N-1]」的位置可以利用。
- 環狀佇列資料被刪除後，所留下的位置可以再利用，而「Q[N-1]」的下一個元素是「零」。

計算空間

使用環狀佇列若想知道指標front、rear目前指向的位置，在新增、刪除項目的變化要利用運算子「%」，以下列公式來取得餘數：

```
front = (front + 1) % maxSize
rear = (rear + 1) % maxSize
```

◈ maxSize：利用List物件配合len()函式來取得

可以依據front、rear的值找出它們在環狀佇列的那一個位置。當佇列的元素被刪除時，front會依順時針方向前移動一個位置。

Step 1. 新增4個元素，執行兩次刪除動作，則「front = (1+1)% 4 = 2」，所以front會移向索引[2]，目前儲存的元素是「18」。

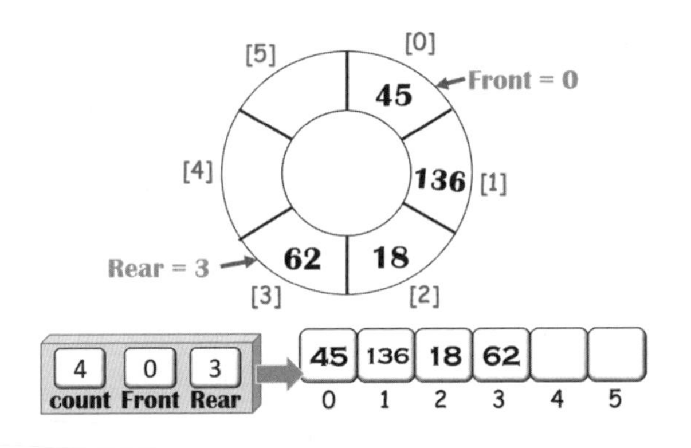

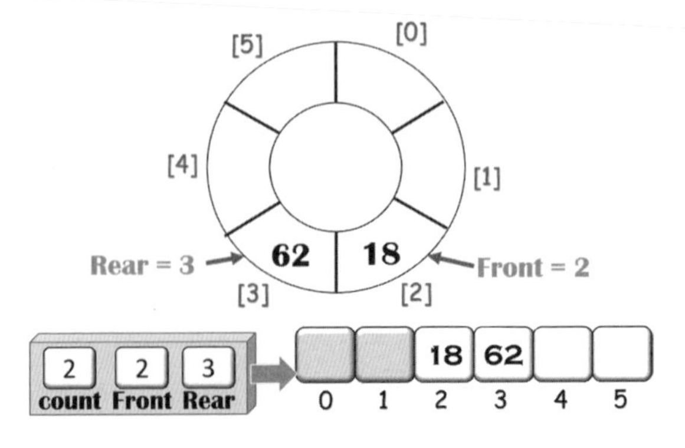

Step 2. 連續新增4個元素之後，指標rear為「1」，下一個位置就是「rear = (1 + 1)% 6 = 2」會與front指標指向同一個位置；所以，如果再新增一個元素會顯示「佇列已滿」訊息，然後指標rear會從「0」開始，

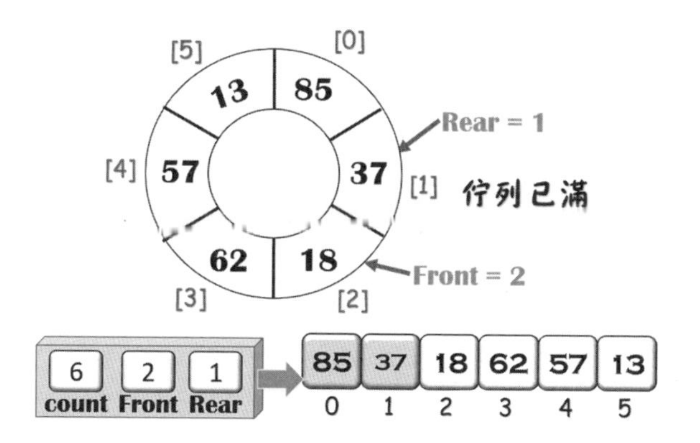

Step 3. 連續刪除5個元素，會看到指標front、rear會指向同一個位置，而front指標的下一個位置是「front = (1 + 1)% 6 = 2」；如果再把「37」刪除，front指標會移向2，指標rear會停留在1，此時已經是空的佇列；再做一次刪除會顯示「佇列已空的訊息」。

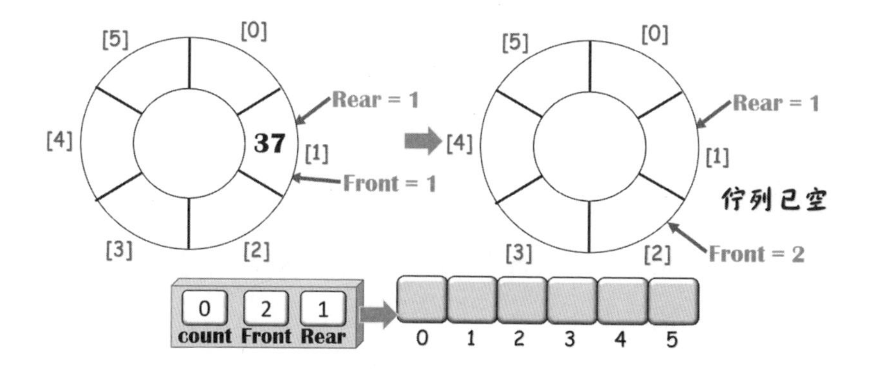

環狀佇列演算法

```
01  class circularQueue:
02      def __init__(self, maxSize):
03          self.data = [None] * maxSize
04          self.count = 0 #儲存於佇列的元素個數
05          self.front = 0 #取得佇列的第一個元素
06          self.rear = maxSize - 1
07      def dequeue(self):
08          '''刪除元素'''
09          if self.isEmpty() == False:
10              answer = self.data[self.front]
11              self.data[self.front] = None
12              self.front = (self.front + 1) % len(self.data)
13              self.count -= 1
14              self.show()
15              return answer
16          else:
17              print('空白佇列無法刪除')
18      def enqueue(self, item):
19          if self.isFull() != True:
20              #計算rear的位置
21              self.rear = (self.rear + 1) % len(self.data)
22              self.data[self.rear] = item
23              self.count += 1
24              print('{:4}'.format(item), end = '')
25              self.show()
26          else:
27              print('佇列已滿無法新增')
```

程式說明

◈ 定義一個環狀佇列來實作新增，刪除元素時，了解front、rear它們的變化情形。

◈ 第8～17行：定義刪除元素的方法dequeue()，並讓front指標隨著元素的刪除向順時針方向移動。

◈ 第18～27行：定義新增元素的方法enqueue()，並讓rear指標隨著元素的增加向順時針方向移動。

9-2-4 雙佇列

「雙佇列」（Deques）是「Double-ends Queues」的縮寫，通俗的說法是佇列有兩個開口，我們可以指定佇列一端來進行資料的刪除和加入。由於佇列有前端（Front）及後端（Rear），皆都允許存入或取出，如圖所示。

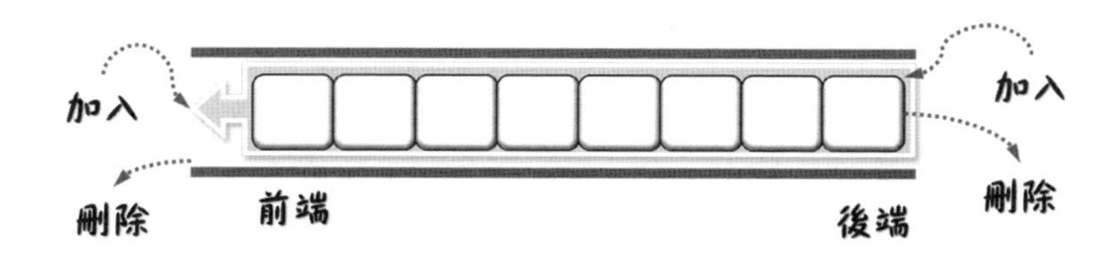

Python的Deque模組

Python的模組亦提供雙佇列，先來認識它所提的相關方法。

內建方法	說明
deque()	deque的建構函式，用來產生deque物件
append()	把元素新增到deque物件的右側
appendleft()	把元素新增到deque物件的左側
insert(i，x)	依索引i來插入元素x
pop()	從雙佇列的右側移除第一個元素並回傳所刪之值。
popleft()	從雙佇列的左側移除並回傳刪除元素的值
remove	刪除雙佇列第一次出現的值

內建方法	說明
reverse()	在原地反轉deque的元素
rotate(n)	向右旋轉deque物件。如果n = 1會把最右側的元素放到雙佇列最左側；n若為負數，則向左旋轉

先認識雙佇列的建構函式deque()的語法：

```
deque([ iterable [, maxlen ] ])
```

◈ 參數maxlen用來設定雙佇列最大值，代表它能存入的元素。

如果資料原來是這麼存放，從索引0～4存放了5個元素。

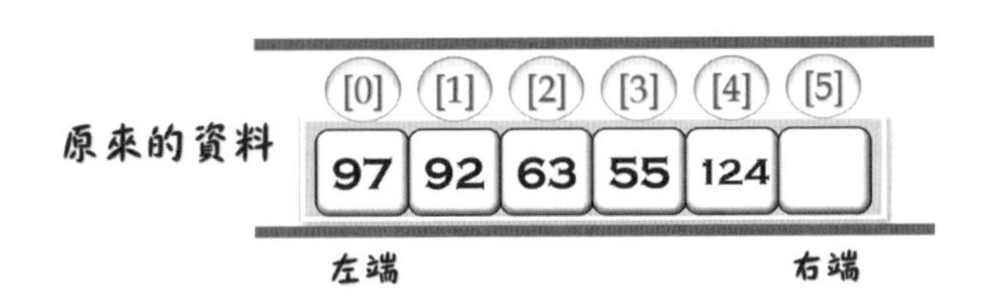

這些資料想要放入Python的雙佇列，先以deque()建構函式做設定：

```
data = deque([97, 92, 63, 55, 123], 4)
```

◈ 雖然有5個元素，由於參數「maxlen = 4」限定其長度，表示只能存放4個元素。

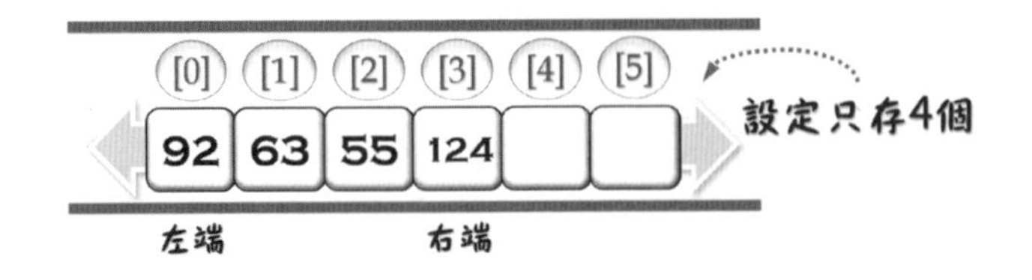

例一：呼叫pop()方法會移除最右邊的元素「124」。

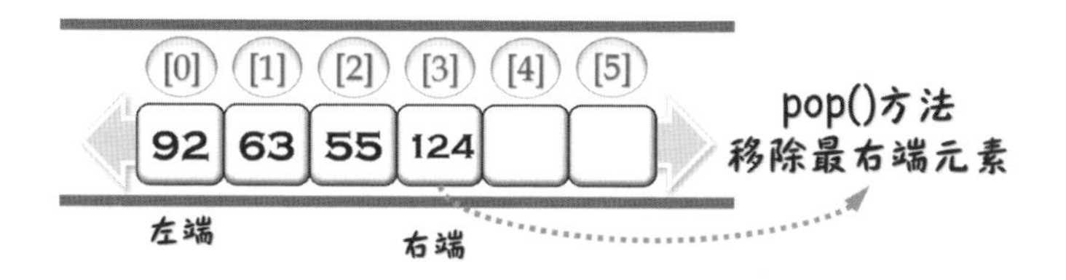

例二：呼叫方法append()是從右端加入兩個元素：One、Two；appendleft()方法才會從左側新增項目。

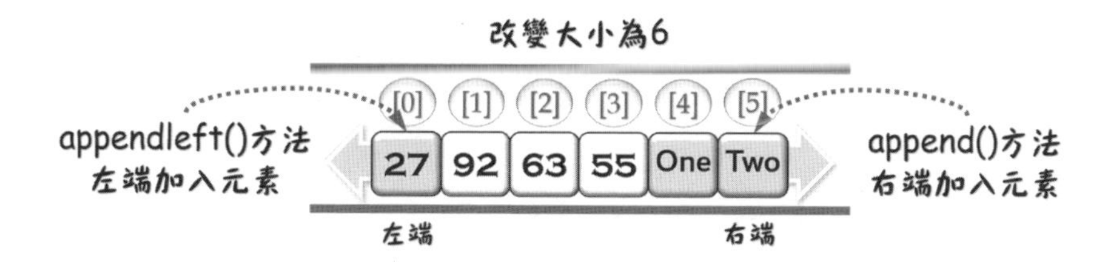

例三：方法rotate()的參數爲正整數，將最右側元素「Two」旋轉到最左側，所以右旋轉之後，Two的位置爲索引[0]。

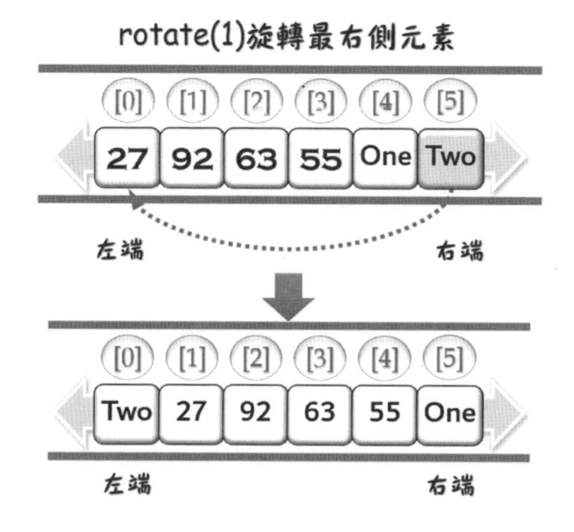

例四：方法rotate()的參數爲負數「-2」的話是把左側兩個元素旋轉到右邊。所以元素Two、27左旋轉之後，索引又變成「4」和「5」。

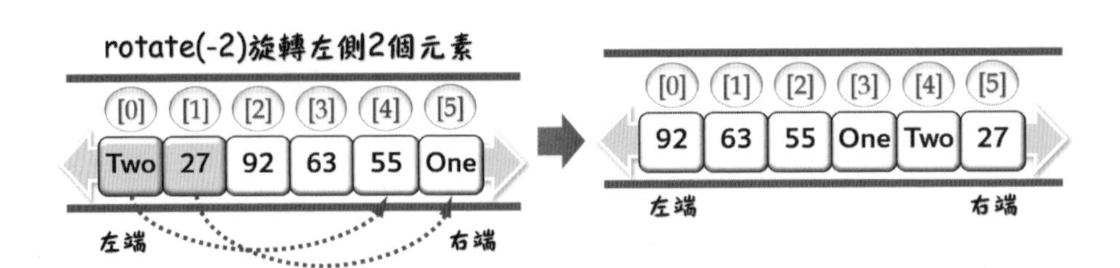

例五：先呼叫remove()方法刪除指定元素「95」，再呼叫reversed()方法反轉整個佇列元素。

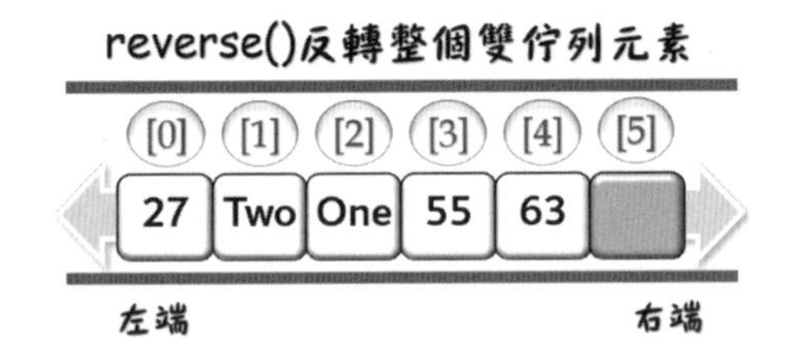

◈ 使用deque必須以模組方式匯入。

雙佇列依其應用分爲多種存取方式。常見的雙佇列概分兩種：①輸入限制性雙佇列（Input Restricted Deque）和②輸出限制性雙佇列（Output Restricted Deque）。

電腦CPU的排程就是採用雙佇列。由於多項程序但都是使用同一個CPU，但CPU只能在每一段時間內執行一項工作。所以，而這些工作會集中擺在一個等待佇列，等待CPU執行完一個工作後，再從佇列取出下一個工作來執行，排定工作誰先誰後的處理稱爲「工作排程」。

9-3 樹狀結構

日常生活中樹狀結構是一種應用相當廣泛的非線性結構。舉凡從企業內的組織架構、家族內的族譜，再到電腦領域中的作業系統與資料庫管理系統都是樹狀結構的衍生運用。

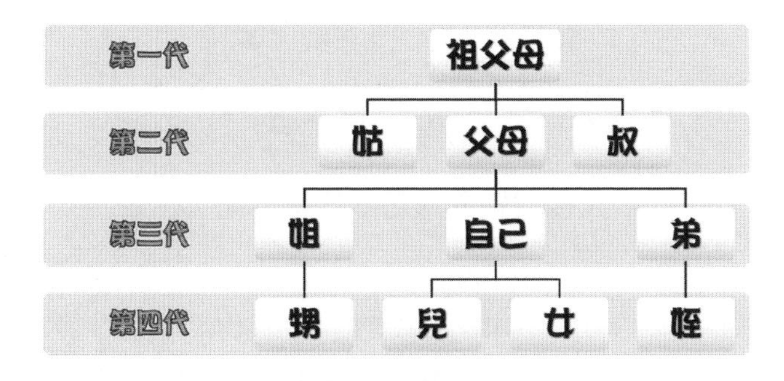

非線性結構

以上圖而言，是一個簡易的家族族譜，從祖父母的第一代開始看起，父母是第二代，自己爲第三代；我們可以發現它雖然是一個具有階層架構，但是無法像線性結構般有前後的對應關係，所以要處理這樣的資料，樹狀結構就能派上場啦！

9-3-1 樹的定義

一棵樹會有樹根、樹枝和樹葉；可以把樹狀結構（Tree Structure）想像成一棵倒形的樹（Tree）。此外，它還可分成不同種類，像二元樹（Binary tree）、B-Tree等，在很多領域中都被廣泛的應用。基本上，「樹」（Tree）由一個或一個以上的節點（Node）配合「關係線」（Edge）組成，如下圖所示。節點由A到H，用來儲存資料。其中的節點A是樹根，稱爲「根節點」（Root），在根節點之下是B和C兩個父節點（Parent），它們各自擁有0到n個「子節點」（Children），或稱爲樹的「分支」（Branch）。

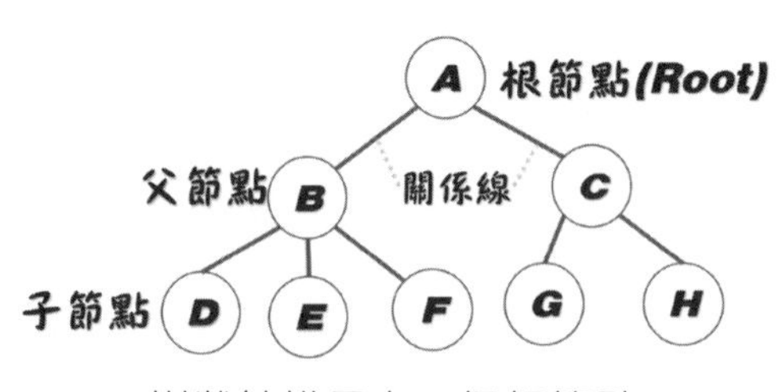

樹狀結構只有一個根節點

樹狀結構是由一個或多個節點組合而成的有限集合，它必須要滿足以下兩點：

- 樹不可以為空，至少有一個特殊的節點稱「樹根」或稱「根節點」（Root）。
- 根節點之下的節點為n≧0個互斥的子集合T_1、T_2、T_3…T_n，每一個子集合本身也是一棵樹。

樹狀結構中，除了父、子節點之外，尚有「兄弟」（Siblings）節點，觀察下圖做更多的認識。

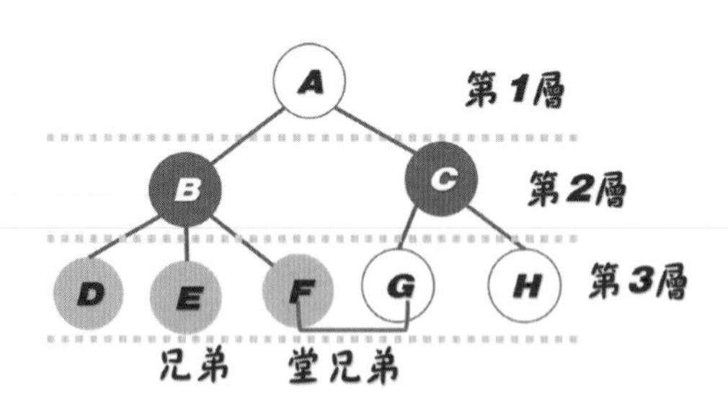

含有兄弟節點的樹狀結構

除了根節點A之外，沿著關係線來到第二層樹枝，其中的D、E和F是節點B的「子節點」，G、H是節點C的子節點。所以節點B是D、E、F的

「父節點」，節點C是G和H的父節點；節點D、E、F擁有同一個父節，它們彼此之間互稱爲「兄弟節點」；同樣地，節點G和H，節點B跟C也是兄弟節點。此外，節點F和G則是「堂兄弟」。所以樹狀結構具有「階層」（Level），根節點是第一層，父節點是第二層，子節點位在第三層。

探討樹狀結構更多屬性之前，配合上圖的說明，我們先認識它的一些術語：

- **節點（Node）**：用來存放資料，節點A～H皆是。
- **根節點（Root）**：位於最上面的節點A，一般來說，一棵樹只會有一個根節點。
- **父節點（Parent）**：某節點含有子節點，節點B和C分別有子節點D、E、F和G、H，所以是它們各自的父節點。
- **子節點（Children）**：某節點連接到父節點。例如：父節點B的子節點有D、E、F。
- **兄弟節點（Siblings）**：同一個父節點的所有子節點互稱兄弟。例如：B、C為兄弟，D、E、F也為兄弟。
- **分支度（Degree）**：每一個節點擁有的子節點數，節點B的分支度為3，而節點C的分支度為2。
- **階層（level）**：樹中節點的層級數量，一代為一個階層。樹根A的階層是「1」，而子節點就是階層「3」。
- **樹高（Height）**：也稱樹深（depth）：指樹的最大階層數，參考上圖的樹高為「3」。

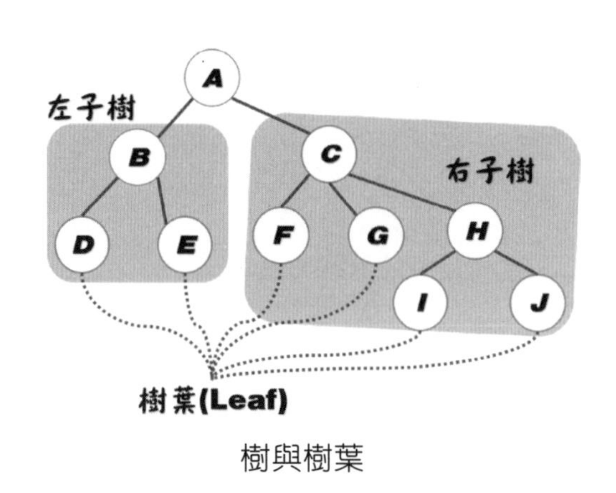

樹與樹葉

樹狀結構中，會將節點分爲兩大類，有子樹的節點和沒有子樹的節點。有子樹的節點稱爲「內部節點」（Internal node），沒有子樹的節點稱爲「外部節點」（External node），或者由下列的名詞做通盤認識：

- **樹葉（Leaf）節點**：沒有子樹的節點，或稱做「終端節點」（Terminal Nodes），它的分支度為零，如上圖中節點D、E、F、G、I、J。
- **非終端節點（Nonterminal Nodes）**：有子樹的節點，如A、B、C、H等。
- **祖先（Ancestor）**：所謂祖先是指從樹根到該節點路徑上所有包含的節點。例如：J節點的祖先為A、C、H節點，E節點的祖先為A、B節點。
- **子孫（Descendant）**：為該節點的子樹中所包含任一節點。例如：節點C的子孫為F、G、H、I、J等。
- **子樹（Sub-tree）**：本身是樹，其節點能形成後代，以上圖來說，節點A以下有兩棵子樹，左子樹以節點B開始，右子樹由節點C開始。

➢ 樹林：是由n個互斥樹所組合成的，移去樹根即為樹林，例如上圖移除了節點A，則包含兩棵樹，即樹根為B、C的樹林。

9-3-2 二元樹

樹依據分支度的不同可以有多種形式，而資料結構中使用最廣泛的樹狀結構就是「二元樹」（Binary Tree）。所謂的二元樹是指樹中的每個「節點」（Nodes）最多只能擁有2個子節點，即分支度小於或等於2。二元樹的定義如下：

> 二元樹的節點個數是一個有限集合，或是沒有節點的空集合
> 二元樹的節點可以分成兩個沒有交集的子樹，稱爲「左子樹」（Left Subtree）和「右子樹」（Right Subtree）
> 每個節點左子樹的讀序優於右子樹的順序

元樹（又稱Knuth樹），它由一個樹根及左右兩個子樹所組成，因爲左、右有次序之分，也稱爲「有序樹」（Ordered Tree）。簡單的說，二元樹最多只能有左、右兩個子節點，就是分支度小於或等於2，其資料結構可參考下圖：

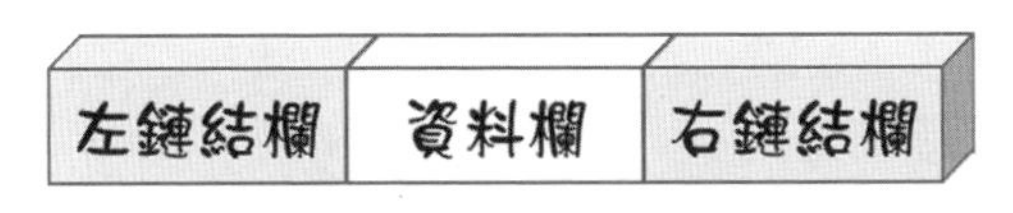

二元樹的資料結構

我們繼續觀察上圖，「左鏈結欄」及「右鏈結欄」會分別指向左邊子樹和右邊子樹的指標，而「資料欄」這個欄位乃是存放該節點（Node）的基本資料。以上述宣告而言，此節點所存放的資料型態爲整數。至於二元樹和一般樹有何不同？歸納如下：

- 樹不可為空集合，但是二元樹可以。
- 樹的分支度為d≧0，但二元樹的節點分友度為「0 ≦ d ≦2」。
- 樹的子樹間沒有次序關係，二元樹則有。

藉由下圖來實地了解一棵實際的二元樹。由根節點A開始，它包含了以B、C為父節點的兩棵互斥的左子樹與右子樹。其中的左子樹和右子樹都有順序，不能任意顛倒。

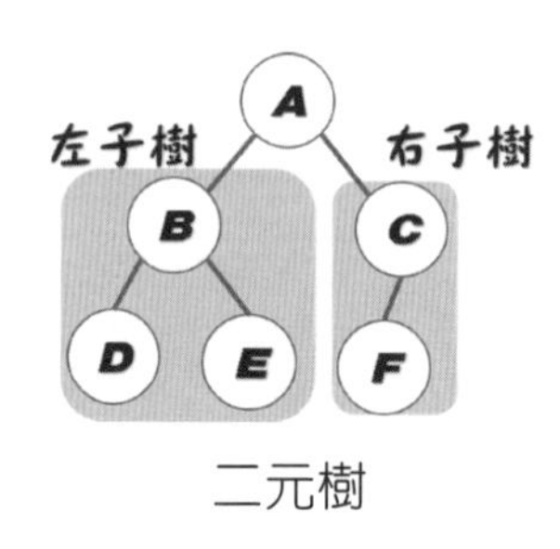

二元樹

9-3-3 特殊二元樹

通常二元樹與階層、分支度和節點數皆習習相關；假設二元樹的第K階層中，最大節點數為「2^{k-1}，k >= 1」；利用數學歸納法證明，步驟如下：

Step 1. 當階層「i = 1」時，「$2^{1-1} = 2^0 = 1$」，只有樹根一個節點。

Step 2. 假設階層為i，「i = j」，且「0 ≤ j < k」時，節點數最多為 2^{j-1}。

Step 3. 因此得到「i = k - 1」，節點數為「2k - 2」。

Step 4. 由於二元樹中每一節點的分支度d為「0 ≤ d ≤ 2」；所以，階度k的節點數為$2*2^{k-2} = 2^{k-1}$個。

以一個簡例來解析階層和節點數的關係：當「k = 1」表示第1層只有一個節點A；而「k = 2」則第2層有兩個節點B和C，依此類推。

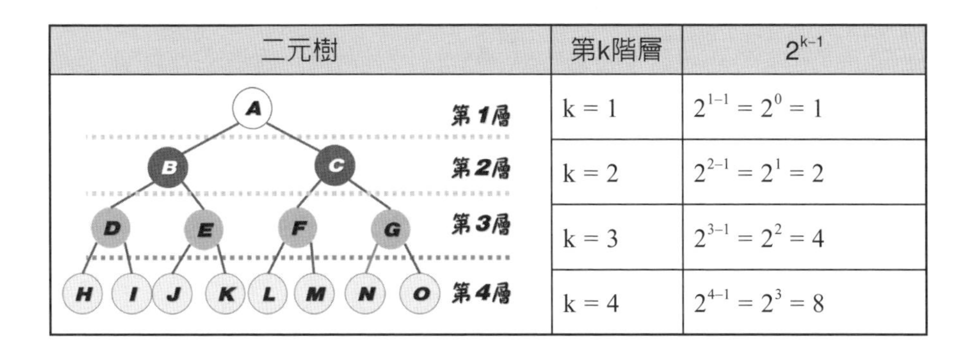

二元樹	第k階層	2^{k-1}
第1層	k = 1	$2^{1-1} = 2^0 = 1$
第2層	k = 2	$2^{2-1} = 2^1 = 2$
第3層	k = 3	$2^{3-1} = 2^2 = 4$
第4層	k = 4	$2^{4-1} = 2^3 = 8$

假設二元樹的高度爲h，最大節點數爲「2^{h-1}，h >= 1」，解析步驟如下：

Step 1. 當樹高h爲1時，只有一個節點A。

樹高爲「2」則最大節數則是A、B和C共3個，依此類推。

二元樹	高度h	2^h-1
A	h = 1	$2^1 - 1 = 1$
B C	h = 2	$2^2 - 1 = 3$
D E F G	h = 3	$2^3 - 1 = 7$
H I J K L M N O	h = 4	$2^4 - 1 = 15$

完滿二元樹（Full Binary Tree）是指分支節點都含有左、右子樹，而其樹葉節點都在位於相同階層中；其定義如下：

> 有一棵階層爲k的二元樹，$k \geq 0$的情形下，有2^{k-1}個節點

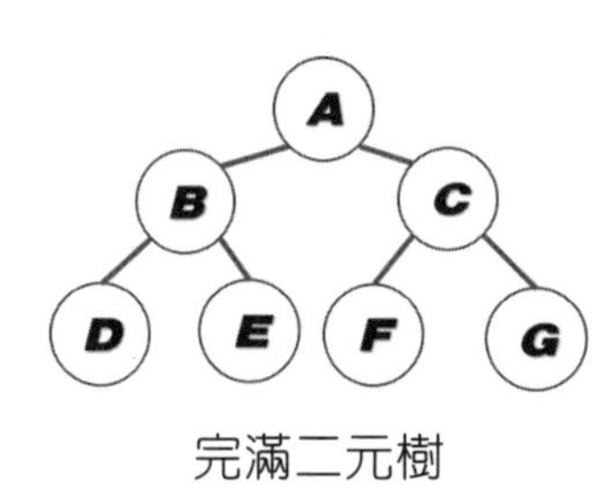

完滿二元樹

由上圖得知，其樹高爲「3」，此棵樹會有「2^{h-1}」，節點數爲「$2^3 - 1 = 7$」。

完全二元樹（Complete Binary Tree）是指除了最後一個階層外，其他各階層節點完全被填滿，且最後一層節點全部靠左，其定義如下：

> 一棵二元樹的高度爲h，節點數爲n
> 所含節點數介於「$2^{h-1} - 1 < n < 2^{h-1}$」個

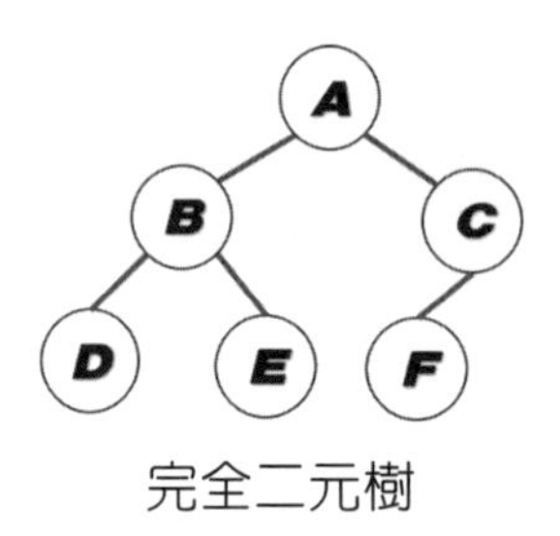

完全二元樹

嚴格二元樹（Strictly Binary Tree）是指二元樹中的每一個非終端節點均有非空的左右子樹，如下圖所示：

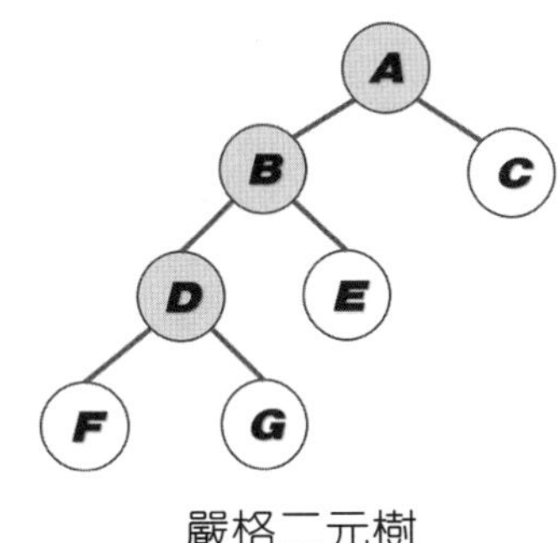

嚴格二元樹

由上述不同型式的二元樹得知：

完整二元樹並不一定是完滿二元樹；
但是，完滿二元樹則必定是完整二元樹

經由「嚴格二元樹」、「完滿二元樹」及「完全二元樹」的三種定義，可以歸納它們的關係如下：

「完滿二元樹」≧「完全二元樹」≧「嚴格二元樹」

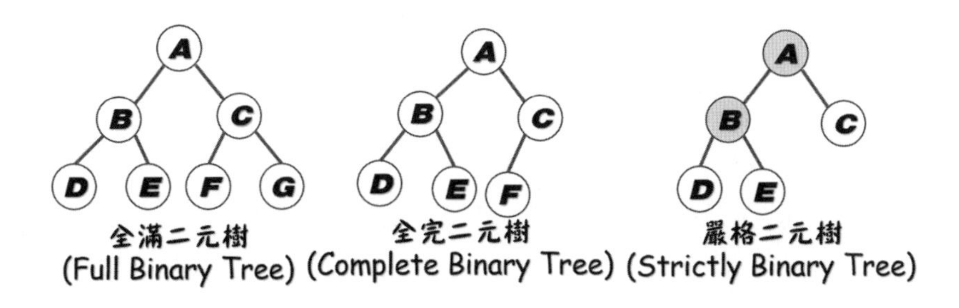

當一棵二元樹沒有右節點或左節點時，稱爲歪斜樹（Skewed Tree），可分成兩種：

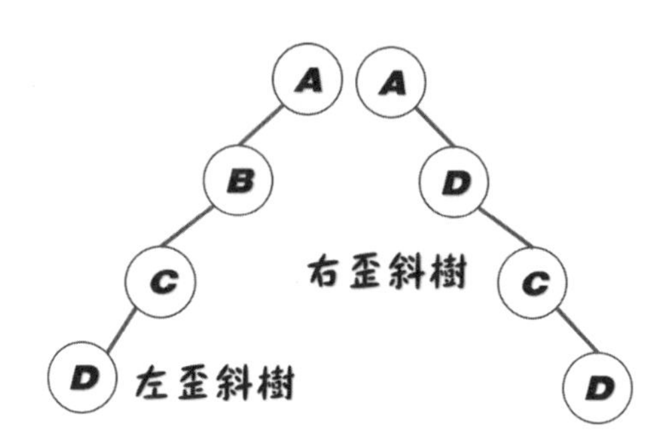

左歪斜和右歪斜樹

- 左歪斜（Left-skewed）二元樹：表示二元樹沒有右子樹，參考上圖左側。
- 右歪斜（Right-skewed）二元樹：表示此二元樹沒有左子樹，參考上圖右側。

9-3-4 以陣列模式表示二元樹

如果要使用一維陣列來儲存二元樹，首先將二元樹想像成一個完滿二元樹，而且第k個階層具有2^{k-1}個節點，並且依序存放在一維陣列中。首先來看看使用一維陣列建立二元樹的表示方法及索引值的配置。

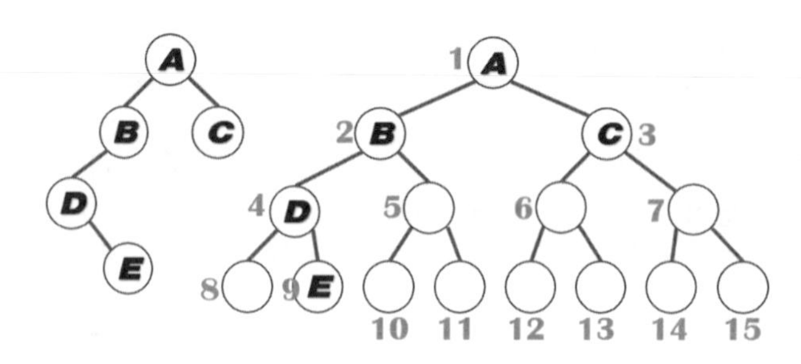

以完滿二元樹處理

上圖共有四個階層，依據其節點編號，如果以Python的List來表示一個完滿二元樹，第一種方式是把它們透過List以一維陣列表示，如下圖所示。

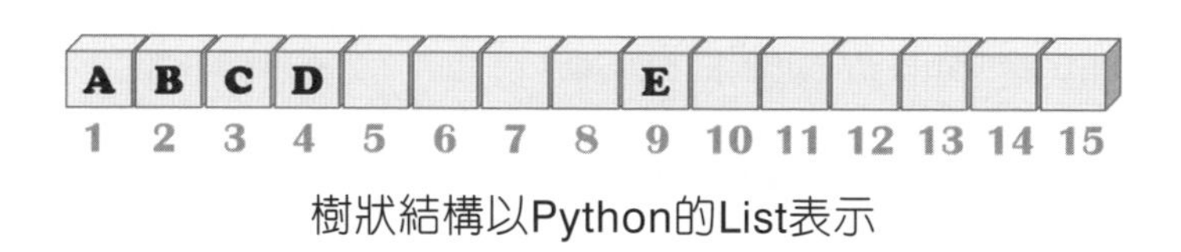

樹狀結構以Python的List表示

第二種方式就是利用多維陣列的作法，將上二圖左側的二元樹轉化為Python的多維List；它的作法就是利用採用[根節點, [左子樹], [右子樹]]的作法，每個節點就是一維List，節點中無資料者就補上None。程式碼敘述如下：

```
btree = ['A', ['B', ['D', [None], ['E']], [None]],
              ['C', [None], [None]]]
```

通常以陣列表示法來儲存二元樹，如果此二元樹愈接近完滿二元樹，愈節省空間，如果是歪斜樹（Skewed Binary Tree）則最浪費空間。另外，樹的中間節點做插入與刪除時，可能要大量移動來反應節點的變動。

將下圖的二元樹利用Python的List實作多維陣列。

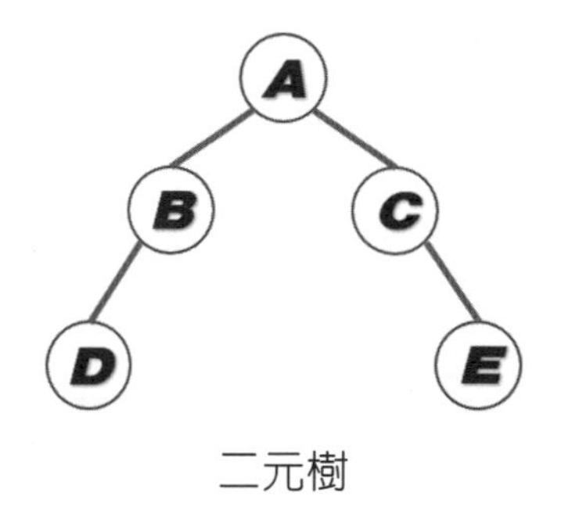

二元樹

以多維List來產生二元樹演算法

```
01  def bitTree(rt):
02      return [rt, [None], [None]]
03  def setRoot(rt, value):
04      rt[0] = value #設定根節點的值
05  def getRoot(rt):
06      return rt[0] #回傳根節點的值
07  def leftChild(rt):
08      return rt[1] #回傳左子樹的值
09  def rightChild(rt):
10      return rt[2] #回傳右子樹的值
11
12  def insertLeft(rt, item):
13      tmp = rt.pop(1)
14      #判斷tmp的長度是否大於1
15      if len(tmp) > 1:  #依據指定位置插入項目
16          rt.insert(1, [item, tmp, [None]])
17      else:
18          rt.insert(1, [item, [None], [None]])
19      return rt
20  //省略部份程式碼
21  bt = bitTree('A')
22  insertLeft(bt, 'D')
23  insertLeft(bt, 'B')
24  insertRight(bt, 'F')
25  insertRight(bt, 'C')
26  left = leftChild(bt)
27  right = rightChild(bt)
28  tree = getRoot(bt)
29  print(bt)
```

程式說明

◈ 第1～2行：先定義第一個方法bitTree()，傳入根節點的值，並把左、右子樹設爲None。

◈ 第12～19行：定義方法insertLeft()來插入左子樹的節點，此處呼叫List物件的方法insert()，依據指定位置來取得傳入的參數值。

◈ 第21～30行：先呼叫方法bitTree()來傳入根節點的值，再呼叫方法insertLeft()、insertRight()取得節點值，再以方法leftChild()、rightChild()產生左、右子樹。

◈ 第29行：輸出['A', ['B', ['D', [None], [None]], [None]], ['C', ['F', [None], [None]], [None]]]

9-3-5 以串列表示二元樹

所謂二元樹的串列表示法，就是利用鏈結串列來儲存二元樹，使用鏈結串列來表示二元樹的好處是對於節點的增加與刪除相當容易，缺點是很難找到父節點，除非在每一節點多增加一個父欄位。如下圖所示：

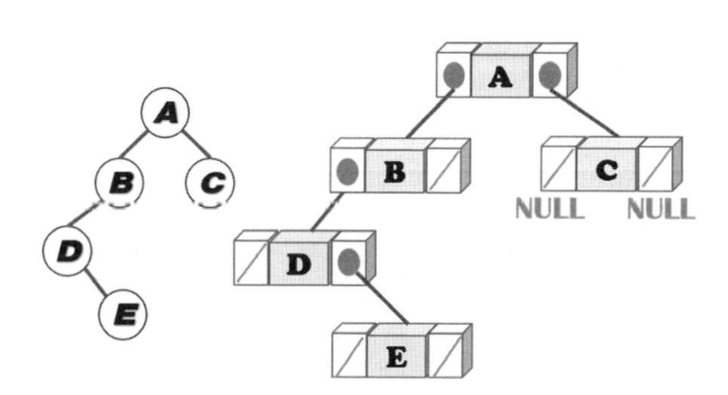

樹狀結構以鏈結串列表示

透過下述範例來了解二元樹如何以鏈結串列來實作。

以串列實作二元樹演算法

```
01    class bitTree():
02        def __init__(self, root):
03            self.left = None #left Node
```

```
04          self.right = None # right Node
05          self.root = root
06      def leftChild(self):
07          return self.left #回傳left node data
08      def rightChild(self):
09          return self.right #回傳right node data
10      def setRoot(self, data):
11          self.root = data #設定根節點新值
12      def getRoot(self):
13          return self.root #回傳根節點的值
14      def insertLeft(self, data):
15          #如果左子樹爲空樹，取得二元樹的新值
16          if self.left == None:
17              self.left = bitTree(data)
18          else:
19              bt = bitTree(data)
20              bt.left = self.left #將新節點的值設爲自己的左節點
21              self.left = bt
22      //省略部份程式碼
31  def show(bt):
32      if(bt != None):
33              show(bt.leftChild()) #遞迴呼叫
34              print(bt.getRoot(), end = ' ')
35              show(bt.rightChild())
36  bt = bitTree('A') #產生二元樹物件
37  bt.insertLeft('D')
38  bt.insertLeft('B')
39  bt.insertRight('E')
40  bt.insertRight('C')
41  show(bt) #輸出節點D B A C E
```

程式說明

◈ 第2～5行：初始化二元樹物件bt，先設左、右欲鏈結的指標爲None，取得根節點的值。

◈ 第6～10行：定義方法leftChild()、rightChild()來回傳左、右節點的值。

◈ 第14～21行：從左子樹插入節點，左子樹不是空節點的情形下，將新節點插入的值存放於左子樹。

9-3-6 二元搜尋樹

「二元搜尋樹」（Binary Search Tree，簡稱BST）本身就是二元樹，每一節點都會儲存一個值，或者稱爲「鍵值」。既然稱爲二元搜尋樹，表示它支援搜尋；如何定義二元搜尋樹，一同來學習之。

二元搜尋樹T是一棵二元樹；可能是空集合或者一個節點包含一個值，稱爲鍵值，且滿足以下條件：

整棵二元樹中的每一個節點都擁有不同值
T的每一個節點的鍵值大於左子節點的鍵值
T的每一個節點的鍵值小於右子節點的鍵值
T的左、右子樹也是一個二元搜尋樹

以下圖來說，T1是一棵二元搜尋樹，而T2的節點「34」違反規則，其鍵值比節點「15」大，所以它不是BST。

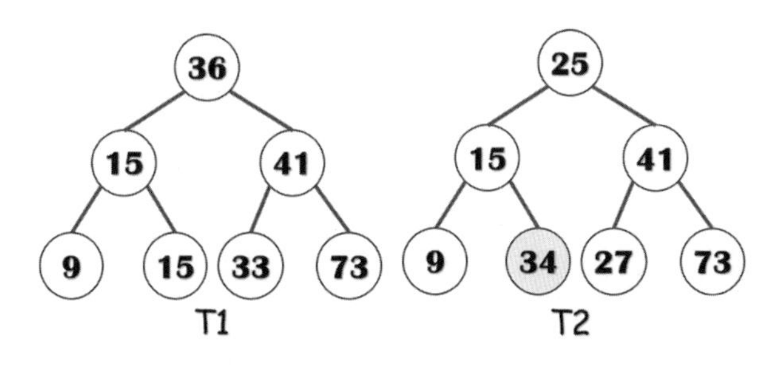

BST與非BST

如果我們打算將一組資料31、28、16、40、55、66、14、38依照字母順序建立一棵二元搜尋樹。輸入字母的資料相同，但是順序不同就會出現不同的搜尋樹。請看底下的詳細建立規則：

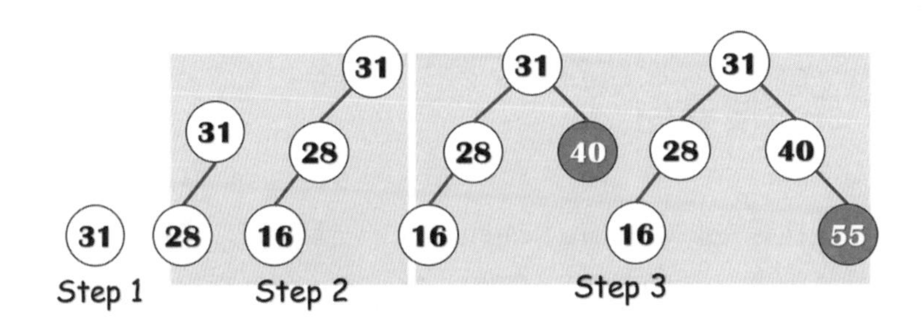

Step 1. 先設根節點31為其鍵值。

Step 2. 數值28比根節點小，所以設為左子節點，數值16比28小，設為左子樹28的左子節點。

Step 3. 數值40比根節點大，就設為右子節點；數值55比右子樹的40大，設成右子樹的右節點。

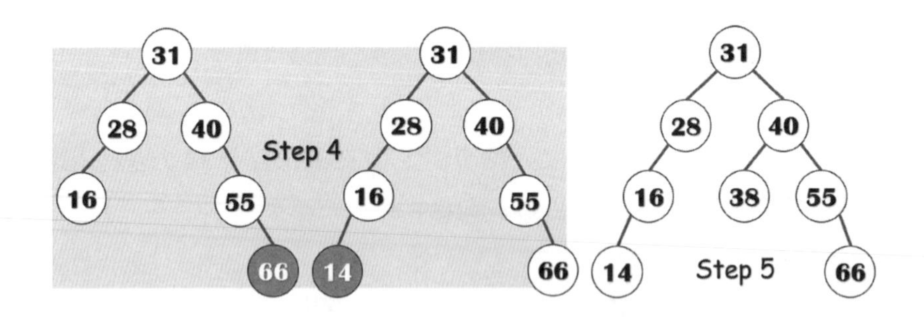

Step 4. 數值66設為節點55的右子節點，數值14設為節點16的左子節點。

Step 5. 最後，數值35設為節點40的左子節點。

《Q1》請依照「7, 4, 1, 5, 13, 8, 11, 12, 15, 9, 2」順序，建立的二元搜尋樹。

解答：

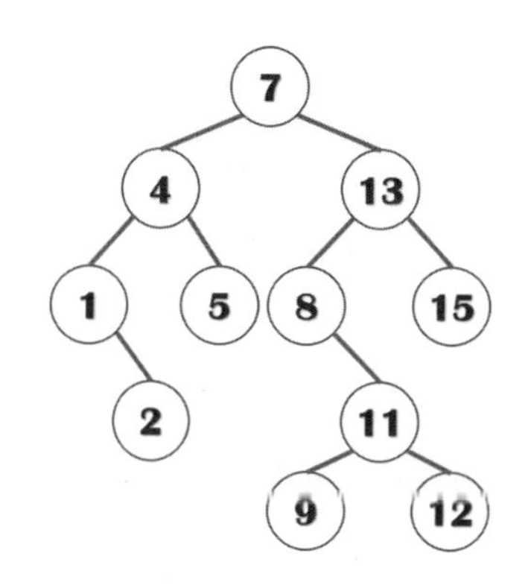

要找出二元搜尋樹的某個鍵值十分簡單，依據下述原則走訪二元樹，就可找到打算搜尋的值。

左子樹鍵值 ≦ 父節點鍵值 ≦右子樹鍵值

因為右子節點的鍵值一定大於左子節鍵值，所以只需從根節點開始做比較，就能知道其欲搜尋鍵值是位在右子樹或左子樹。例如找出範例「SearchTree.py」BST的鍵值「18」。

Step 1. 從根節點60開始做比較，18比根節點小，往左子樹方向。

Step 2. 由於比父節點25小，所以再與左子樹的左子節點做比對，鍵值相同就找到了。

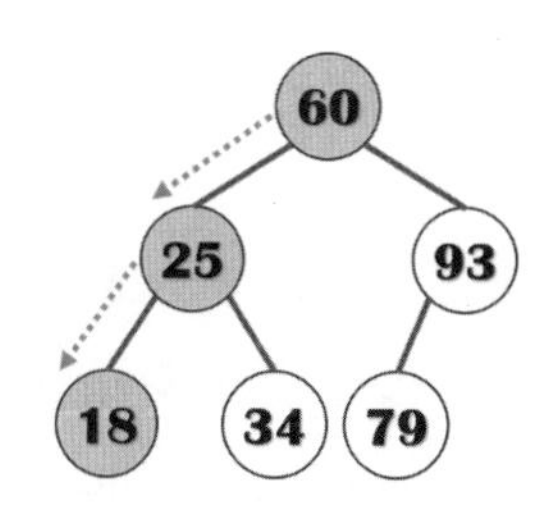

Step 3. 如果欲搜尋的值比根節點「60」要大，就往右子樹查找，直到找不到爲止。

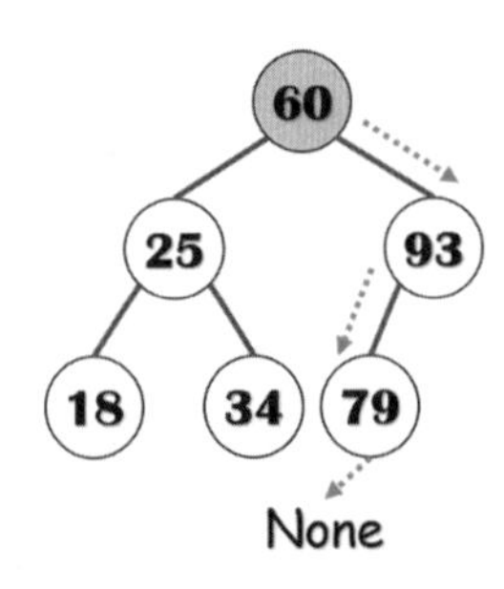

BST的搜尋演算法

```
01  class bsTree:
02
03      def search(self, value):
04          if self.root is not None:
05          return self.searchTo(value, self.root)
06
07      def searchTo(self, value, current):
08          if value == current.value:
09              return str('\n有節點 {}'.format(value))
10          elif value < current.value and current.left != None:
11              return self.searchTo(value, current.left)
12          elif value > current.value and current.right != None:
13              return self.searchTo(value, current.right)
14  return str('無此節點')
```

程式說明

◈ 第4～6行：定義方法search()，先確認欲搜尋的節點值已經存在，然後呼叫searchTo()方法做實際的走訪動作。

◈ 第8～15行：定義方法searchTo()，將欲搜尋的值value與走訪的節點current做比較；大於目前的節點就往右子節點方向，小於的話就走向左子節點做比較，找到的話就回傳True，沒有找到就回傳False。

Tips

堆積樹（Heap tree）是一種特殊的二元樹，可分爲最大堆積樹及最小堆積樹兩種。例如最大堆積樹滿足以下3個條件：

1. 它是一個完整二元樹。
2. 所有節點的值都大於或等於它左右子節點的值。
3. 樹根是堆積樹中最大的。

9-4 圖形結構

何謂圖形結構？假如從高雄出發要去參觀台南的奇美博物館，開車的話有哪些道路可供選擇？拜網路發達所賜，很多人可能去看了看谷歌大神的地圖，或者使用手機上提供的導航軟體；這些都來自圖形的應用。手上有了地圖指南之後，可能還有些想法！走哪條道路可以快速抵達（最短路徑問題）？或者想加入美食熱點，如何走才能不錯過它們（路徑的搜尋問題）。樹狀結構主要是描述節點與節點之間「層次」的關係，但是圖形（graph）結構卻是討論兩個頂點之間「相連與否」的關係。

9-4-1 圖形的基本定義

圖形結構是一種探討兩個頂點間是否相連的一種關係圖，與樹狀結構的最大不同是樹狀結構用來描述節點與節點間的層次關係。如何表示圖形？前面章節中會以節點（Node）來儲存資料，來到了圖形世界，依然會以圓圈代表頂點（Vertices，或稱點、節點），它是儲存資料或元素的所在。頂點之間的連線是邊線（Edges，或稱邊）。圖形由有限的點和邊線集合所組成，圖形G是由V和E兩個集合組成其定義，表示如下：

```
G = (V, E)
```

◈ V：頂點（Vertices）組成的有限非空集合。

◈ E：邊線（Edges）組成的有限集合，這是成對的點集合。

依據邊線是否具有方向性，圖形結構概分無向圖形與有向圖形兩種；先來認識它們的不同之處。

邊線表達資料間的關係，右圖是一張「無向圖形」（Undirected Graph），頂點A與頂點B能去能回，意味著它的邊線無方向性，頂點A到頂點B以邊線(A, B)或邊線(B, A)是相同的。

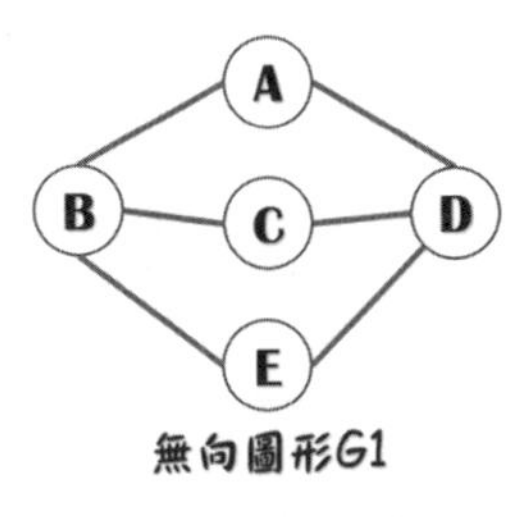

無向圖形

進一步來看，G1圖形擁有A、B、C、D、E五個頂點，若V(G1)是圖形G1的點集合，表示如下：

```
V(G1) = {A, B, C, D, E}
E(G1) = {(A, B),(A, E),(B, C),(B, D),(C, D),(C, E),(D, E)}
|V| = 5, |E| = 6
```

◈ 無方向性的邊線以括號()表示。

「有向圖形」（Directed Graph）是表示它的每邊都是有方向性，邊線<A, B>中，A爲頭（Head），B爲尾（Tail），方向爲「A→B」。

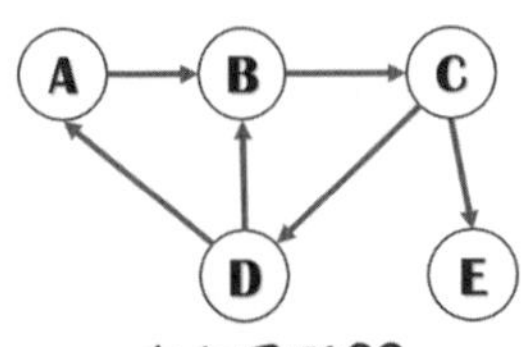

有向圖形

G2圖形有A、B、C、D、E五個頂點，V(G2)是圖形G2，如下所示：

```
V(G2) = {A, B, C, D, E}
E(G2) = {<A, B>, <B, C>, <C, D>, <C, E>, <E, D>, <D, B>}
|V| = 5, |E| = 6
```

◈ 有方向性的邊線以<>表示。

9-4-2 圖形相關名詞

俗話說「條條道路通羅馬」；通向羅馬之前，先來認識跟圖形有關的專有名詞。

- **完整圖形**：含有N個頂點的無向圖形中，正好有「N(N-1)/2」邊線，稱為「完整圖形」。所以，「N=5, E=5(5-1)/2」得邊線為「10」，可以進一步查看下圖完整無向圖G1是否有10條邊。完整有向圖形必須有N(N-1)個邊線，當「N=4, E=4(4-1)」得邊線「12」。因此，細審一下圖右邊的G2有向圖，是否有12條邊？

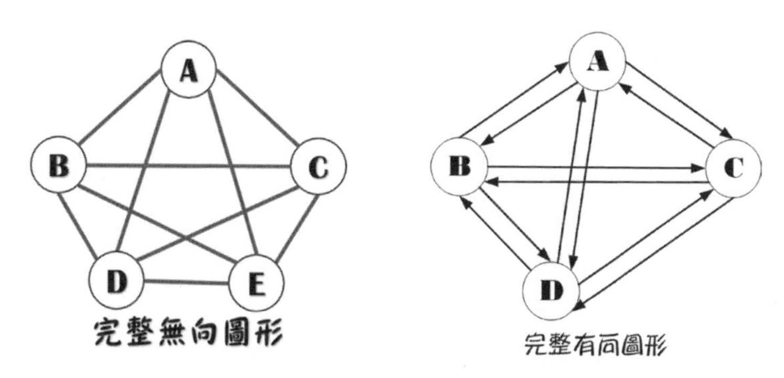

完整的無向和有向圖形

- **相鄰（Adjacent）**：上圖中，無論是無向圖或有向圖，A、B是相異的兩個頂點，它們具有邊線來連接，因此稱頂點A與B相鄰。

- **子圖（Sub-graph）**：當G'和G"兩個集合能滿足「V(G' ⊆ V(G)且E(G') ⊆ E(G))」，「V(G" ⊆ V(G)且E(G") ⊆ E(G))」，稱G'和G"為G的子圖，如下圖所示。

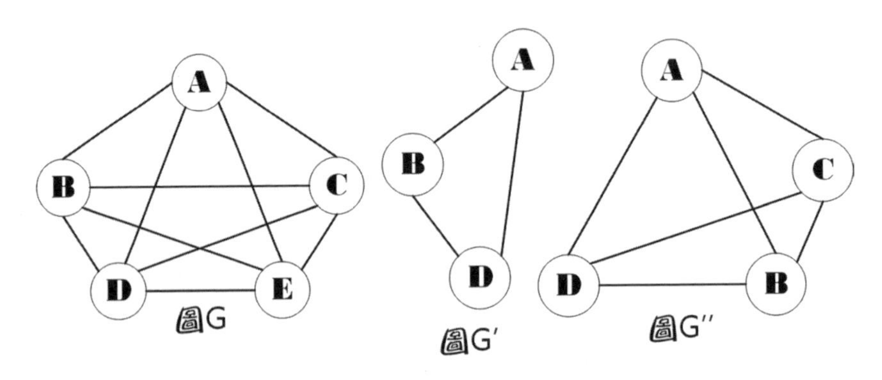

圖G有子圖G'和G"

- **路徑（Path）**：兩個不同頂點間所經過的邊線稱為路徑，如上圖中的圖G，頂點A到E的路徑有「{(A, B)、(B, E)}及{(A, B)、(B, C)、(C, D)、(D, E)}」等。
- **路徑長度（Length）**：路徑上所包含邊的總數為路徑長度。
- **循環（Cycle）**：起始點及終止點為同一個點的簡單路徑稱為循環。如圖G，{(A, B),(B, D),(D, E),(E, C),(C, A)}起點及終點都是A，所以是一個循環路徑。
- **相連（Connected）**：在無向圖形中，若頂點Vi到頂點Vj間存在路徑，則Vi和Vj是相連的；例如下圖中，圖G1中頂點A至頂點B間有存在路徑，則頂點A和B相連。
- **相連圖形（Connected Graph）**：檢視下圖，圖G3的任兩個點均相連，所以是相連圖形。

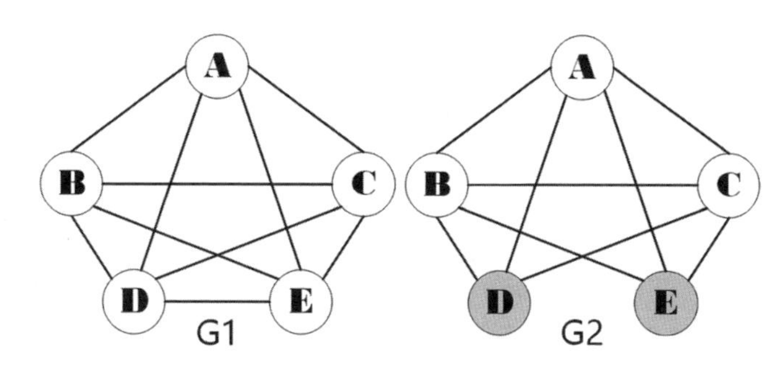

相連與不相連圖形

- **不相連圖形（Disconnected Graph）**：圖形內至少有兩個點間是沒有路徑相連的；上圖的G4，它有D、E兩個點不相連所以是非相連圖形。
- **緊密相連（Strongly Connected）**：參考下圖的有向圖形G5，若兩頂點間有兩條方向相反的邊稱為緊密相連。

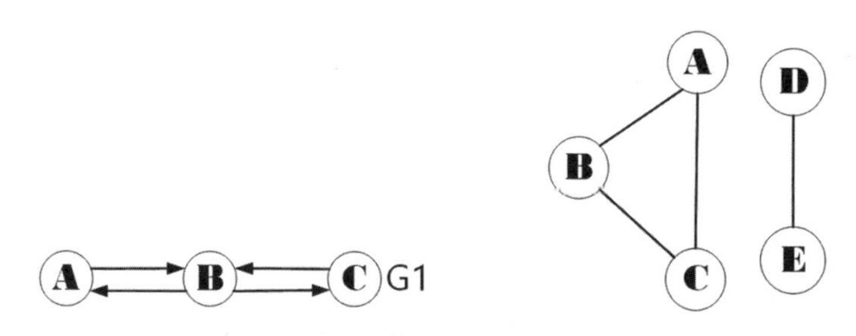

緊密的圖和相連單元

- **相連單元**：圖形中相連在一起的最大子圖總數，以上圖G6而言，可以看做是2個相連單元。
- **分支度（Degree）**：無向圖形中，不考慮其方向性，一個頂點所擁有邊數總和而稱之；如上圖中，圖G3的頂點A，其分支度為4。
- **出／入分支度**：有向圖形中，考量方向性的情形下，以頂點V為箭頭終點的邊之個數為入分支度，反之由V出發的箭頭總數為出分支度。如下圖，頂點A的入分支度為1，出分支度為3。

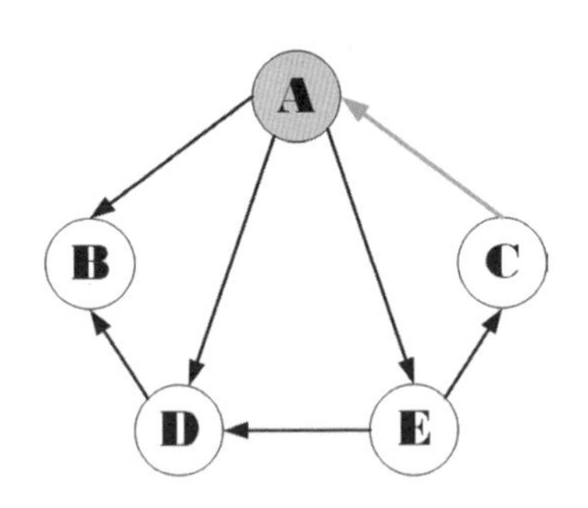

圖形的入 / 出分支度

例一：透過無向圖形G1、G2、G3進一步認識這些圖形相關的術語。

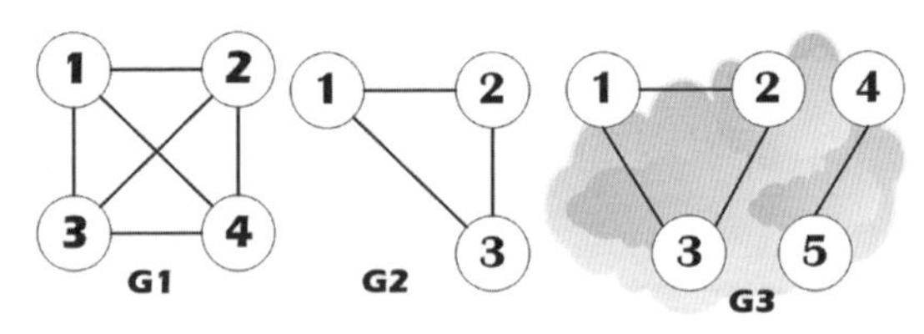

◈ G1是一個完整圖形，而G2是G1的子圖。

◈ 圖G1中，(V1, V2)、(V2, V3)、(V3, V4)是一條路徑，其長度爲3，且爲一簡單路徑，而圖G2爲一種循環。

◈ 圖G1中，V1、V2相連，V2、V3相連，在圖G3中，V1、V3相連，但V2、V4不相連。

◈ 圖G1中，(V1, V2)、(V2, V3)、(V3, V1)是一簡單路徑，因爲(V3, V1)中的V1頂點和(V1, V2)的V1相同。

圖G3中，有2個相連單元，（V1, V3）是依附於頂點V1與頂點V3。

例二：藉由有向圖形G4、G5、G6更靠近這些圖形的專門術語。

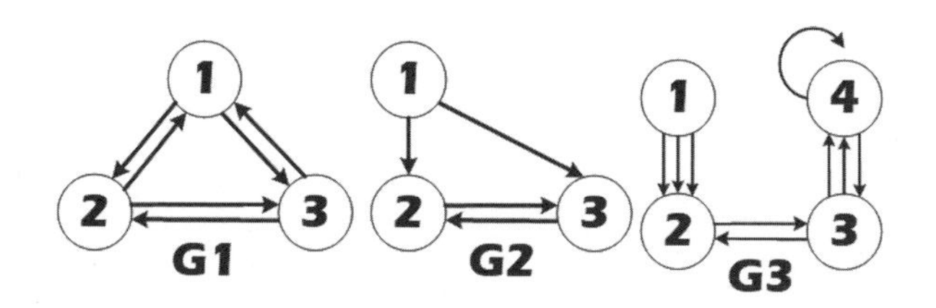

◈ 圖G4是一個完整圖形。<V1, V2>、<V2, V3>與<V1, V2>、<V2, V3>、<V3, V1>都是一條路徑。

◈ 圖G4是緊密連接，但圖G5、G6則是不相連接，而圖G5中的緊密連接單元依然是頂點2和頂點3。

◈ 圖G6中的頂點V1的入分支度爲0，出分支度爲3；頂點V4的出、入分支度各爲2。

9-5 全真綜合實作測驗

9-5-1 血緣關係

問題描述（105年3月實作題）

小宇有一個大家族。有一天，他發現記錄整個家族成員和成員間血緣關係的家族族譜。小宇對於最遠的血緣關係（我們稱之爲「血緣距離」）有多遠感到很好奇。

下圖爲家族的關係圖。0是7的孩子，1、2和3是0的孩子，4和5是1的孩子，6是3的孩子。我們可以輕易的發現最遠的親戚關係爲4（或5）和6，他們的「血緣距離」是4（4～1，1～0，0～3，3～6）。

給予任一家族的關係圖，請找出最遠的「血緣距離」。你可以假設只有一個人是整個家族成員的祖先，而且沒有兩個成員有同樣的小孩。

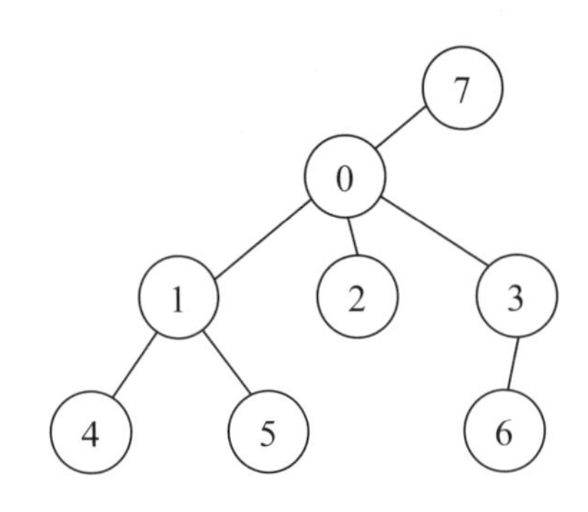

輸入格式

第一行爲一個正整數n代表成員的個數，每人以0～n-1之間唯一的編號代表。接著的n-1行，每行有兩個以一個空白隔開的整數a與b（$0 \le a,b \le n-1$），代表b是a的孩子。

輸出格式

每筆測資輸出一行最遠「血緣距離」的答案。

範例一：輸入

```
8
0 1
0 2
0 3
7 0
1 4
1 5
3 6
```

範例一：正確輸出

```
4
```

範例二：輸入

```
4
0 1
0 2
2 3
```

範例二：正確輸出

```
3
```

（說明）	（說明）
如題目所附之圖，最遠路徑爲4->1->0->3->6或5->1->0->3->6，距離爲4。	最遠路徑爲1->0->2->3，距離爲3。

評分說明

輸入包含若干筆測試資料，每一筆測試資料的執行時間限制（time limit）均爲3秒，依正確通過測資筆數給分。其中：

第1子題組共10分，整個家族的祖先最多2個小孩，其他成員最多一個小孩，$2 \leq n \leq 100$ 。

第2子題組共30分，$2 \leq n \leq 100$。

第3子題組共30分，$101 \leq n \leq 2,000$。

第4子題組共30分，$1,001 \leq n \leq 100,000$。

題目重點分析

先宣告一個FAMILY的串列，該串列記錄每位成員的小孩情況，是一種家族關係樹狀圖的表現方式，它的元素爲串列。此串列所紀錄的內容值，索引值0的串列紀錄0號家庭成員的孩子，索引值1的串列紀錄1號家庭成員的孩子，索引值2紀錄2號家庭成員的孩子，以此類推。如果該索引值的元素個數爲0時，則表示該索引值的家庭成員沒有小孩。

本程式會使用到的變數，功能說明如下：

- FAMILY=[]：#記錄每位成員的小孩情況。
- blood_distance=0：#最長血緣距離。
- children=[0]*100000：記錄每位成員有多少小孩。
- isChild=[False]*100000：判斷是否爲其他人的小孩，是用來紀錄該索引的家族成員是否爲其他成員的小孩，如果是就設定爲True。如果設定爲False，就表示該成員不是其他成員的小孩。這個陣列的初值設定爲False。

函式DFS會回傳從傳入參數節點出發的最大深度，它是一個遞迴函式，其出口條件是沒有小孩。當只有一個小孩時，此時最大深度必須加1。程式碼如下：

```
def DFS(node):
    global blood_distance
    if(children[node]==0): #遞迴的出口條件
        return 0
    elif (children[node]==1):
        for j in range(n-1):
            if(FAMILY[j][0]==node):
                return DFS(FAMILY[j][1])+1
    else:
        max1=0 #最大深度
        max2=0 #第二大深度
        for j in range(n-1):
            if(FAMILY[j][0]==node):
                depth=DFS(FAMILY[j][1])+1
                if (depth>max1):
                    max1,depth=depth,max1 #大小交換
                if (depth>max2):
                    max2=depth
        blood_distance = max(blood_distance, max1 + max2)
        return max1  #回傳最大深度
```

程式一開始可以開啓資料檔，第一行代表成員的個數，並存入變數n中，每人以0～n-1之間唯一的編號代表。

接著的n-1行，每行有兩個以一個空白隔開的整數a與b(0 ≤ a,b ≤ n-1)，代表b是a的孩子。將資料讀入程式後，就必須作一些初值的設定。

接著必須先找到root節點，所謂根節點就是該節點不是任何其他節點的小孩。各位可以利用底下的程式碼找出根節點。

```
#找出根節點
for i in range(n):
    if (isChild[i]==False):
        root =i
        break
```

找到根節點後，可以利用DFS函數找到由此根節點出發的最大深度，有了這個最大深度後就可以與目前全域變數所紀錄的最長血緣距離互相比較，較大的值就是本程式所要求的最遠血緣距離。

參考解答程式碼：血緣關係.py

```
01  FAMILY=[] #記錄每位成員的小孩情況
02  blood_distance=0 #最長血緣距離
03  children=[0]*100000 #記錄每位成員有多少小孩
04  isChild=[False]*100000 #判斷是否爲其他人的小孩
05
06  #回傳從傳入的參數節點出發的最大深度
07  def DFS(node):
08      global blood_distance
09      if(children[node]==0): #遞迴的出口條件
10          return 0
11      elif (children[node]==1):
```

```
12            for j in range(n-1):
13                if(FAMILY[j][0]==node):
14                    return DFS(FAMILY[j][1])+1
15        else:
16            max1=0 #最大深度
17            max2=0 #第二大深度
18            for j in range(n-1):
19                if(FAMILY[j][0]==node):
20                    depth=DFS(FAMILY[j][1])+1
21                    if (depth>max1):
22                        max1,depth=depth,max1 #大小交換
23                    if (depth>max2):
24                        max2=depth
25            blood_distance = max(blood_distance, max1 + max2)
26            return max1  #回傳最大深度
27
28    fp=open("data2.txt","r")
29    n=int(fp.readline()) #家族成員總數
30
31    #家族成員的小孩資訊
32    for i in range(n-1):
33        temp=fp.readline().split(' ')
34        member=[]
35        member.append(int(temp[0]))
36        member.append(int(temp[1]))
37        FAMILY.append(member)
38        isChild[int(temp[1])]=True
39        children[FAMILY[i][0]]+=1
40
41    #找出根節點
42    for i in range(n):
43        if (isChild[i]==False):
44            root =i
45            break
46
47    deepest=DFS(root); #從根節點出發的最大深度
48    blood_distance=max(deepest,blood_distance)#取較大值
49    print("%d" %blood_distance)#輸出最長血緣距離
```

範例一：輸入

```
8
0 1
0 2
0 3
7 0
1 4
1 5
3 6
```

範例一：正確輸出

```
4
```

範例二：輸入

```
4
0 1
0 2
2 3
```

範例二：正確輸出

```
3
```


程式碼說明：

- 第1列：記錄每位成員的小孩情況。
- 第4列：記錄這位家庭成員是否爲其他人的小孩，初值設定爲False。
- 第7～26列：回傳從傳入的參數節點出發的最大深度的函數。
- 第28列：開啓測試資料檔。
- 第29列：讀取家族成員總數。
- 第32～39列：逐行讀取各成員的小孩資訊。當node2爲node1的小孩時，將isChild [node2] = True，表示此處node2是其它成員的小孩。
- 第42～45列：找出根節點root。
- 第47列：從根節點出發的最大深度。
- 第48列：最大血緣距離爲目前所紀錄的最大血緣距離與從root出發最大深度兩者間取最大值。
- 第49列：輸出最長血緣距離。

9-5-2 樹狀圖分析（Tree Analyses）

問題描述（106年10月實作題）

本題是關於有根樹（rooted tree）。在一棵n個節點的有根樹中，每個節點都是以1～n的不同數字來編號，描述一棵有根樹必須定義節點與節點之間的親子關係。一棵有根樹恰有一個節點沒有父節點（parent），此節點被稱為根節點（root），除了根節點以外的每一個節點都恰有一個父節點，而每個節點被稱為是它父節點的子節點（child），有些節點沒有子節點，這些節點稱為葉節點（leaf）。在當有根樹只有一個節點時，這個節點既是根節點同時也是葉節點。

在圖形表示上，我們將父節點畫在子節點之上，中間畫一條邊（edge）連結。例如，圖一中表示的是一棵9個節點的有根樹，其中，節點1為節點6的父節點，而節點6為節點1的子節點；又5、3與8都是2的子節點。節點4沒有父節點，所以節點4是根節點；而6、9、3與8都是葉節點。

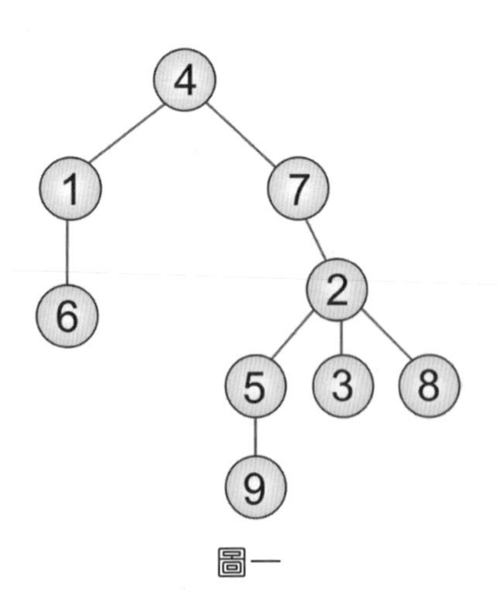

圖一

樹狀圖中的兩個節點u和v之間的距離d(u, v)定義爲兩節點之間邊的數量。如圖一中，d(7, 5) = 2，而d(1, 2) = 3。對於樹狀圖中的節點v，我們以h(v)代表節點v的高度，其定義是節點v和節點v下面最遠的葉節點之間的距離，而葉節點的高度定義爲0。如圖一中，節點6的高度爲0，節點2的高度爲2，而節點4的高度爲4。此外，我們定義H(T)爲T中所有節點的高度總和，也就是說H(T) = ∑v ∈ Th(v)。給定一個樹狀圖T，請找出T的根節點以及高度總和H(T)。

輸入格式

第一行有一個正整數n代表樹狀圖的節點個數，節點的編號爲1到n。接下來有n行，第i行的第一個數字k代表節點i有k個子節點，第i行接下來的k個數字就是這些子節點的編號。每一行的相鄰數字間以空白隔開。

輸出格式

輸出兩行各含一個整數，第一行是根節點的編號，第二行是H(T)。

範例一：輸入

```
7
0
2 6 7
2 1 4
0
2 3 2
0
0
```

範例二：輸入

```
9
1 6
3 5 3 8
0
2 1 7
1 9
0
1 2
0
0
```

範例一：正確輸出	範例二：正確輸出
5	4
4	11

評分說明

輸入包含若干筆測試資料，每一筆測試資料的執行時間限制（time limit）均為1秒，依正確通過測資筆數給分。測資範圍如下，其中k是每個節點的子節點數量上限：

第1子題組10分，$1 \le n \le 4$, $k \le 3$, 除了根節點之外都是葉節點。

第2子題組30分，$1 \le n \le 1{,}000$, $k \le 3$。

第3子題組30分，$1 \le n \le 100{,}000$, $k \le 3$。

第4子題組30分，$1 \le n \le 100{,}000$, k無限制。

提示：輸入的資料是給每個節點的子節點有哪些或沒有子節點，因此，可以根據定義找出根節點。關於節點高度的計算，我們根據定義可以找出以下遞迴關係式：(1)葉節點的高度為0；(2)如果v不是葉節點，則v的高度是它所有子節點的最大高度加一。也就是說，假設v的子節點有a, b與c，則h(v)=max{ h(a), h(b), h(c) }+1。以遞迴方式可以計算出所有節點的高度。

題目重點分析

為了儲存樹狀結構的各節點間的關連性，各位可以宣告一個整數串列data=[]來儲存樹狀結構的所有資料。根據題意h(v)代表節點v的高度，其定義是節點v和節點v下面最遠的葉節點之間的距離，而葉節點的高度定義為0。根據這個定義，就可以自訂一個函式h(data,no)，其主要功能會回傳所傳入的節點編號的高度。

這個函式要求傳入兩個參數：第1個參數為樹狀結構的所有資料，第

2個參數爲要計算節點高度的節點編號。要計算某一個節點的高度，其作法就是以遞迴函式找出該節點所有子節點的最大高度再加上1。而遞迴函式的出口條件爲葉節點，因爲葉節點的高度定義爲0，當子節點爲葉節點時，會回傳高度值爲0。本函式的演算法如下：

```
def h(data,no):
    biggest=0
    if data[no-1][1]==0:
        return 0 #遞迴的出口
    else:
        for i in range(2,data[no-1][1]+2):
            temp=h(data,data[no-1][i])+1
            biggest = max(temp,biggest)
        return biggest; #回傳最大高度
```

本程式的作法會要求輸入一個正整數n，用以代表樹狀圖的節點個數，節點的編號爲1到n。接下來有n行，則紀錄編號爲1到n有分別有多少個子節點。以下程式片段爲讀取此樹狀圖資料，並儲存到程式中定義的相關變數。

```
n=int(input())#節點個數
for i in range(n):
    temp=input().split()#逐列輸入資料
    subnode=int(temp[0])
    row=[]
    row.append(i+1) #節點編號
```

```
row.append(subnode) #該節點編號的子節點數
if subnode>0: #有子節點才要加入各子節點資訊
    for j in range(2,subnode+2):
        row.append(int(temp[j-1]))
data.append(row)
```

接下來的任務就是依序計算每一節點的最大高度，在尋找各節點最大高度的同時，一併與目前最大高度去比較大小，藉以找到本樹狀圖的最大高度及根節點的編號，並累計所有節點的最大高度總和。

參考解答程式碼：樹狀圖分析.py

```
01  data=[]
02
03  #計算節點的高度
04  def h(data,no):
05      biggest=0
06      if data[no-1][1]==0:
07          return 0 #遞迴的出口
08      else:
09          for i in range(2,data[no-1][1]+2):
10              temp=h(data,data[no-1][i])+1
11              biggest = max(temp,biggest)
12          return biggest; #回傳最大高度
13
14  n=int(input())#節點個數
15  for i in range(n):
16      temp=input().split()#逐列輸入資料
17      subnode=int(temp[0])
18      row=[]
19      row.append(i+1) #節點編號
20      row.append(subnode) #該節點編號的子節點數
21      if subnode>0: #有子節點才要加入各子節點資訊
```

```
22            for j in range(2,subnode+2):
23                row.append(int(temp[j-1]))
24        data.append(row)
25
26    root=0
27    total=0
28    highest=0
29    for i in range(1,n+1):
30        hi=h(data,i) #計算節點的最大高度
31        if hi>highest:
32            highest=hi;
33            root=i;#將目前最大高度的節點設爲根節點
34        total+=hi; #累計所有節點的最大高度
35
36    print("%d" %root);  #根節點編號
37    print("%d" %total); #最大高度總和
```

範例一執行結果：

```
7
0
2 6 7
2 1 4
0
2 3 2
0
0
5
4
```

範例二執行結果：

```
9
1 6
3 5 3 8
0
2 1 7
1 9
0
1 2
0
0
4
11
```

程式碼說明：

- 第1列：全域變數data初值設定。
- 第4～12列：計算節點高度的自訂函數，第6列葉節點為遞迴函數的結束條件。第9～12列依序求取每個子節點的最大高度，最後子節點最大的高度為這個自訂函數的回傳值。
- 第14列：輸入節點總數。
- 第15～24列：逐列輸入資料並儲存到所宣告的變數及data串列，以供程式計算每個節點高度。
- 第29～34列：找出根節點編號，並將所有節點的最大高度相加，即所有節點最大高度總和。
- 第36列：輸出根節點編號。
- 第37列：輸出所有節點最大高度總和。

9-5-3 物品堆疊（Stacking）

問題描述（106年10月實作題）

某個自動化系統中有一個存取物品的子系統，該系統是將N個物品堆在一個垂直的貨架上，每個物品各占一層。系統運作的方式如下：每次只會取用一個物品，取用時必須先將在其上方的物品貨架升高，取用後必須將該物品放回，然後將剛才升起的貨架降回原始位置，之後才會進行下一個物品的取用。

每一次升高某些物品所需要消耗的能量是以這些物品的總重來計算，在此我們忽略貨架的重量以及其他可能的消耗。現在有N個物品，第i個物品的重量是w(i)而需要取用的次數為f(i)，我們需要決定如何擺放這些物品的順序來讓消耗的能量愈小愈好。舉例來說，有兩個物品w(1)=1、w(2)=2、f(1)=3、f(2)=4，也就是說物品1的重量是1需取用3次，物品2的重量是2需取用4次。我們有兩個可能的擺放順序（由上而下）：

- (1,2)，也就是物品1放在上方，2在下方。那麼，取用1的時候不需要能量，而每次取用2的能量消耗是w(1)=1，因為2需取用f(2)=4次，所以消耗能量數為w(1)*f(2)=4。
- (2,1)，也就是物品2放在1的上方。那麼，取用2的時候不需要能量，而每次取用1的能量消耗是w(2)=2，因為1需取用f(1)=3次，所以消耗能量數=w(2)*f(1)=6。

在所有可能的兩種擺放順序中，最少的能量是4，所以答案是4。再舉一例，若有三物品而w(1)=3、w(2)=4、w(3)=5、f(1)=1、f(2)=2、f(3)=3。假設由上而下以（3,2,1）的順序，此時能量計算方式如下：取用物品3不需要能量，取用物品2消耗w(3)*f(2)=10，取用物品1消耗(w(3)+w(2))*f(1)=9，總計能量為19。如果以(1,2,3)的順序，則消耗能量為3*2+(3+4)*3=27。事實上，我們一共有3!=6種可能的擺放順序，其中順序(3,2,1)可以得到最小消耗能量19。

輸入格式

輸入的第一行是物品件數N，第二行有N個正整數，依序是各物品的重量w(1)、w(2)、…、w(N)，重量皆不超過1000且以一個空白間隔。第三行有N個正整數，依序是各物品的取用次數f(1)、f(2)、…、f(N)，次數皆為1000以內的正整數，以一個空白間隔。

輸出格式

輸出最小能量消耗值，以換行結尾。所求答案不會超過63個位元所能表示的正整數。

範例一：輸入	範例二：輸入
2	3
20 10	3 4 5
1 1	1 2 3
範例一：正確輸出	**範例二：正確輸出**
10	19

評分說明

輸入包含若干筆測試資料，每一筆測試資料的執行時間限制（time limit）均為1秒，依正確通過測資筆數給分。其中：

第1子題組10分，N = 2，且取用次數f(1)=f(2)=1。

第2子題組20分，N = 3。

第3子題組45分，N ≤ 1,000，且每一個物品i的取用次數f(i)=1。

第4子題組25分，N ≤ 100,000。

題目重點分析

本範例會用到的變數功能說明如下：

items：預設為空串列的物品串列
minimum：最小消耗能量
sum_of_weight：重量總和
N：物品個數
weight：#物品重量
frequency：取用次數

接著就可以配合迴圈指令輸入測試的資料，並以串列為元素逐一加入到物件串列中。為了求取最小消耗能量，必須將最小消耗能量由小到大排序。演算法如下：

```
for i in range(N-1):
    for j in range(N-1-i):
        if items[j][0]*items[j+1][1] > items[j+1][0]*items[j][1]:
            items[j], items[j+1] = items[j+1], items[j]
```

排序後再一層一層處理，當計算某一層的最小消耗能量時，必須將該層前面的物品重量進行加總後，再乘以該層物品的取用次數，就可以計算得到該層的最小消耗能量。

參考解答程式碼：物品堆疊.py

```
01  items = [] #預設為空串列的物品串列
02  minimum = 0  #最小消耗能量
03  sum_of_weight = 0 #重量總和
04
05  N=int(input())#物品個數
06  weight=input().split()#物品重量
07  frequency=input().split()#取用次數
08
09  for i in range(0, len(weight)):
10      temp=[]
11      temp.append(int(weight[i]))
12      temp.append(int(frequency[i]))
13      items.append(temp) #附加到物品串列
14
15  #由小到大排序最小消耗能量
16  for i in range(N-1):
17      for j in range(N-1-i):
```

```
18              if items[j][0]*items[j+1][1] > items[j+1][0]*items[j][1]:
19                  items[j], items[j+1] = items[j+1], items[j]
20
21      for i in range(N-1):#逐層處理
22          sum_of_weight += items[i][0];
23          minimum += sum_of_weight * items[i+1][1]
24      print("%d" %minimum)#輸出最小能量消耗值
```

範例一執行結果：

```
2
10 10
1 1
10
```

範例二執行結果：

```
3
3 4 5
1 2 3
19
```

程式碼說明：

- 第1列：預設爲空串列的物品串列
- 第2列：最小消耗能量初始值爲0。
- 第3列：物品重量總和初始值爲0。
- 第5列：從檔案讀取物體的個數。
- 第6～7列：從檔案讀取物品重量及物品取用次數。
- 第9～13列：建立一個物件串列，並逐一加入物件資料到所建立的物件串列。

- 第16～19列：將最小消耗能量由小到大排序。
- 第21～23列：以for迴圈的方式，累積計算各物體的消耗能量。
- 第24列：輸出最小能量消耗值。

國家圖書館出版品預行編目資料

APCS使用Python／數位新知作. ——初版. ——臺北市：五南圖書出版股份有限公司, 2023.03
面；　公分
ISBN 978-626-343-693-0（平裝）

1.CST: Python(電腦程式語言)

312.32P97　　111021894

5R59

APCS使用Python

作　　者 — 數位新知（526）
發 行 人 — 楊榮川
總 經 理 — 楊士清
總 編 輯 — 楊秀麗
副總編輯 — 王正華
責任編輯 — 張維文
封面設計 — 王麗娟
出 版 者 — 五南圖書出版股份有限公司
地　　址：106台北市大安區和平東路二段339號4樓
電　　話：(02)2705-5066　　傳　　真：(02)2706-6100
網　　址：https://www.wunan.com.tw
電子郵件：wunan@wunan.com.tw
劃撥帳號：01068953
戶　　名：五南圖書出版股份有限公司

法律顧問　林勝安律師

出版日期　2023年3月初版一刷
定　　價　新臺幣450元